“十三五”国家重点出版物出版规划项目
现代机械工程系列精品教材
普通高等教育机电类规划教材

金工实习

（热加工）

第4版

主　编　柳秉毅
副主编　徐　宏
参　编　李小笠　李伯奎
主　审　骆志斌

机 械 工 业 出 版 社

本书为“十三五”国家重点出版物出版规划项目——现代机械工程系列精品教材、普通高等教育机电类规划教材，是根据教育部机械基础课程教学指导委员会和工程训练教学指导委员会有关《工程训练教学基本要求》的精神，结合培养应用型工程技术人才的实践教学特点、高校工程训练中心实际情况和编者多年实践教学经验编写而成的。

本书共六章，主要介绍金工实习的基本知识与工程训练的安全知识、铸造、锻压、焊接、3D 打印与塑料注射成型加工、热处理与表面处理等实习内容。除第一章外，每章均附有相关工种的实习目的和要求、实习安全技术，各章后均附有复习思考题。本书突出实用性，注重对工程素质和创新能力的培养，并以扩展阅读的形式适当增加了智能制造等新技术、新工艺内容，较好地满足了传统实习与先进制造技术实习的要求。

本书可与黄明宇主编的《金工实习》（冷加工）第 4 版配套使用。

本书可作为高等工科院校机械类和近机械类本科生的工程训练教材，也可作为独立学院、高职高专和成人教育等同类专业的教材，还可作为工程技术人员的参考用书。

图书在版编目（CIP）数据

金工实习. 热加工/柳秉毅主编. —4 版. —北京：机械工业出版社，2019. 12（2025. 1 重印）

普通高等教育机电类规划教材 “十三五”国家重点出版物出版规划项目 现代机械工程系列精品教材

ISBN 978-7-111-63979-4

Ⅰ. ①金… Ⅱ. ①柳… Ⅲ. ①金属加工-实习-高等学校-教材②热加工-实习-高等学校-教材 Ⅳ. ①TG-45

中国版本图书馆 CIP 数据核字（2019）第 224708 号

机械工业出版社（北京市百万庄大街 22 号 邮政编码 100037）
策划编辑：刘小慧 责任编辑：刘小慧 章承林
责任校对：张 力 封面设计：张 静
责任印制：单爱军
保定市中画美凯印刷有限公司印刷
2025 年 1 月第 4 版第 10 次印刷
184mm×260mm · 11. 25 印张 · 271 千字
标准书号：ISBN 978-7-111-63979-4
定价：29. 80 元

电话服务	网络服务
客服电话：010-88361066	机 工 官 网：www. cmpbook. com
010-88379833	机 工 官 博：weibo. com/cmp1952
010-68326294	金 书 网：www. golden-book. com
封底无防伪标均为盗版	机工教育服务网：www. cmpedu. com

序

进入21世纪以来，在社会主义经济建设、社会进步和科技飞速发展的推动下，在经济全球化、科技创新国际化、人才争夺白热化的挑战下，我国高等教育迅猛发展，胜利跨入了高等教育大众化阶段，使高等教育的理念、定位、目标和思路等都发生了革命性变化，逐步形成了以科学发展观和终身教育思想为指导的新的高等教育体系和人才培养工作体系。本书第1版就是在大批应用型本科院校和高等职业技术院校异军突起、超常发展之际，组织扬州大学、南京工程学院、河海大学常州校区、淮海工学院、南通大学、盐城工学院、淮阴工学院、常州工学院、江南大学等12所高校规划出版的。据调查，读者反映良好，并反映本系列教材基本上体现了我在本书序中提出的四个特点，符合地方应用型本科院校的教学实际，较好地满足了一般应用型本科院校的教学需要。读者的评价使我们很高兴，但更是对我们的鞭策和鼓励。我们应当为过去取得的进步和成绩感到高兴。同样，我们更应为今后的进一步发展而正视自己。我们并不需要刻意忧患，但现实中确实存在值得忧患的地方，如果不加以正视，就很难有更美好的明天。因此，我们在总结前一阶段经验教训的新起点上，坚持以国家新时期教育方针和科学发展观为指导，坚持"质量第一、多样发展、打造精品、服务教学"的方针，坚持高标准、严要求，把下一轮机电类教材的修订、编写、出版工作做大、做优、做精、做强，为建设有中国特色的高水平的地方工科应用型本科院校做出新的更大贡献。

一、坚持用科学发展观指导教材修订、编写和出版工作

应用型本科院校是我国高等教育在推进大众化过程中崛起的一种重要的办学类型，它除应恪守大学教育的一般办学基准外，还应有自己的个性和特色，这就是要在培养具有创新精神、创业意识和创造能力的工程、生产、管理、服务一线需要的高级技术应用型人才方面办出自己的特色和水平。应用型本科院校人才的培养既不能简单"克隆"现有的本科院校，也不能是原有专科培养体系的相似放大。应用型人才的培养，重点仍要思考如何与社会需求对接。既要从学生的角度考虑，以人为本，以素质教育的思想贯穿教育教学的每一个环节，实现人的全面发展，又要从经济建设的实际需求考虑，多类型、多样化地培养人才，但最根本的一条还是坚持面向工程实际，面向岗位实务，按照"本科学历+岗位技术"的双重标准，有针对性地进行人才培养。根据这样的要求，"强化理论基础，提升实践能力，突出创新精神，优化综合素质"应当是工作在一线的本科应用型人才的基本特征，也是对本科应用型人才的总体质量要求。

培养应用型人才的关键在于建立应用型人才的培养模式，而培养模式的核心是课程体系与教学内容。应用型人才培养必须依靠应用型的课程和内容，用学科型的教材则难以保证培养目标的实现。课程体系与教学内容要与应用型人才的知识、能力、素质结构相适应。在知识结构上，科学文化基础知识、专业基础知识、专业知识和相关学科知识这四类知识在纵向上应向应用前沿拓展，在横向上应注重知识的交叉、联系和衔接；在能力结构上，要强化学生运用专业理论解决实际问题的实践能力、组织管理能力和社会活动能力，还要注重思维能力和创造能力的培养，使学生思路清晰、条理分明、有条不紊地处理头绪纷繁的各项工作，并创造性地工作。能力培养要贯彻到教学的整个过程之中。如何引导学生去发现问题、分析问题和解决问题，应成为应用型本科教学的根本。

探讨课程体系、教学内容和培养方法，还必须服从和服务于大学生全面素质的培养。要通过形成新的知识体系和能力延伸，来促进学生思想道德素质、文化素质、专业素质和身体心理素质的全面提高。因此，要在素质教育的思想指导下，对原有的教学计划和课程设置进行新的调整和组合，使学生能够适应社会主义现代化建设的需要。我们强调培养“三创”人才，就应当用“三创教育”、人文教育与科学教育的融合等适应新时代的教育理念，选择一些新的课程内容和新的教学形式来实现。

研究课程体系，必须看到经济全球化与我国加入世界贸易组织以及高等教育的国际化对人才培养的影响。如果我们的课程内容缺乏国际性，那么我们所培养的人才就不可能具备参与国际事务、国际交流和国际竞争的能力。应当研究课程的国际性问题，增设具有国际意义的课程，加快与国外同类院校的课程接轨。要努力借鉴国外同类应用型本科院校的办学理念和培养模式、做法来优化我们的教学。

在教材编、修、审全过程中，必须始终坚持以人的全面发展为本，紧紧围绕培养目标和基本规格进行活生生的“人”的教育。一所大学使得师生获得自由的范围和程度，往往是这所大学成功和水平的标志。同样，我们修订和编写教材，提供教学用书，最终是为了把知识转化为能力和智慧，使学生获得谋生的手段和发展的能力。因此，在教材修订、编写过程中，必须始终把师生的需要和追求放在首位，努力提供好教、好学的教材，努力为教师和学生留下充分展示自己教和学的风格与特色的空间，使他们游刃有余，得心应手，还能激发他们的科学精神和创造热情，为教和学的持续发展服务。教师应是课堂教学的组织者、合作者、引导者、参与者，而不应是教学的权威。教学过程是教师引导学生，和学生共同学习、共同发展的双向互促过程。因此，修订、编写教材对于主编和参加编写的教师来说，也是一个重新学习和思想水平、学术水平不断提高的过程，决不能丢失自我，决不能将“枷锁”移嫁给别人，这里“关键在自己战胜自己”，关键在自己的理念、学识、经验和水平。

二、坚持质量第一，努力打造精品教材

教材是教学之本。大学教材不同于学术专著，它既是学术专著，又是教学经验的理性总结，必须经得起实践和时间的检验。学术专著的错误充其量会贻笑大方，而教材的错误则会贻害一代青年学子。有人说：“时间是真理之母。”时间是对我们所编写教材的最严厉的考官。教材的再次修订，我们坚持高标准、严要求，用航天人员“一丝不苟”“一秒不差”的精神严格要求自己，确保教材质量和特色。为此，必须采取以下措施：第一，高等教育的核心资源是一支优秀的教师队伍，必须重新明确主编和参加编写教师的标准和要求，实行主编负责制，把好质量第一关；第二，教材要从一般工科本科应用型院校实际出发，强调实际、实用、实践，加强技能培养，突出工程实践，内容适度简练，跟踪科技前沿，合理反映时代要求，这就要求我们必须严格把好教材修订计划的评审关，择优而用；第三，加强教材修订的规范管理，确保参编、主编、主审以及交付出版社等各个环节的质量和要求，实行环节负责制和责任追究制；第四，确保出版质量；第五，建立教材评价制度，奖优罚劣。对读者反映好的教材要进行不断修订再版，切实培育一批名师编写的精品教材。出版的精品教材必须配有多媒体课件，并逐步建立在线学习网站。

三、坚持“立足江苏、面向全国、服务教学”的原则，努力扩大教材使用范围，不断提高社会效益

下一轮教材修订工作，必须加快吸收有条件、有积极性的外省市同类院校、民办本科院校、独立学院和有关企业参加，以集中更多的力量，建设好应用型本科教材。同时，要相应调整编审委员会的人员组成，特别要注意充实省内外优秀“双师型”教师和有关企业专家。

四、建立健全读者评价制度

要在使用本书的省市有关高校进行教材使用质量跟踪调查，并建立网站，以便快速、便捷、实时地听取各方面的意见，不断修改、充实和完善教材的编写和出版工作，实实在在地为培养高质量的应用型本科人才服务，同时也努力为造就一批工科应用型本科院校高素质、高水平的教师提供优良服务。

本书的编审和出版一直得到机械工业出版社、江苏省教育厅和各位主编、主审及参加编写人员所在高校的大力支持和配合，在此，一并表示衷心感谢。今后，我们将一如既往地更加紧密地合作，共同为工科应用型本科院校教材建设做出新的贡献，为培养高质量的应用型本科人才做出新的贡献，为建设有中国特色社会主义的应用型本科教育做出新的努力。

普通高等教育机电类规划教材编审委员会

主任委员　教授　邱坤荣

第 4 版前言

高校工程训练（金工实习）教学是具有我国特色的一种工程实践教学模式，已成为培养学生理论联系实际，为后续专业课程学习建立感性知识基础，培养学生工程素质、实践和创新能力，建立大工程概念的重要教学环节和有效途径。近年来，国家和各高校对工程训练教学基地给予了高度重视与投入，使其拥有了前所未有的、极为丰厚的教学资源。同时，随着我国由制造大国向制造强国迈进，制造业由传统制造向智能制造转型升级，以及新工科和工程类专业认证等的发展，党的二十大报告提出："深入实施科教兴国战略、人才强国战略、创新驱动发展战略""加快建设教育强国、科技强国、人才强国"。相关教材也要与时俱进，以满足这些需求。本书就是遵循这一指导思想，在第3版的基础上修订的。

本书之前的各版以其注重动手能力与综合能力培养相结合，具有实用方便、可读性好、图文并茂和印刷质量优良等特色，多年来深得使用者好评。本次修订的第 4 版已被列入"十三五"国家重点出版物出版规划项目中的现代机械工程系列精品教材。

在此次修订中，我们在保持本书前 3 版的体系、结构、特色和主要内容的基础上，对原书中部分章节的内容进行了增删或调整，同时增加了一定数量的复习思考题；在编写中仍坚持"常规打基础，现代促提高"的原则，注意把握好知识内容的取舍，特别是传统制造技术与先进制造技术的关联；加强了对一些先进工艺技术的介绍，如 3D 打印技术、消失模铸造、电阻焊等，对实习设备的有些内容进行了更新；充实强化了实习安全和劳动保护方面的相关内容。

为了使金工实习教学过程能够进一步加强学生对智能制造的了解和创新能力的培养，本书在部分章节末以"扩展阅读"的形式介绍了与该章实习内容相关的一些智能制造知识或新工艺、新技术。尽管由于条件的限制或其他原因，这些"扩展阅读"中的内容无法在实习层面上展现，但学生可以在教师的指导下，通过阅读了解这些新知识，并与实习中操作过的传统工艺方法相比较，就能够对启发创新思维、培养创新意识带来帮助。

本次修订工作由柳秉毅主持。绪论、第二章、附录 A 由柳秉毅修订，第一章、附录 D 由李小笠修订，第三章、第六章、附录 B 和附录 C 由徐宏修订，第四章由柳秉毅、李伯奎修订，第五章由李小笠、柳秉毅修订。东南大学骆志斌教授担任主审。

本次修订中，编者参考了有关的教材和资料，借鉴了一些高校近年来金工实习教学改革的成果，在此对相关人员一并致以谢意。

编　者

第3版前言

近年来，我国高等工科院校的金工实习教学在不断发生新进展和新变化，为此，我们组织了对本书的再次修订，以适应这一情况。

我们在保持本书前两版的体系、结构、特色和主要内容的基础上，对原书中部分章节的内容进行了较大的增删或调整：①增加了对部分新技术、新工艺的介绍，如3D打印技术、消失模铸造、板料渐进成形技术、搅拌摩擦焊等；②对实习设备的介绍进行了部分更新，同时删去了一些现已过时而基本不用的设备；③将原有关各章中涉及实验的内容抽出并进行改写后列入附录；④强化了实习安全和劳动保护方面的相关内容。在修订中，依然立足于应用型工程技术人才培养的实际，力求使教材的内容更加贴近当今制造业的生产水平和技术发展状况；在贯彻突出实用、强化能力要求的同时，也更加注重对学生综合素质和创新意识的培养。

本次修订工作由柳秉毅主持，本书第1版的部分作者参加了修订工作。其中，绪论、第一章、附录由柳秉毅修订及编写，第二章由柳秉毅、祝小军修订，第三章由徐宏、陈书乔修订，第四章由李伯奎修订，第五章、第六章由徐宏修订。本书由东南大学骆志斌教授主审。

本次修订中，编者参考了有关教材和资料，借鉴了一些高校近年来金工实习教学改革成果，在此对相关人员一并致以谢意。

编　者

第 2 版前言

自本书第 1 版出版以来，我国高校的金工实习课程在诸多方面已经或正在发生新的变化，教学改革取得深入进展，实习基地建设更加完善，一些新观念、新工艺、新设备被引入金工实习教学中。根据这一情况，我们组织了对本书的修订。

修订中，我们在保持本书第 1 版的体系、结构、特色和主要内容的基础上，对原书中部分章节的内容进行了增删或调整，另外还对第 1 版中少数表述不够准确或存在错误的字句进行了修改。其中，改动较大的几处是：①将原第一章第六节并入第六章第五节，并将第一章第六节改写为“创新能力培养与训练”；②将原第三章第三节和第四节加以整合并充实后改写为“板料成形加工”；③对原第四章第二节中气体保护焊（CO_2焊和氩弧焊）的内容进行了补充和改写。总之，在编写工作中，我们坚持立足于应用型工程技术人才培养的实际，遵循注重创新、突出实用、培养能力的编写原则，力求在加强技能培养的同时，还能增强学生的工程素质和创新意识。

本书编写过程中，编者参考了许多有关的教材和资料，借鉴了一些高校近年来金工实习的教学改革成果，在此对相关人员一并致以谢意。

本次修订工作由柳秉毅主持，本书第 1 版的作者参加了修订工作。其中，绪论、第五章由柳秉毅修订，第一章由徐宏修订，第二章由祝小军修订，第三章由陈书乔、徐宏（第三节）修订，第四章由李伯奎修订，第六章及各章中的实验由柳秉毅和徐宏修订。本书由东南大学骆志斌教授主审。

由于编者水平所限，书中不当之处在所难免，希望读者批评指正。

编　者

第1版前言

本书为普通高等教育机电类规划教材，是根据教育部颁布的高等工科院校《金工实习教学基本要求》的精神，并结合培养应用型工程技术人才的实践教学特点而编写的。

本书分为上、下两册。上册内容以热加工实习为主，包括绪论、金工实习基础知识、铸造、锻压、焊接、塑料成型加工、热处理和表面处理等；下册内容主要包括机械加工、钳工、数控加工和特种加工等内容。

本书具有以下主要特色：①注重对学生工程素质和综合能力的培养，在介绍各种工艺方法和设备的同时，还注意帮助学生建立关于质量、经济、安全、环保、市场等意识；②处理好新、旧教学内容之间的关系，加强对有关先进制造技术和新工艺、新材料内容的介绍；③为了充实和深化实习内容，编入一部分与实习内容联系紧密且便于进行的金工实验，以提高学生在实习中的学习兴趣，训练科学严谨的作风；④编写时，力求注重实用、简明扼要、通俗易懂、图文并茂，加强针对性和指导性，以利于教师的讲课和学生的学习及应用。

本书上册共分六章。第一章由徐宏、柳秉毅编写，第二章由祝小军编写，第三章由陈书乔编写，第四章由李伯奎编写，绪论、第五章、第六章及书中部分实验由柳秉毅编写。本册由南京工程学院柳秉毅任主编，陈书乔、祝小军、李伯奎任副主编，由东南大学骆志斌教授任主审。

本书编写过程中，编者参考了许多有关的教材和资料，借鉴了一些高校金工实习教学改革的成果，扬州大学黄鹤汀教授为本书的编写与出版做了大量工作，在此对相关人员一并致以诚挚的谢意。

由于编者水平所限，书中不当之处在所难免，望读者批评指正。

编　者

目　录

序
第 4 版前言
第 3 版前言
第 2 版前言
第 1 版前言
绪论 …… 1
第一章　金工实习基础知识 …… 4
第一节　机械产品设计与制造过程 …… 4
第二节　工程材料基本知识 …… 7
第三节　产品质量与经济性 …… 11
第四节　绿色制造与环境保护 …… 13
第五节　安全生产与劳动保护 …… 14
第六节　创新能力培养与训练 …… 18
复习思考题 …… 21
第二章　铸造 …… 22
第一节　概述 …… 23
第二节　砂型铸造 …… 23
第三节　消失模铸造 …… 41
第四节　铸造合金的熔炼与浇注 …… 43
第五节　其他铸造方法 …… 47
第六节　铸造生产的质量控制与经济性分析 …… 49
复习思考题 …… 54
第三章　锻压 …… 56
第一节　概述 …… 57
第二节　锻造 …… 58
第三节　板料成形加工 …… 74
第四节　其他锻压方法 …… 86
第五节　锻压生产的质量控制与经济性分析 …… 88
复习思考题 …… 91
第四章　焊接 …… 93
第一节　概述 …… 94
第二节　电弧焊 …… 95
第三节　气焊与气割 …… 106
第四节　电阻焊 …… 111
第五节　其他焊接方法 …… 113
第六节　焊接生产的质量控制与经济性分析 …… 117
复习思考题 …… 120
第五章　3D 打印与塑料注射成型加工 …… 122
第一节　概述 …… 122
第二节　3D 打印的原理与方法 …… 123
第三节　3D 打印成型设备及操作 …… 125
第四节　塑料成型加工方法 …… 127
第五节　塑料注射成型工艺与设备 …… 130
第六节　注塑制品的质量与缺陷分析 …… 134
复习思考题 …… 137
第六章　热处理与表面处理 …… 138
第一节　概述 …… 138
第二节　钢的热处理工艺 …… 139
第三节　热处理的常用设备 …… 142
第四节　材料表面处理工艺 …… 145
复习思考题 …… 150
附录　金工实验与实训项目实例 …… 152
附录 A　金属焊接与铸造应力及变形实验 …… 152
附录 B　金属材料的火花鉴别与硬度测试实验 …… 155
附录 C　铁艺制品设计制作实训 …… 159
附录 D　3D 打印（FMD）成型实训 …… 162
参考文献 …… 165

绪　论

对于将要进入或者正在进行金工实习的大学生来说，首先要搞清楚以下问题：金工实习是一门什么性质的课程，为什么要学习这门课程，它与自己的专业有什么联系，从金工实习中能学到什么，怎样才能在这门课程的学习中得到更多的收获，在金工实习过程中有哪些必须注意和遵守的事项?

一、金工实习的内容、目的、意义及要求

金工实习是一门实践性的技术基础课。它是工科机械类和近机械类学生必修的工程材料及机械制造基础系列课程的重要组成部分，是高等学校工科学生工程训练的主要环节之一。

金工实习是金属工艺学实习的简称。因为传统意义上的机械都是用金属材料加工制造而成的，所以人们将有关机械制造的基础知识称为金属工艺学。但是，随着科学和生产技术的发展，机械制造所用的材料已扩展到包括金属、非金属和复合材料在内的各种工程材料，机械制造的工艺技术也已越来越先进和现代化，因此金工实习的内容也就不再局限于传统意义上的金属加工的范围。其名称也改为工程训练等，但不少地方仍沿用金工实习这一名称，此时不应简单从字面来解读，而是代表一种历史和传承。现在，金工实习的主要内容包括铸造、锻压、焊接、塑料成型、钳工、车工、铣工、刨工、磨工、数控加工、特种加工、先进制造技术，以及零件的热处理和表面处理等一系列工种的实习教学。学生通过实习，便能从中了解到机械产品是用什么材料制造的，以及是怎样制造出来的。

金工实习的目的可以概括为：学习工艺知识，增强实践能力，体验工程文化，提高综合素质，培养创新意识和创新能力。学习工艺知识是金工实习最直接的目的，就是以实习教学的方式对学生传授关于机械制造生产的基本知识和进行相关生产操作的基本训练。但从更完整的意义上来看，金工实习不仅包括学习机械制造方面的各种加工工艺技术，而且还提供了生产管理和环境保护等方面的综合工程背景。由于大多数工科专业的同学在进入大学之前，较少接触制造工程环境，缺乏对工业生产实际的了解，因此，他们在金工实习过程中，通过参加工程实践训练，可以弥补过去在实践知识上的不足，增强在大学学习阶段和今后的工作中所需要的动手能力、在实践中获取知识的能力以及运用所学知识和技能分析和解决技术问题的能力；另外，通过在生产劳动中接触工人、工程技术人员和生产管理人员，受到工程实际环境和文化的熏陶，能初步树立工程意识，体会“精益求精、追求卓越和敬业爱岗”的工匠精神，增强劳动观念、团队协作观念和组织纪律性，提高综合素质。

由于金工实习是同学们第一次全身心投入的生产技术实践活动，在这个过程中，经常会遇到新鲜事物，时常会产生新奇的想法，因此应该善于把这些新鲜感与好奇心转变为提出问

题和解决问题的动力，培育创新意识；从解决问题的实际过程中感悟出学习、创造的方法，从而培养创新能力。例如，在实习操作或扩展阅读学习中，对某种加工方法的新、旧工艺加以比较，思考新工艺相对于传统工艺的创新点以及创新如何从理念到实现的技术路径；在某些工种实习（特别是新工艺如消失模铸造、数控加工、3D打印等实习）的过程中有针对性地安排创新训练环节，让学生对加工过程提出一些新设想或新方案，并通过实践来加以检验。总之，实践是创新的唯一源泉，只要善于在实践中发现问题，勤奋钻研，就能够使自己的创新意识和创新能力不断得到发展。

金工实习的教学要求：①使学生了解现代机械制造的一般过程和基本知识，熟悉机械零件的常用加工方法及其所用的主要设备和工具，了解新工艺、新技术、新材料、新设备在现代机械制造中的应用；②使学生对简单零件初步具有选择加工方法和进行工艺分析的能力，在主要工种方面应能独立完成简单零件的加工制造，并培养一定的工艺试验和工艺实践的能力；③培养学生的质量控制和经济观念，坚持理论联系实际、认真细致的科学作风以及热爱劳动和爱护公物等的基本素质。

二、金工实习的学习方法

金工实习强调以实践教学为主，学生应在教师的指导下通过独立的实践操作，将有关机械制造的基本工艺理论、基本工艺知识和基本工艺实践有机地结合起来，进行工程实践综合能力的训练。除了实践操作之外，金工实习的教学方法还包括操作示范、现场教学、专题讲座、电化教学、参观、试验、综合训练、撰写实习报告等。由于金工实习的教学特点与学生长期以来习惯了的课堂理论教学有很大的不同，因而在学习方法上应当进行适当的调整，以求获得良好的学习效果。对此提出以下几点建议：

（1）充分发挥自身的主体作用　金工实习教学与课堂理论教学相比，其显著区别之一，就是学生的实践操作成为主要的学习方式，这就更加突出了学生在教学过程中的主体地位。因此，让学生适当地摆脱对教师和书本的依赖性，学会在实践中积极自主地学习是十分重要的。在实习之前，要自觉地、有计划地预习有关的实习内容，做到心中有数；在实习中，要始终保持高昂的学习热情和求知欲望，敢于动手，勤于动手；遇到问题时，要主动向指导教师请教或与同学交流探讨；要充分利用实习时间，争取得到最大的收获。

（2）贯彻理论联系实际的方法　首先要充分树立“实践第一”的观点，坚决摒弃“重理论，轻实践”的错误思想。随着实习进程的深入和感性知识的丰富，在实践操作过程中，要勤于动脑，使形象思维与逻辑思维相结合。要善于利用学到的工艺理论知识来解决实践中遇到的各种具体问题，而不是仅仅满足于完成实习零件的加工任务。在实习的末期或结束时，要认真做好总结，努力使在实习中获得的感性认识更加系统化和条理化。这样，用理论指导实践，以实践验证和充实理论，就可以使理论知识掌握得更加牢固，也可以使实践能力得到进一步提高。

（3）学会综合地看待问题和解决问题的方法　金工实习是由一系列的单工种实习组合而成的，这就容易造成学生往往只从所实习的工种出发去看待和解决问题，从而限制了自己的思路，所以要注意防止这一现象。一般来说，一件产品是不会只用一种加工方法制造出来的，因此要学会综合地把握各个实习工种的特点，学会从机械产品生产制造的全过程来看待各个工种的作用和相互联系。这样，在分析和解决实际问题时，就能够做到触类旁通、举一反三，使所学的知识和技能融会贯通。

三、金工实习中的安全意识

安全操作是保证金工实习能够正常和顺利进行的基本前提。对于实习中的安全，必须做到意识明确、教育到位、措施有力。意识明确，就是要使每一位同学都从思想上真正重视实习安全问题，懂得实习必须安全，安全为了实习，安全是实习中第一位的事情的道理；教育到位，就是要把安全教育贯穿于实习过程的始终，把实习安全教育的责任和目标落实到人，使安全教育收到实效；措施有力，就是实习安全的措施必须有规章制度的保证，对实习中可能出现的突发性安全事故要做好应急预案，必须有专人负责执行和检查，力求把实习中的安全事故隐患消灭在萌芽状态。

人是实习教学中的决定因素，设备是实习所用的工具，没有人和设备的安全，实习就无法进行。实习安全要强调“以人为本”，人的安全是重中之重。金工实习中如果实习人员不遵守工艺操作规程或缺乏一定的安全技术知识，就很容易发生机械伤害、触电、烫伤等工伤事故，对此切不可掉以轻心。金工实习中的安全技术有操作加工安全技术、物料搬运安全技术、电气安全技术和防火防爆安全技术等，学生在实习之前对相关工种的实习安全规定和注意事项一定要认真了解，做到对其了然于心并在实习过程中严格遵守。

四、金工实习与其他课程的关系

金工实习是一门技术基础课，它与工科机械类和非机械类专业所开设的许多课程都有着密切的联系。

（1）金工实习与工程制图课程的关系　工程制图课程是金工实习的先修课或平行课。金工实习时，学生必须已具备一定的识图能力，能够看懂实习所加工零件的零件图。学生从实习中获得的对机器结构和零件的了解，将会对其继续深入学习工程制图课程和巩固已有的工程制图知识提供极大的帮助。

（2）金工实习与金工理论教学课程的关系　金工实习是金工理论教学课程（机械工程材料、材料成形技术基础、机械加工工艺基础）必不可少的先修课。金工实习使学生熟悉机械制造的常用加工方法和常用设备，具备一定的工艺操作和工艺分析技能，能够培养工程意识和素质，从而为进一步学好金工理论课程的内容打下坚实的实践基础。金工理论教学是在金工实习的基础上，更深入地讲授各种加工方法的工艺原理、工艺特点以及有关的新材料、新工艺、新技术知识，使学生具备分析零件的结构工艺性，并能够正确选择零件的材料、毛坯种类和加工方法的能力。

（3）金工实习与机械设计及制造系列课程的关系　金工实习也是机械设计及制造系列课程（机械原理、机械设计、机械制造技术、机械制造设备、机械制造自动化技术、数控技术等）十分重要的先修课。认真完成金工实习，必将为这些后续的重要的专业课学习提供丰富的机械制造方面的感性认识，从而使学生在学习这些专业课乃至将来进行毕业设计或从事实际工作时，依然能够从中获益。

1 第一章 金工实习基础知识

金工实习涉及一般机械制造生产的全过程。因此，在学习工艺知识、训练动手能力的同时，还要全方位地了解与机械产品的设计、制造及生产的组织与管理等有关的各种基本知识，从而全面提高包括市场意识、质量意识、管理意识、经济意识、环保意识、安全意识和创新意识等在内的工程素质。

第一节　机械产品设计与制造过程

一、产品设计

现代工业产品设计是根据市场的需求，运用工程技术方法，在社会、经济和时间等因素的约束范围内所进行的设计工作。产品设计是一种有特定目的的创造性行为，它应该基于现代技术因素，不但要注重外观，更要注意产品的结构和功能；它必须以满足市场需要为目标，讲求经济效益，最终使消费者与制造者都感到满意。

产品设计是一个做出决策的过程，是在明确设计任务与要求以后，从构思到确定产品的具体结构和使用性能的整个过程中所进行的一系列工作。对机械产品而言，在图 1-1 所示的整个过程中，最为关键的是产品设计阶段。因为设计既要考虑使用方面的各种要求，又要考虑制造、安装、维修的可能和需要；既要根据研究试验得到的资料来进行验证，又要根据理论计算加以综合分析，从而将各个阶段按照它们的内在联系统一起来。

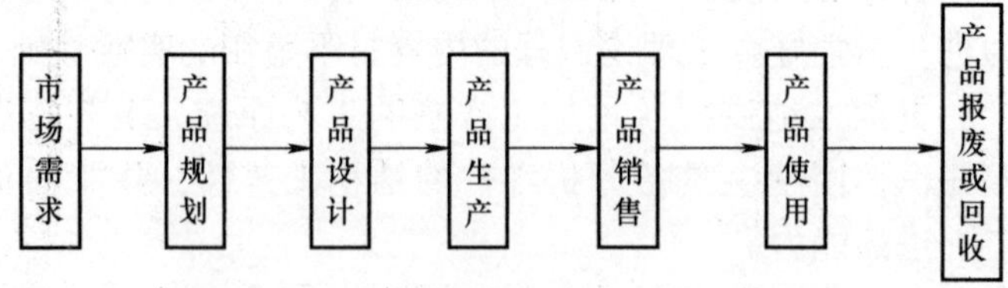

图 1-1　从需求到产品及其使用的全过程

对工业企业来讲，产品设计是企业经营的核心，产品的技术水平、质量水平、生产率水平以及成本水平等，基本上确定于产品设计阶段。

二、机械产品制造过程

任何机器或设备，如汽车或机床，都是经由产品设计、零件制造及相应的零件装配而获得的。只有制造出合乎要求的零件，才能装配出合格的机器设备。某些尺寸不大的轴、销、套类零件，可以直接用型材经机械加工制成。一般情况下，则要将原材料经铸造、锻压、焊接等方法制成毛坯，然后由毛坯经机械加工制成零件。有许多零件还需在毛坯制造和机械加工过程中穿插不同的热处理工艺。

因此，一般机械产品的制造过程如图 1-2 所示。

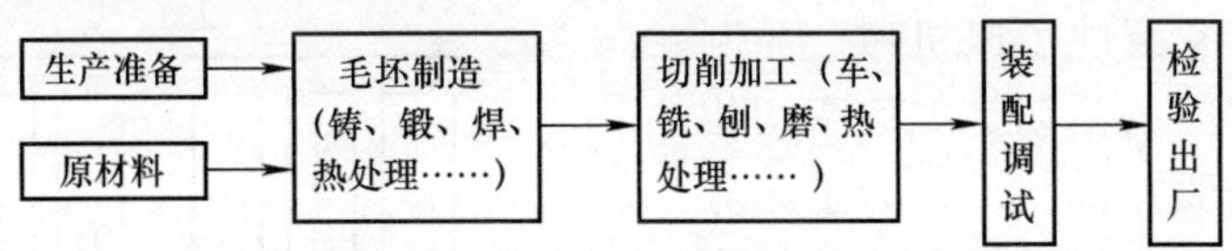

图 1-2　机械产品的制造过程

由于企业专业化协作的不断加强，机械产品许多零部件的生产不一定完全在一个企业内完成，可以分散在多个企业进行生产协作。很多标准件，如螺钉、轴承的加工常常由专业生产厂家完成。

三、机械产品的制造方法

1. 零件的加工

机械零件的加工根据各阶段所达到的质量要求的不同，可分为毛坯加工和切削加工两个主要阶段。

（1）毛坯加工　毛坯加工的主要方法有铸造、锻造和焊接等，它们可以比较经济和高效地制作出各种形状（包括比较复杂的形状）和尺寸的工件。铸造、锻造、焊接等加工方法，因为加工时往往要对原材料进行加热，所以通常称这些加工方法为热加工。

（2）切削加工　切削加工是用切削刀具从毛坯或工件上切除多余的材料，以获得所要求的几何形状、尺寸和表面质量的加工方法，主要有车削、铣削、刨削、钻削、镗削、磨削等，分为机械加工和钳工两大类。其中，机械加工占有最重要的地位。对于一些难以适应切削加工的零件，如硬度过高的零件、形状过于复杂的零件或刚度较差的零件等，则可以使用特种加工方法来进行加工。一般，毛坯要经过若干道机械加工工序才能成为成品零件。由于工艺的需要，这些工序又可分为粗加工、半精加工与精加工等。

在毛坯制造及机械加工过程中，为便于切削和保证零件的力学性能，还需在某些工序之前（或之后）对工件进行热处理。热处理之后，工件可能有少量变形或表面氧化，因此精加工（如磨削）常安排在最终热处理之后进行。

2. 装配与调试

对加工完毕并检验合格的各零件，按机械产品的技术要求，采用钳工或钳工与机械加工相结合的方法，按照一定的顺序组合、连接、固定起来，成为整台机器，这一过程称为装配。装配是机械制造的最后一道工序，也是保证机器达到各项技术要求的关键工序之一。

装配好的机器，还要经过试运转，以观察其在工作条件下的效能和整机质量。只有在检验、试车合格之后，才能装箱发运出厂。

四、生产过程的组织与管理

要制造出合乎要求的产品，并不只是生产加工的问题，还有如何科学有序地组织和管理生产过程的问题。生产过程组织与管理水平的高低，关系到企业能否有效地发挥其生产能力，能否为用户提供优质的产品和服务，以及能否取得良好的经济效益。

1. 企业组织

典型的机械制造企业是在总公司下面设立若干事业部门，并且设有若干工厂，由工厂进行实际的生产活动。图1-3所示为机械制造企业组织示例，它反映了以机械产品制造为中心，各个部门的活动是如何密切相关的。设置工厂的职能部门，是为了充分发挥生产部门的作用；而设置总公司的职能部门，可在更大范围内组织和协调生产。

在工厂的职能部门中，采购部门负责采购原材料、各种外购零件，以及从事生产活动所必须的各种物资；经理部门负责管理各种资金；总务部门负责处理日常运转中的各种问题。

此外，总公司通常集中了与生产有关的更多的职能部门，处理几个工厂的共性问题和作为一个企业需要解决的问题。例如制订企业整体活动计划的计划部门，管理企业生产的管理部门，收集用户意见、销售产品的营销部门，以及财务部门、人事部门、总务部门等。

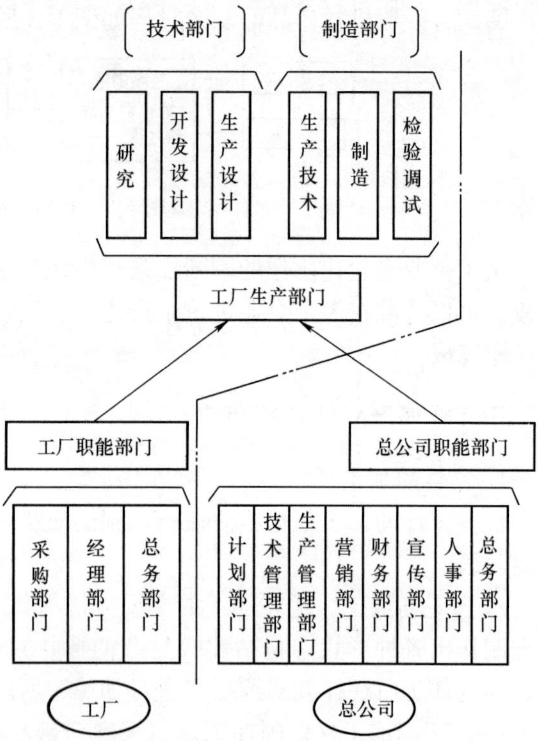

图1-3 机械制造企业组织示例

2. 生产过程的组织与管理

要制造一种产品，必须先由研究部门汇集与之有关的各种知识和信息，然后设计部门应用这些知识和信息，设计出产品的结构和尺寸，再由制造部门根据设计部门提出的要求，具体地进行制造。广义的制造部门可分为：处理生产中的技术问题并决定生产方法的生产技术部门；直接进行产品生产的狭义的制造部门；对产品的性能进行检验的检验部门等。通过这些部门的活动，进行产品的生产。

在公司职能机构给制造部门下达了生产数量、使用设备、人员等的总体制造计划之后，设计部门需要给制造部门提供以下资料：标明每个零件制造方法的零件图、标明装配方法的装配图、作业指示书等。生产技术部门据此制订产品的生产计划和工艺技术文件（如工艺图、工装图、工艺卡等）。制订生产计划时，应确定制造零件的件数和外购零件、外购部件等的数量，以及交货期限等。例如轴承、密封件、螺栓、螺母等都是最常见的外购零件，而电动机、减速器、各种液压或气动装置等都是典型的外购部件。

按照生产技术部门下达的任务，由制造部门进行制造。首先将生产任务分配给各加工组织（如生产车间或班组等），确定毛坯制造方法、机械加工方法、热处理方法和加工顺序（也称加工路线），进而确定各加工组织的加工方法和要使用的设备，然后确定每部机床的加工内容、加工时间等，制订详细的加工日程。制造零件时，通常加工所花的时间较短，而准备（刀具的装卸、毛坯的装卸等）时间则较长。此外，制成一个零件所需的时间大部分不是花在加工上，而是花在各工序间的输送和等待上。因此，缩短这些时间，提高生产率，缩短从制订生产计划到制成产品的过程，使生产计划具有柔性，是生产过程管理的主要任务。对加工完成的零件进行各种检查以后，要移交到下面的装配工序。装配完毕的机器通过性能检验合格后，即完成了制造任务。

随着机械制造系统自动化水平的不断提高，以及为适应生产类型从传统的少品种大批量生产向现代的多品种变批量生产的演进，人们正不断开发出一些全新的现代制造技术和生产系统，如柔性制造系统（FMS）、计算机集成制造系统（CIMS）、精益生产（LP）、并行工程（CE）、敏捷制造（AM）、智能制造（IM）和虚拟制造（VM）等。这些新技术和生产系统的不断推广和发展，使制造业的面貌发生了巨大的变化。

第二节　工程材料基本知识

机械制造过程中的主要工作，就是利用各种工艺和设备将原材料加工成零件或产品。因此，金工实习的过程也是一个与各种工程材料打交道的过程。例如，实习中所加工的各种实习件，所使用的刀具、量具和其他工具，所操作的机床等，都是由各种各样的工程材料制造出来的。由此可见，我们有必要对工程材料的基本知识有所了解。

一、工程材料的分类

工程材料是指在各种工程领域中所应用的材料，按照化学组成，可对其进行如下分类：

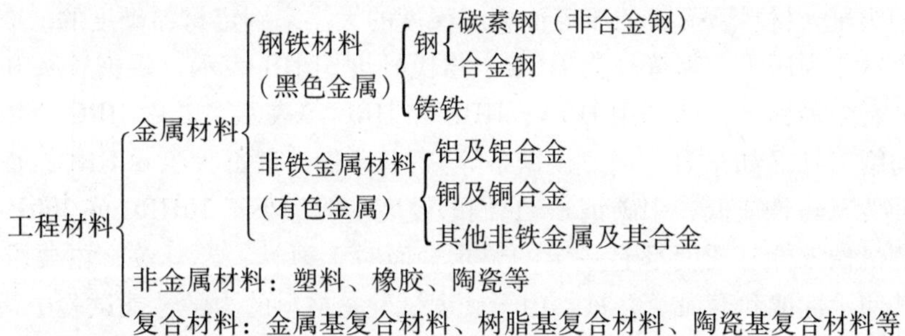

其中，金属材料是应用最广的工程材料，但随着科技与生产的发展，非金属材料和复合材料的应用也得到了迅速发展。非金属材料和复合材料不但能替代部分金属材料，而且因其具有某些金属材料所没有的特性而在工程上占有重要的独特地位。例如，橡胶是一种在室温下具有高弹性的有机非金属材料，并具有良好的吸振性、耐磨性、绝缘性和耐蚀性等，被用于制作轮胎、密封元件、减振元件和绝缘材料等。陶瓷是无机非金属材料，它具有高硬度、高熔点、良好的耐磨性、抗氧化性和耐蚀性等，可用于制作刀具、模具、坩埚、耐高温零件以及多种功能元件等。复合材料则是由两种或两种以上不同性质的材料组合而成的人工合成固体材料，它不仅能保持各组成材料的优点，而且还可获得单一材料无法具备的优越的综合性能，钢筋混凝土、玻璃钢（玻璃纤维树脂复合材料）等都是复合材料的例子。

在金工实习中，我们遇到的大多是金属材料，而且主要是钢铁材料。

二、金属材料的性能

金属材料的性能一般分为使用性能和工艺性能。使用性能是指金属材料为满足产品的使用要求而必须具备的性能，包括物理性能、化学性能和力学性能；工艺性能是指金属材料在加工过程中对所用加工方法的适应性，它的好坏决定了材料加工的难易程度。

1. 金属材料的物理性能和化学性能

金属材料的物理性能包括密度、熔点、热膨胀性、导热性、导电性和磁性等。金属材料的化学性能是指它们抵抗各种介质侵蚀的能力，通常分为抗氧化性和耐蚀性。

2. 金属材料的力学性能

力学性能是指材料在受外力作用时所表现出来的各种性能。由于机械零件大多是在受力的条件下工作，因而所用材料的力学性能就显得格外重要。力学性能主要有强度、塑性、硬度、韧性等。

（1）强度　强度是指材料在外力作用下抵抗永久变形（塑性变形）和断裂的能力。金属材料强度的指标主要是屈服强度和抗拉强度。屈服强度的符号为 R_{eH} 和 R_{eL}，分别表示上、下屈服强度，它反映金属材料对明显塑性变形的抵抗能力；抗拉强度用符号 R_m 表示，它反映金属材料在拉伸过程中抵抗断裂的能力㊀。

（2）塑性　金属材料在外力作用下发生不可逆永久变形的能力称为塑性。塑性指标一般用金属材料受力而发生断裂前所达到的最大塑性变形量来表示。常用的塑性指标是断后伸长率 A 和断面收缩率 Z，两者的值越大，表明材料的塑性越好㊁。

（3）硬度　硬度是材料抵抗局部变形，特别是塑性变形、压痕或划痕的能力。目前，硬度试验普遍采用压入法。常用的硬度试验指标有布氏硬度和洛氏硬度，它们分别是根据硬度试验机上压头压入材料后形成的压痕面积或深度的大小来判定材料硬度的。布氏硬度试验用碳化钨合金球作为压头，其符号为 HBW。洛氏硬度用 HR 表示。根据压头和试验力的不同，洛氏硬度有多种标尺，分别用 HRA、HRB 和 HRC 等表示，其中 HRC 应用最广泛。例如，常用的切削工具（如车刀、铣刀、锯条等），其硬度一般都大于 60HRC；而实习中加工的零件（材质为灰铸铁或低、中碳钢），它们的硬度一般都小于 30HRC 或 300HBW。

大多数的机械零件对硬度都有一定的要求；而对于刀具、模具等，更要求有足够的硬度，以保证其使用性能和寿命。并且，由于硬度试验是材料的力学性能试验中最简单快捷的一种方法，一般可在工件上直接试验而不损伤工件，从而在生产中广泛应用。在机械产品设计图样的技术条件中，大多标注出零件的硬度值。

（4）韧性　韧性是指材料在断裂前吸收变形能量的能力，即韧性高就意味着它在受力时发生塑性变形和断裂的过程中，外力需要做较大的功。工程上最常用的韧性指标，是通过冲击试验测得的材料冲击吸收能量 K 的大小来表示的。

3. 金属材料的工艺性能

工艺性能是材料在加工制造过程中所表现出来的性能。材料的工艺性能好，就可使加工工艺简便，并且容易保证加工质量。

（1）铸造性能　金属的铸造性能通常用金属在液态时的流动性、在凝固冷却过程中体积或尺寸的收缩性等加以综合评定。流动性好，收缩性小，则铸造性能好。

（2）锻压性能　锻压性能主要以金属的塑性和变形抗力来衡量。塑性好，变形抗力小，则锻压性能好。

㊀㊁ 在有关金属拉伸试验的旧国标中，屈服强度和抗拉强度的符号分别为 σ_s 和 σ_b，断后伸长率和断面收缩率的符号分别为 δ 和 ψ。

（3）焊接性能　焊接性能一般用金属在焊接加工时焊接接头对产生裂纹、气孔等缺陷的倾向以及焊接接头对使用要求的适应性来衡量。

（4）切削加工性能　金属的切削加工性能可以用切削抗力的大小、工件加工后的表面质量、刀具磨损的快慢程度等来衡量。对于一般钢材来说，硬度在200HBW时，具有较好的切削加工性能。

三、钢铁材料的使用知识

1. 钢铁材料的种类

钢铁材料是钢和铸铁的总称，它们都是以铁和碳为主要成分的铁碳合金。从化学成分上看，两者的分界线大致在$w_C=2\%$左右，$w_C\leqslant 2.11\%$的称为钢，$w_C>2.11\%$的称为铸铁。

钢按照化学成分可分为碳素钢（非合金钢）和合金钢。碳素钢的主要成分是铁和碳。在碳素钢的基础上，冶炼时有意向钢中加入一种或几种合金元素就形成合金钢。此外，钢中一般还存在少量的在冶炼过程中由原料、燃料等带入的杂质元素，如硅、锰、硫、磷等。其中，硫、磷通常是有害杂质，必须严格控制其含量。

（1）碳素钢　出于生产上不同的需要，可用多种方法对碳素钢进行分类。

按照化学成分（碳含量）的不同，可将碳素钢分为低碳钢、中碳钢和高碳钢。其中，低碳钢的$w_C\leqslant 0.25\%$，其性能特点是强度低，塑性、韧性好，锻压性能和焊接性能好；中碳钢的w_C在$0.25\%\sim 0.60\%$之间，这类钢具有较高的强度，同时兼有一定的塑性和韧性；高碳钢的$w_C>0.60\%$（但一般不超过1.4%），经适当的热处理后，可达到很高的强度和硬度，但塑性、韧性较差。

按照主要用途可将碳素钢分为碳素结构钢和碳素工具钢。碳素结构钢主要用于制造机械零件和工程结构，它们大多是低碳钢和中碳钢；碳素工具钢主要用于制造各种刀具、模具和量具等，它们一般都是高碳钢。

按照质量等级（有害杂质含量的多少），可将碳素钢分为普通质量碳素钢、优质碳素钢和特殊质量（高级优质）碳素钢。

（2）合金钢　合金钢的分类方法与碳素钢相类似。例如，按照化学成分（合金元素含量）可将其分为低合金钢、中合金钢和高合金钢，按照主要用途可将其分为合金结构钢、合金工具钢和特殊性能钢（如不锈钢、耐热钢等）。

（3）铸铁　生产上应用的铸铁有灰铸铁、球墨铸铁和蠕墨铸铁等，它们的w_C通常在$2.5\%\sim 4.0\%$之间，并且硅、锰、硫、磷等杂质元素的含量也比钢高。其中，最常用的是灰铸铁，它的铸造性能很好，可以浇注出形状复杂和薄壁的零件；但灰铸铁脆性较大，不能锻压，且焊接性能也很差，因此它主要用于生产铸件。灰铸铁的抗拉强度、塑性和韧性都远低于钢，但它的抗压性能较好，还具有良好的减振性、耐磨性和切削加工性等，并且生产方便、成本低廉。

2. 常用钢铁材料的牌号与用途

普通质量碳素结构钢的牌号，主要由表示屈服强度的“屈”字的汉语拼音首字母“Q”和屈服强度数值（以MPa为单位）构成。常用钢种有Q195、Q235等，它们可用于制造铆钉、螺钉、螺母、垫圈、冲压零件和焊接构件等。

优质碳素结构钢的牌号，用代表钢中平均碳含量的万分数的两位数字来表示。常用钢种有08、45、65等，其中08钢主要用于制作冲压件和焊接件，45钢可用于制作轴、连杆、齿轮等零件，65钢多用于制作弹簧等。

碳素工具钢的牌号，由“碳”字的汉语拼音首字母“T”和代表钢中以千分数表示的平均碳含量的数字构成。常用钢种有T8、T10、T12等。其中，T8钢可用于制作钳子、锤子等，T10钢可用于制作锯条、刨刀等，T12钢可用于制作锉刀、丝锥、车床尾座上的顶尖等。

合金钢的牌号，采用“数字+元素符号+数字”的形式来表示。牌号前面的数字表示钢中平均碳质量分数，但合金结构钢是以万分数（两位数字）表示的，而合金工具钢则以千分数（一位数字）表示。此外，当合金工具钢的碳质量分数≥1%时不予标出，高速工具钢的碳质量分数也不在牌号中标出。钢中加入的合金元素用其化学元素符号表示，其后的数字表示该合金元素的质量分数（以百分数表示，若质量分数<1.5%时则不标出）。例如，40Cr是合金结构钢，9SiCr是合金工具钢，W6Mo5Cr4V2是高速工具钢（可用于制作切削速度较高的刀具，并可在切削温度达到600℃时，仍能保持原有的高硬度）。

灰铸铁的牌号，由“灰铁”的汉语拼音首字母“HT”和表示该灰铸铁最低抗拉强度值（MPa）的数字构成。常用的牌号有HT150、HT200等，可用于制作带轮、机床床身、底座、齿轮箱、刀架等。球墨铸铁的牌号，用“球铁”的汉语拼音首字母“QT”，后跟表示其最低抗拉强度值（MPa）与断后伸长率（%）的两组数字构成，如QT400-15、QT600-3等。

3. 钢材的管理和鉴别

（1）常用钢材的种类与规格　常用钢材的种类有型钢、钢板、钢管和钢丝等。

型钢的种类很多，常见的有圆钢、方钢、扁钢、六角钢、八角钢、工字钢、槽钢、角钢、异形钢、盘条等。每种型钢的规格都有一定的表示方法。圆钢的规格以其直径表示，如圆钢ϕ20mm；方钢的规格以“边长×边长”表示，如方钢30mm×30mm；扁钢的规格以“边宽×边厚”表示，如扁钢20mm×10mm；工字钢和槽钢的规格以“高×腿宽×腰厚”来表示，如工字钢100mm×55mm×4.5mm，槽钢200mm×75mm×9mm。角钢分为等边角钢和不等边角钢两种，等边角钢的规格以“边宽×边宽×边厚”表示；不等边角钢的规格以“长边宽×短边宽×边厚”表示，如80mm×50mm×6mm。

钢板通常按厚度分为薄板（厚度≤4mm）、厚板（厚度>4mm）和钢带。厚板经热轧制成，薄板则有热轧和冷轧两种加工工艺。薄板经热镀锌、电镀锡等处理，制成镀锌薄钢板（俗称白铁皮）、镀锡薄钢板（俗称马口铁）等，可提高耐蚀性。钢带是厚度较薄、宽度较窄、长度很长的钢板，其加工工艺也分热轧和冷轧两种，大多为成卷供应。

钢管分为无缝钢管和焊接钢管两类，断面形状多为圆形，也有异形钢管。无缝钢管的规格以“外径×壁厚×长度”表示，若无长度要求，则只写“外径×壁厚”。

钢丝的种类很多，常见的有一般用途钢丝、弹簧钢丝、钢绳等，其规格以直径表示。

（2）钢材的管理和鉴别　购入钢材后，一般应复验其化学成分并核对交货状态。交货状态是指交货钢材的最终塑性变形加工或最终热处理的状态。不经过热处理交货的有热轧（锻）及冷轧（拉）状态；经正火、退火、高温回火、调质和固溶等处理的均称为热处理状态交货。应将钢材按种类和规格分类入库存放，并由专人负责管理。

生产中，为了区别钢材的牌号、规格、质量等级等，通常在材料上做有一定的标记。常用的标记方法有涂色（涂在材料的端面或端部）、打（盖）印、挂牌等。例如，Q235钢涂红色，45 钢涂白色 + 棕色等。使用时，可依据这些标记对钢材加以鉴别。除此以外，对钢材进行现场鉴别的方法还有火花鉴别法（详见附录 B）、断口鉴别法等。如果要对钢材的化学成分或内部组织有较仔细的了解，则需进行化学分析、光谱分析或金相分析等。

四、非铁金属材料简介

工业上通常把钢铁材料以外的金属材料统称为非铁金属材料，也称有色金属材料。其中应用最多的是铝、铜及其合金。

工业用纯铝和纯铜有良好的导电性、导热性和耐蚀性，塑性好但强度低，主要用于制造电线、油管、日用器皿等。

铝合金分为变形铝合金和铸造铝合金两类。变形铝合金的塑性较好，常制成各种型材、板材、管材等，用于制造建筑门窗、蒙皮、油箱、铆钉和飞机构件等。铸造铝合金（如 ZAlSi12）的铸造性能好，可用于制造形状复杂及有一定力学性能要求的零件，如活塞、仪表壳体等。

铜合金主要有黄铜和青铜。黄铜（如 H62）是以锌为主要添加元素的铜合金，主要用于制造弹簧、轴套和耐蚀零件等。青铜按主要添加元素的不同又分为锡青铜（如 QSn4 – 3）、铝青铜、铍青铜等，主要用于制造轴瓦、蜗轮、弹簧，以及要求减摩、耐蚀的零件等。

铝、铜及其合金以及其他非铁金属材料的牌号说明，可查阅有关的标准或书籍。

第三节　产品质量与经济性

产品的质量及成本将影响产品在市场上的竞争力，从而关系到企业的生存和发展。最经济地生产出满足用户需要的优质产品，是企业及其员工努力的目标。

一、产品质量及控制

机械产品的使用性能和寿命取决于其零件的质量和装配的质量。零件的质量主要包括零件的材质、使用性能（在上节中已介绍）和加工质量等。

1. 零件的加工质量

零件的加工质量是指零件的加工精度和表面质量。加工精度是实际加工后零件的尺寸、形状和相互位置等几何参数与理想几何参数相符合的程度。相符合的程度越高，零件的加工精度越高。实际几何参数与理想几何参数的偏离称为加工误差。显然，加工误差越小，加工精度越高。要将零件的几何参数加工得绝对准确是不可能的，也是没有必要的。在保证零件使用要求的前提下，对加工误差规定一个范围，称为公差。零件的公差越小，对加工精度的要求就越高。零件的表面质量主要包括零件的表面粗糙度、表面变形强化程度和表面残余应力等。零件的加工质量对零件的使用有很大影响，其中考虑最多的是加工精度和表面粗糙度。

一般地说，零件的加工质量越高，其加工就越困难，所耗费的工时和成本也就越大。所以，应当综合考虑零件的使用要求和加工成本，合理地确定零件的加工质量要求，而不要不切实际地片面追求零件加工的高精度或高质量。

2. 装配质量

装配是机械制造过程的最后一个阶段。合格的零件通过合理的装配和调试，就可以获得良好的装配质量，从而能保证机器进行正常的运转。装配精度是衡量装配质量的主要指标，它包括以下几项：零、部件间的尺寸精度（包括配合精度和距离精度）；零、部件间的相互位置精度；零、部件间的相对运动精度；零、部件间的接触精度等。

3. 产品质量的控制与管理

（1）产品质量控制与管理的方法

1）质量检验。对生产出的成品进行检验，合格者方可出厂。这属于事后检查，不能预防产品质量问题的发生。

2）统计质量管理。对生产过程中的产品质量进行定期抽样检查，通过统计方法判断生产过程是否出现了不正常情况，以便及时发现和消除出现的影响产品质量的因素，实现对产品质量问题的预防和控制。

3）全面质量管理。它是把企业作为产品质量整体，对设计、研制、生产准备、原材料采购、生产制造、销售等各个环节进行协调，对影响产品质量的各种因素进行综合治理，即它是企业全员参与、全过程控制和全部环节把关的质量管理。

质量管理工作要与国际接轨，首先必须贯彻ISO9000系列标准。ISO9000系列标准是国际标准化组织所制定的关于质量管理和质量保证的一系列国际标准的简称，自其颁布以来已得到全世界大多数国家和企业的重视和应用，通过ISO9000系列标准的认证已成为一个企业进入国际市场的必备条件。

（2）质量管理中常用的统计方法　质量管理中要对影响产品质量的各种因素进行定量和定性分析，从而抓住主要矛盾，提出解决产品质量问题的措施。常用的统计方法有：

1）排列图法。排列图绘制方法是收集一定期间废次品统计数字，如某型号的拖拉机，共找出质量问题282个，按原因分部位、分层次计算各项目（共有A、B、C、D、E、F、G七项，其产生原因依次为工装精度差、操作不当、设备不良、工艺不合理、材料不合格、设计不当、其他原因等）重复出现的次数（即频数），再计算各类频数所占百分数（即频率）。按频率大小，依次绘制直方图，由左向右为下降，然后依次将各频率相加连成折线，如图1-4所示的主次因素排列图，从中找出影响产品质量的主要原因是工装精度差和操作不当（两者出现的频率分别为34.4%和30.9%），由此可找到提高产品质量的途径。

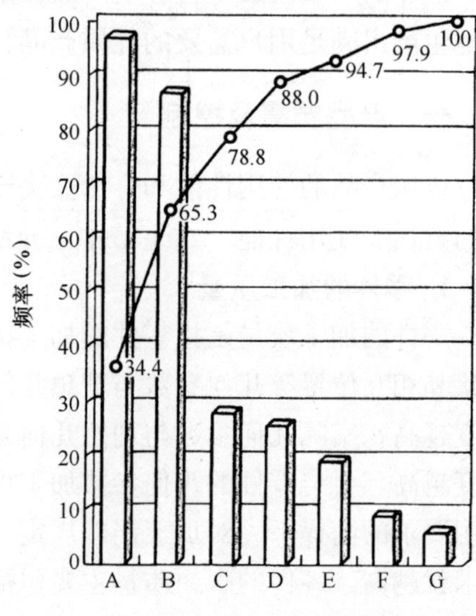

图1-4　主次因素排列图

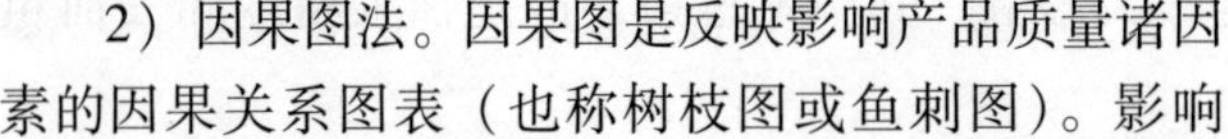
2）因果图法。因果图是反映影响产品质量诸因素的因果关系图表（也称树枝图或鱼刺图）。影响产品质量的因素有设计、加工、装配、调试等环节，产品的质量与这些环节紧密相关，最终体现在产品的使用性能上。企业应从各方面针对具体问题进行分析，以便采取合理措施，保证产品质量稳定。图1-5所示为某厂采用的铸件产生气孔缺陷的因果关系图。

此外，还有调查表法、数据分层法、直方图法、控制图法、相关图法等。

二、产品制造的经济性

1. 产品制造成本

产品的制造成本是企业生产一定种类和数量产品所消耗的费用，是衡量企业经营与管理质量的一个综合性指标。产品的制造成本由材料费、工资与其他费用（指厂房折旧、设备折旧、动力费、管理费、废品损失、生产支出及广告宣传费用等）三个部分组成。如果产品还包括一部分外购件，则产品总成本由外购件成本与本企业自产件成本两部分组成。

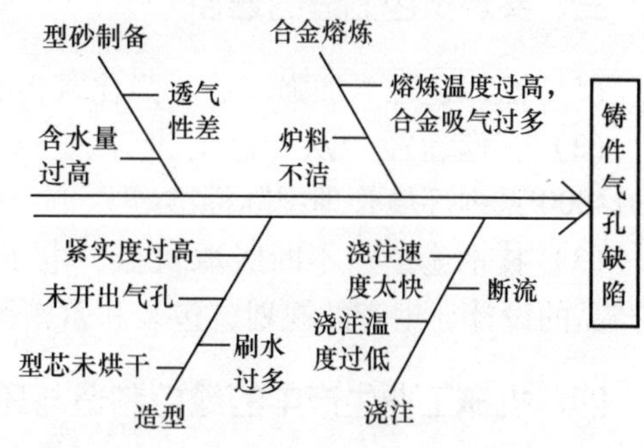

图 1-5　铸件产生气孔缺陷的因果关系图

2. 降低产品成本的途径

在产品价格保持不变的情况下，降低成本是增加企业盈利的有效手段。产品成本的高低与产品设计及制造的诸环节有关。因此，在设计过程中要做到产品结构设计简单合理，选材正确；在满足使用性能的前提下，尽量选用价格低廉、容易加工的材料；在制造过程中应选择合理的、先进的加工方法，做到提高劳动生产率，节约能源，节约财力物力；把好产品的各道质量检验关，树立质量意识，减少废次品的数量；尽量压缩非生产性开支等。这些都是行之有效的降低产品成本的措施。

产品成本的高低，关系到产品的市场竞争力，直接影响到企业的经济效益。作为当代工程技术人员，必须有良好的经济意识，要关心和重视产品的制造成本，懂得如何对工程问题进行技术经济分析。关于各种加工方法的技术经济分析，可详见本书有关章节。

第四节　绿色制造与环境保护

制造业的发展在为人类创造了新的物质文明的同时，也带来了一系列问题，其中之一就是对资源的消耗和工业废弃物造成的污染，破坏了人类的生存环境，制约了经济的可持续发展。因此，绿色制造是制造业实施可持续发展战略的必然选择。

一、绿色制造的目的

绿色制造的基本思想就是综合考虑资源和环境的关系，从产品设计阶段就开始致力于防止污染，依靠先进的工艺、设备和严格的科学管理等手段，以有效的物流循环为核心，使废弃物最少，并尽可能使废弃物无害化，达到在产品的整个寿命周期内对环境的危害最小，资源利用率最高，从而实现人类生产的可持续发展。综合起来就是两个目的：资源综合利用和环境保护。

二、绿色制造的内容

（1）使用绿色能源　主要指无污染的自然能源，如风能、潮汐能、太阳能等。

（2）实现绿色生产　包括绿色设计、绿色工艺、绿色设备、绿色包装、绿色标志等。

（3）制造绿色产品　采用再生性好、易于回收或处理的绿色材料，制造能持续利用的产品。

三、实现绿色制造的途径

（1）法律途径　加强立法，强化宣传和教育，提高全社会的环保意识和观念。

（2）管理途径　从产品的设计、生产和使用等方面加强环保管理。例如，积极推行ISO14000系列环境管理国际标准等。

（3）技术途径　不断吸取机械、电子、信息、材料、能源等各领域的最新技术成果，从产品的设计、生产的规划、包装和营销等方面优化资源利用，防止环境污染。

四、机械工业生产中的绿色制造与环保

机械工业生产过程中常常会产生和排出大量的废水、废气、废渣等，如各种切削加工过程中排出的切屑、切削液和其他废物等；材料热处理或表面处理过程中会排出各种有害或有毒气体、废液等；铸造、锻压、焊接生产过程中会发出振动、噪声、弧光等，以及排出废热、废气、烟尘、粉尘、炉渣等，这些都会带来相应的环境污染问题。因此，在机械制造领域中，应用绿色制造技术将产生良好的社会效益和经济效益。例如，改进制造工艺，使用环保设备，减少污染物的排放，实现洁净生产；采用少、无氧化和高效节能的加热设备，对热气和余热进行再利用；采用有效方式进行基础防振，采取措施除尘降噪；采用各种先进的精密成形方法，减少切削加工量；采用干式切削或绿色射流冷却切削技术，少用或完全不用切削液；对切屑等废弃物加以回收再利用等。

第五节　安全生产与劳动保护

在工业企业的生产现场，由于工艺上、设备上的原因，或者由于人为的疏忽，劳动者在实施作业的过程中，面对繁杂的工种、多变的工况、各种不安全的隐患、不卫生的因素，如果不树立牢固的安全意识加以警醒，不采取必要的安全措施加强防护，就有可能发生工伤事故或职业病，人身安全和健康就会受到威胁或伤害。强调安全生产和劳动保护，就是为了保护劳动者在生产劳动过程中的人身安全与健康。

这一问题对于参加金工实习的大学生来说，也同样极其重要。

一、安全生产和劳动保护的制度法规

做好安全生产和劳动保护工作，必须要有完善的相关制度法规保障。《中华人民共和国安全生产法》（2002年公布并实施，2014年修订）和《中华人民共和国劳动法》（1995年实施，2009年修订，2018年再次修订）是我国关于安全生产和劳动保护的两部最高法律文件。

《中华人民共和国安全生产法》（以下简称“安全生产法”）是我国指导安全生产的专项法规。安全生产法指出，安全生产工作应当以人为本，坚持安全发展，坚持安全第一、预防为主、综合治理的方针，强化和落实生产经营单位的主体责任，建立生产经营单位负责、职工参与、政府监管、行业自律和社会监督的机制。生产经营单位必须遵守有关安全生产的

法律、法规，加强安全生产管理，建立、健全安全生产责任制和安全生产规章制度，改善安全生产条件，推进安全生产标准化建设，提高安全生产水平，确保安全生产。安全生产法也规定了生产经营单位的主要负责人对本单位安全生产工作负有的一系列职责，包括建立、健全本单位安全生产责任制，组织制定本单位安全生产规章制度和操作规程，组织制定并实施本单位安全生产教育和培训计划以及保证本单位安全生产投入的有效实施，督促、检查本单位的安全生产工作，及时消除生产安全事故隐患，组织制定并实施本单位的生产安全事故应急救援预案，及时、如实报告生产安全事故。

《中华人民共和国劳动法》（以下简称“劳动法”）是我国劳动者的基本法，其中涉及劳动保护方面规定的内容主要有第四章、第六章和第七章，分别对工作时间和休息休假、劳动安全卫生、女职工和未成年工特殊保护方面做出了具体规定。例如，劳动法第六章对劳动安全卫生方面的规定包括：用人单位必须建立、健全劳动安全卫生制度，严格执行国家劳动安全卫生规程和标准，对劳动者进行劳动安全卫生教育，防止劳动过程中的事故，减少职业危害；用人单位必须为劳动者提供符合国家规定的劳动安全卫生条件和必要的劳动防护用品，对从事有职业危害作业的劳动者应当定期进行健康检查；从事特种作业的劳动者必须经过专门培训并取得特种作业资格，劳动者在劳动过程中必须严格遵守安全操作规程；劳动者对用人单位管理人员违章指挥、强令冒险作业，有权拒绝执行；对危害生命安全和身体健康的行为，有权提出批评、检举和控告。此外，在劳动法的其他有关章节条款中还明确了劳动者在劳动安全卫生方面享有的权利和义务等。

各个生产行业和每个生产企业，都要在上述相关的国家法律的基础上，根据本行业和本企业的具体情况，建立起自身的安全生产和劳动保护的制度法规及运行体系。

二、机械制造企业的安全生产与劳动保护

对于机械制造企业而言，其共性的安全生产问题大致可归纳为以下几个方面，它们也是金工实习中需要面对的问题。

1. 机械设备使用安全

机械设备是现代机械制造企业中不可缺少的生产设备，常见的有各种金属切削机床、锻压机械（如锻锤、压力机）、铸造机械（如混砂机、造型机、浇注机）、特种加工机床等。为了防止和减少使用机械设备时发生事故，需要了解哪些机械设备是危险性较大的，机械设备的危险部位在哪儿，不同运动状态的机械部件有哪些危险，这样就可以有针对性、有重点地采取安全防护措施，保护操作者的安全。

（1）使用机械设备时的不安全因素

1）机械设备静止时的危险。机械设备即使处于静止状态，人们接触某些部位时也有可能存在某种危险，如刀具的刃口，工件或设备边缘的毛刺、锐角、粗糙表面，设备上较长的突出部位等。

2）机械设备运转时的危险。机械设备部件的运动形式主要有直线运动和旋转运动。例如磨床工作台的运动、压力机滑块的运动等就是往复直线运动，人或人体的某些部位在其运动区域内会受到这些运动部件的撞击或挤压。机械设备上做旋转运动的部件较多，而且通常转速很高，如转轴、齿轮、带轮、飞轮、叶片、圆盘锯片、砂轮、铣刀、钻头等，人在触碰这类旋转着的部件时，存在被卷入、擦伤、撞击和切割等危险。

3）发生飞出物的危险。在机械设备工作过程中，若有物体不慎飞出，如未夹紧的刀具、固定不牢的工件、破碎而飞散的切屑、锻打时飞出的锻件等，附近的人员就存在被飞出物击伤的危险。

（2）机械事故的发生原因

1）直接原因。机械事故发生的直接原因是机械及操作现场的不安全状态，或是人的不安全行为。前者包括：机械设备或其中的部件设计不当，结构不符合安全要求；维护保养不当导致设备失灵，设备的安全防护或信号装置缺失或有缺陷；操作现场照明光线不良，工作空间狭小；个人防护用品、用具缺少或有缺陷等。后者包括：人体与运动部件接触，人体进入危险区域；操作失误，如按错按钮、超载运行设备；违反操作规程，如用手代替工具操作，在机械运转时加油、修理、清扫等；工作时精力不集中，出现险情时应变失误；忽视个人防护用品、用具的使用，着装不符合安全要求等。

2）间接原因。间接原因包括教育原因（如操作者缺乏必要的安全教育与安全培训，安全生产观念不强），管理原因（如安全操作规程缺乏或不健全，安全生产制度不落实，监督不严），以及操作者生理与心理方面的原因等。

（3）机械设备的安全防护装置　安全防护的重点是机械的传动部分、操作区以及其他运动部分，移动机械的移动区域等。安全防护装置应满足与其保护功能相适应的设计与技术要求：防护装置结构的形式和布局设计合理，具有切实的防护功能；要坚固耐用，安装可靠，不易拆卸；装置表面应光滑，无尖刺棱角，不会增加任何附加危险；防护装置不容易被绕过或避开，不应出现漏保护区；满足安全距离的要求，使人体各部位（尤其是手和脚）无法接触危险；不影响正常操作，不与机械的任何可动零部件接触；便于检查和维修。

常用的安全防护装置有固定式防护罩、互锁式防护罩、自动防护罩、伺服防护装置、双手开关等。

（4）实例：砂轮机的安全使用　砂轮机主要用于磨削或切割，在工厂中被广泛使用，也是金工实习常用的机械设备。因其转速很高，使用时应注意以下事项：

1）使用前，先检查转速，确认所用线速度在该砂轮规定的安全线速度范围内。

2）开机后，先空转1min左右，确认运转正常后再开始磨削。

3）磨削时，身体不要正对砂轮，进给量不要过大或突然增加，避免对砂轮造成冲击；必须佩戴护目镜，以免砂粒入眼；勿戴手套操作，以防人手卷入机器。

4）断电停机时，应让砂轮自然逐渐减速至停转，勿用其他物品接触砂轮强制停转。

2. 物料搬运安全

物料搬运是生产中的经常性工作，有人工搬运和机械搬运（如叉车、起吊装置）等方式。搬运工作虽然看似简单，但若不注意安全姿势或不了解所搬物件的状况，未采用正确的方法或过高估计了自身的能力，仍有可能在操作时造成扭伤、碰伤、砸伤等事故，一定要加以重视。

（1）人工搬运时的安全事项

1）应正确估计或认清所搬物件的质量和自己的能力。一个普通人安全徒手短时间提举的物件质量最好不超过30kg。若对自身能力没有把握时，应请他人协助。

2）做好个人防护，戴安全手套，穿合适的工作服。如果所搬运的是有毒或有腐蚀性的物品，更应采取密闭型的防护着装。

3）提举物体前应找准物体的重心，确定握持点，要用整个手部握紧物件而不是仅用手指。搬运时要保持物件平稳地向前移动。

4）有可能时应尽量借助一些工具（如绳索、撬杠、滚筒、千斤顶等）来进行搬运，以节省体力及增加安全性。

（2）机械搬运时的安全事项

1）搬运（吊运）设备应标有清楚的额定负荷，所运物品不能超过额定负荷。

2）搬运或吊运前应检查设备制动装置的灵敏性和可靠性。

3）如果设备的操作者无法目视到他所搬运或吊运的物体，则须安排专人在现场指挥，或者通过专门的信号系统引导操作者安全、准确地操控所运物品。

4）吊运前要认真检查物体安置得是否牢固可靠，吊钩受力前就应将手放开。

5）应从正确的位置以正确的方式吊起重物，防止其下滑或跌落；吊运过程中应注意观察重物是否平衡，防止其来回摆动。

6）重物正吊挂在空中时，操作者必须随时保持对它的操控，其他人应与重物保持一定的安全距离，不要处在重物的下方或其将要通过的地方。

7）重物卸载时应卸到坚固的地面或其他基础上，重物下面应设置垫料。

3. 电气安全

电是机械制造企业的主要能源，在机械设备、控制装置、办公系统等方面应用普遍。对于电气安全应时刻保持注意。

（1）电气使用的安全问题　用电方面常见的安全事故有触电、电气火灾等。触电分电击和电伤两种。电击是指人体与带电物体接触后电流进入人体，造成电击部位的局部损伤，并使心血管和中枢神经系统受到伤害，严重时可危及生命。电伤是电流的热效应、化学效应或机械效应对人体造成的局部伤害，包括电烧伤、烫伤、电气机械性伤害、电光眼等不同形式的损伤。用电设备的过热、电火花和电弧等常常是引起电气火灾甚至爆炸的直接原因。

（2）用电安全技术措施

1）电气设备和电路须保持良好的绝缘，并应定期检修。

2）对电器设备的金属外壳及手持电动工具等采取保护性接地或接零的措施。

3）对于可能发生漏电的电气设备，应安装漏电保护装置。

4）采用安全电压。例如，手提照明灯、危险环境的携带式电动工具应采用42V或36V安全电压，密闭、特别潮湿的环境所用的照明及电动工具应采用12V安全电压。

5）遇到有人触电时，不得赤手去接触施救，应先迅速将电源切断；若一时无法切断电源，则要设法在保护自己不触电的情况下使触电者脱离带电环境，如用绝缘物拨开带电体等。切断电源后应抓紧时间采取相应的救助措施，并及时通知医务人员前来诊治处理。

4. 消防安全

火灾是人类生产和生活的大敌。机械制造企业的厂房、车间内有大量设备和物资，各种管线分布复杂，可燃物多而集中，燃烧时可能产生大量高温有害的烟气，一旦发生火灾，不仅会造成巨大的经济损失，而且极易导致严重的人员伤亡。因此，加强消防安全教育，做好消防安全工作，是责任重于泰山的事情。

（1）燃烧的条件和类型

1）燃烧的发生必须具备三个条件：可燃物、助燃物和着火源，三者缺一不可。

2）燃烧有三种类型：点燃、自燃和闪燃。点燃是指可燃物质在空气中受到外界火源或高温的直接作用，开始起火并持续燃烧的现象。自燃是指可燃物没有受到外来火源的作用而自行燃烧的现象，分为本身自燃和受热自燃。闪燃是指易燃或可燃液体挥发出来的蒸气与空气混合后，遇火源发生一闪即灭的燃烧现象。发生闪燃的最低温度点称为闪点。

（2）防火措施

1）控制可燃物。尽可能清除所有不必要的易燃或可燃物品，对所用的易燃物品要特别注意安全使用与管理。

2）消除着火源。在有易燃物品的场合严禁吸烟，慎用或禁用易产生火花、电弧等的工具或设备；不乱接电源线，不超负荷用电，及时更换老化的电气设备和电线。

3）预防火势蔓延。在建筑物之间筑防火墙，设防火间距；遇到可燃气体泄漏着火时，先关闭相关阀门，再进行灭火。

4）其他措施。在厂房、车间内的醒目位置处设置防火警示标志，不占用、堵塞或封闭消防安全出口、疏散通道和消防车通道，配备必要的消防器材并掌握正确的使用方法。

（3）灭火方法　根据物质燃烧原理和消防工作的实践经验，主要有四种灭火方法。

1）冷却法。降低燃烧物的温度，使之低于燃点，促使燃烧过程停止，如用水灭火。

2）窒息法。采用不燃烧物质覆盖燃烧区，阻止空气进入，使火焰熄灭，如用砂土埋没燃烧物，使用二氧化碳灭火器扑火。

3）隔离法。把燃烧物与未燃烧物隔离，如将起火点附近的可燃、易燃或助燃物搬走。

4）抑制法。将灭火剂加入燃烧反应中去，中断燃烧的持续过程。

三、金工实习中的安全注意事项

金工实习的工种较多，大致可分为热加工工种和冷加工工种两大类。在实习开始前，学生应接受安全教育，对所实习工种的安全隐患有所了解，做到心中有数，这样在实习中即使遇到突发状况，也可以正确应对，有效化解，避免事故的发生。

热加工是指铸造、锻造、焊接和热处理等工种。其特点是生产过程常伴随有高温、电弧弧光、有害气体（如金属熔炼或加热时炉子的烟气、浇注时铸型挥发的气体、电焊时焊接材料挥发的烟气等）、粉尘、振动和噪声等，对操作者身体健康造成损害的各种因素比较多，因此容易引发安全事故。热加工工伤事故中，烫伤、电弧灼伤、喷溅和砸碰伤害等事故占到较高的比例，应引起高度重视。

冷加工主要包括车、铣、刨、磨和钻等切削加工。其特点是使用的装夹工具和被切削的工件或刀具间不仅有相对运动，而且速度较高。如果设备防护不好，操作者不注意遵守操作规程，就很容易造成人身伤害。

电力的使用和电器控制在加热、电焊和各类机床及加工设备的运转等场合十分常见。实习时，必须严格遵守电气安全守则，避免触电事故。

各工种的安全技术详见后续各章节，在实习中，务必严格遵守。

第六节　创新能力培养与训练

创新能力是高素质工程技术人才因素构成的一个重要部分，创新能力的培养已成为高等工程教育中理论教学和实践教学所追求的主要目的之一，金工实习正是为大学生提供的一个开放的创新能力训练的实践大课堂。

创新能力是指一个人或群体通过创新行为和创新活动而获得创新性成果的能力，它是人的能力中最重要、层次最高的一种综合能力。创新能力具有普遍性和可开发性。对于正常人来说，创新能力是人人都具有的一种能力。因为人的创造性是一种先天的自然属性，它随着人的大脑进化而进化，其存在形式表现为创新潜能。而且人的创新能力是可以激发和提升的，将创新潜能转化为显能，这个显能就是具有社会属性的后天的创新能力。潜能转化为显能后，人的创新能力也就有了强、弱之分。通过激发、教育和训练，可以使人的创新能力由弱变强。提升个人的创新能力主要通过三条途径来实现：一是在日常生活中经常有意识地观察和思考一些问题，通过这种日常的自我训练，可以提高观察能力和思维灵活性；二是参加有关创新能力的培训，学习一些创新理论与技法；三是积极参加创新实践活动，尝试用创造性方法解决实践中的问题。这三条途径中的最后一条最为关键，因为人类正是通过实践才有了无数的发现、发明和创新，实践又能检验和发展创新。越是积极从事创新实践，就越能积累创新经验，提高创新能力，增强创新技能。创新是通过创新者的活动实现的，任何创新思想，只有付诸行动，才能形成创新成果。因此，重视实干、重视实践是创新的基本要求。

创新思维是创新能力的核心因素，是创新活动的灵魂。开展创新训练首先要对创新思维进行开发和引导。创新思维是在实践经验的基础上，通过主动、有意识地思考，产生独特、新颖认识的心理活动过程。要形成创新思维，就必须解放思想，突破以往固有的思维定势，破除迷信书本、崇拜权威、从众心理等思想障碍；同时，还要掌握一系列创新思维方式，如形象思维、联想思维、发散思维（横向思维、逆向思维）、收敛思维、辩证思维等。

在金工实习中，同学们将学到很多工艺知识，掌握不少操作技能，在此基础上要有意识地通过组织创新训练的方式，将这些知识和技能进行充分消化和吸收，使之转化为社会所需要的能力。这种转化是复杂的和不可替代的，必须通过亲身经历和体验来实现。在转化过程中还要倾力引导，使之从中升华出最高层次的能力——创新能力。由于金工实习主要涉及机械制造和材料加工过程，其中的创新工作可分为产品创新和工艺创新两个方面，因此，创新能力训练可以围绕实习中的产品——实习件的设计和加工来展开。为此，要尽量增加学生对实习件的设计和加工的自主性，在条件允许时，应该安排学生在教师指导下，对某些实习件进行全部或部分的自主设计和自行加工，在此过程中鼓励学生通过独立思考去发现问题和解决问题。也可以在学生中组织创新训练小组，通过团队的合作和智慧的汇集来促进创新能力的提升。

不同学科领域之间知识和观念的碰撞，不同技术岗位人员思想和灵感的交流，对于创新思路的产生、创新过程中难点的化解是非常重要的。在科技高度发达的今天，创新通常是一项复杂的工作，单靠专一人才的知识和能力是很难取得重大突破的，所以需要协同创新。协同创新是指围绕创新目标，多主体、多元素共同协作、相互补充、配合协作的创新行为。金工实习本身就具有多学科（机械、材料、控制、管理等）、多工种、多岗位融合的优势，并且与许多课程的理论教学以及其他的实践教学环节（如实验、课程设计、大学生课外科技创新训练项目、校外实习等）有着紧密的联系，应该充分利用这样的有利条件，大力提倡协同创新。在金工实习过程中，形成知识、观念、技能、技术的分享机制，鼓励尝试用其他专业领域的思维方法研究本领域的问题，依靠现代信息技术构建资源平台，进行多方位交流、多样化协作、多层次创新，使创新能力培养和训练的工作得到良好的可持续发展。

【扩展阅读】

智能制造

智能制造是利用计算机模拟制造业领域专家的分析、判断、推理、构思和决策等智能活动，并将这些智能活动和智能机器通过互联网技术实现互联互通，使其贯穿应用于整个制造企业的各个子系统（经营决策、采购、产品设计、生产计划、制造装配、质量保证和市场销售等），以实现整个制造企业经营运作的高度柔性化、集成化和绿色化。

一个制造系统能否被称为智能，主要判断其是否具备以下两个特征：

1）是否能够学习人的经验，从而替代人来分析问题和形成决策。

2）能否从发现和解决问题中积累经验，从而避免问题的再次发生。

传统的制造系统在前三次工业革命中主要围绕自身的五个核心要素（5M）进行技术升级，它包含：

1）Materia（材料），包括材料的特性和功能等。

2）Machine（机器），包括精度、自动化和生产能力等。

3）Method（方法），包括工艺、效率和产能等。

4）Measurement（测量），包括数字化测量、传感器监测等。

5）Maintenance（维护），包括使用率、故障率和运维成本等。

智能制造系统区别于传统制造系统最重要的要素在于其具有第6个M，即Modeling（数据和知识建模），包括监测、预测、优化和防范等，并且通过第6个M来驱动其他5个M要素，从而解决和避免制造系统的问题，提升其效率。

“智能制造”不局限于制造的某一个方面，其内涵涉及从产品决策到生产及售后的各个环节。智能产品与智能服务可以帮助企业带来商业模式的创新；智能装备、智能生产线、智能车间和智能工厂可以实现生产模式的创新；智能研发、智能管理、智能物流与供应链可以实现运营模式的创新；而智能决策则可以帮助企业科学决策。智能生产是智能制造的主线。

智能生产系统包括以下几个层次：

1. 智能装备

智能装备具有检测功能，可以实现在机检测，从而补偿加工误差，提高加工精度，还可以对热变形进行补偿。以往一些精密装备对环境的要求很高，现在由于有了闭环的检测与补偿，可以降低对环境的要求。智能装备应当提供开放的数据接口，能够支持设备联网。例如，日本MAZAK的智能机床配备了针对加工热变形、切削振动、机床干涉、主轴监测、维护保养、工作台动态平衡性及语音导航等的智能化功能，可以自行监测控制机床运转状态，并进行自主反馈，从而大幅度提高机床运行效率及安全性。

2. 智能生产线

智能生产线的特点：在生产和装配的过程中，能够通过传感器或RFID（射频识别）自动进行数据采集，并通过电子看板显示实时的生产状态；能够通过机器视觉和多种传感器进行质量检测，自动剔除不合格品，并对采集的质量数据进行统计过程控制分析，找出质量问题的成因；能够支持多种相似产品的混线生产和装配，灵活调整工艺，适应小批量、多品种的生产模式；针对人工工位，进行防呆设计，并给予提示。

3. 智能车间

要实现车间的智能化，需要对生产状况、设备状态、能源消耗、生产质量、物料消耗等信息进行实时采集和分析，进行高效排产和合理排班，以充分提高设备利用率。这就要依靠制造执行系统（MES）。MES 可以帮助企业显著提升设备利用率，提高产品质量，实现生产过程可追溯，提高生产效率。智能车间必须建立有线或无线的工厂网络，以实现生产指令的自动下达和设备与生产线信息的自动采集。

实现车间的无纸化，也是智能车间的重要标志。通过应用三维轻量化技术和工业平板计算机和触摸屏，可以将设计和工艺文档传递到工位。数字映射技术可以将 MES 采集到的数据在虚拟的三维车间模型中实时地展现出来，还可以显示设备的实际状态，实现虚实融合。智能车间的视频监测控制系统不仅记录视频，还可以对车间的环境和人员行为进行监测控制、识别与报警。例如，有工人没有戴安全帽进入了不允许进入的区域，或者有人员倒地，都可以自动报警。此外，智能车间应当在温度、湿度、洁净度的控制和工业安全（包括工业自动化系统安全、生产环境安全和人员安全）等方面达到智能化水平。

4. 智能工厂

智能工厂不仅仅有自动化生产线和工业机器人，它不仅需要实现生产过程的自动化、透明化、可视化、精益化，而且其产品检测、质量检验和分析、生产物流也应当与生产过程实现闭环集成。一个工厂的多个车间之间要实现信息共享、准时配送、协同作业。一些离散制造企业也可建立生产指挥中心，对整个工厂进行指挥和调度，及时发现和解决突发问题，这也是智能工厂的重要标志。智能工厂需要应用企业资源计划系统制订多个车间的生产计划，并由 MES 根据各个车间的生产计划进行详细的生产安排。

复习思考题

1-1　简述机械产品的制造过程以及零件的毛坯制造方法。

1-2　为什么说产品的品种、质量和效益关系到企业的命运？如何正确理解产品的质量与成本之间的关系？

1-3　列举出几件你在实习中遇到的工具或零件，说明它们应具有哪些主要的力学性能。

1-4　列举出几件你在实习中遇到的工具或零件，说明它们分别是用什么材料制造的，并说明材料牌号中的符号和数字的含义。

1-5　为什么在生产的同时必须重视环境保护？绿色制造包括哪些内容？

1-6　生产中为什么要特别强调安全第一？你在实习中是否充分树立了安全意识？

1-7　使用机械设备时的不安全因素有哪些，应如何加强防范？

1-8　物料搬运安全应注意哪些问题？

1-9　用电安全技术措施有哪些？

1-10　燃烧必须满足哪三个条件？如何针对这些条件来考虑防火措施？

1-11　金工实习对于创新能力的培养有什么意义？

1-12　在金工实习中如何开展协同创新？

第二章 铸造

目的和要求

1）熟悉铸造生产的工艺过程及其特点和应用。

2）了解型砂、芯砂等造型材料的主要性能、组成及其制备。

3）了解砂型的结构及模样（芯盒）、铸型（型芯）、铸件、零件之间的关系和区别。

4）掌握手工两箱造型（整模、分模、挖砂造型等）的特点及操作技能，了解其他手工造型方法的特点及应用，了解机器造型的特点及造型机的工作原理。

5）熟悉铸件浇注位置和分型面的选择，并能对铸件进行初步工艺分析。

6）了解铸铁、铸钢、铝合金的熔炼方法、设备和浇注工艺。

7）了解铸件的落砂和清理，了解铸件的常见缺陷及产生的原因。

8）了解常用特种铸造的主要原理、特点和应用。

9）了解铸造生产安全技术及简单经济分析。

铸造实习安全技术

1）必须穿戴好工作服、帽、鞋等防护用品。

2）造型时，不要用嘴吹型（芯）砂；造型工具应正确使用，用完后不要乱放；翻转和搬动砂箱时要小心，防止压伤手脚；砂箱垒放要整齐、牢固，避免倾倒伤人。

3）操作场地要注意清除各种绊脚物，保证人员活动、行走通畅。

4）用坩埚炉熔炼时，应先检查坩埚有无裂纹，并将其预热到规定温度。熔炼炉周围及浇注区应保持整洁和干燥，不得有积水，不得堆放易燃品和杂物。

5）浇注前，浇注工具（浇包、金属舀勺等）须烘干；应根据铸件所浇注金属量的多少和上砂型的重量，决定是否需要对上、下铸型进行紧固，或者在铸型上安放压铁，以免浇注时发生抬箱（跑火）。

6）浇注时，浇包内的金属液不可过满，搬运浇包和浇注过程中要保持平稳，严防发生倾翻和飞溅事故；操作者应与金属液保持一定的距离，且不能位于熔液易飞溅的方向，不操作浇注者应远离浇包；多余的金属液应妥善处理，严禁乱倒乱放。

7）铸件在铸型中应保持足够的冷却时间，不要去碰未冷却的铸件。

8）清理铸件时，应注意周围环境，正确使用清理工具，合理掌握用力大小和方向，防止飞出的清理物伤人。

第一节 概 述

铸造是通过制造铸型，熔炼金属，再把金属熔液注入铸型，经凝固和冷却，从而获得所需铸件的成形方法。它可以生产出外形尺寸从几毫米到几十米、质量从几克到几百吨、结构从简单到复杂的各种铸件。铸造在我国已有几千年的历史，出土文物中大量的古代生产工具和生活用品就是用铸造方法制成的。今天，铸造生产在国民经济中仍然占有很重要的地位，广泛应用于工业生产的很多领域，特别是机械工业，以及日常生活用品、公用设施、工艺品等的制造和生产中。

铸造的特点：

1）可以生产出结构十分复杂的铸件，尤其是可以成形具有复杂形状内腔的铸件。

2）铸件的尺寸、形状与零件相近，节省了大量的材料和加工费用；铸造可以利用回收的废旧材料和产品重新熔化，从而节约了成本和资源。

3）铸造生产（主要是传统的砂型铸造生产等）工艺复杂，生产周期长，劳动条件差，且常常伴随对环境的污染；铸件易产生各种缺陷且不易发现。

常用的铸造方法有砂型铸造和特种铸造两大类。其中，特种铸造中又包括熔模铸造、消失模铸造、金属型铸造、压力铸造、低压铸造、离心铸造等多种铸造方法。砂型铸造是应用最广泛的一种铸造方法，其生产的铸件占铸件总量的 80% 以上。砂型铸造生产的基本流程如图 2-1 所示。

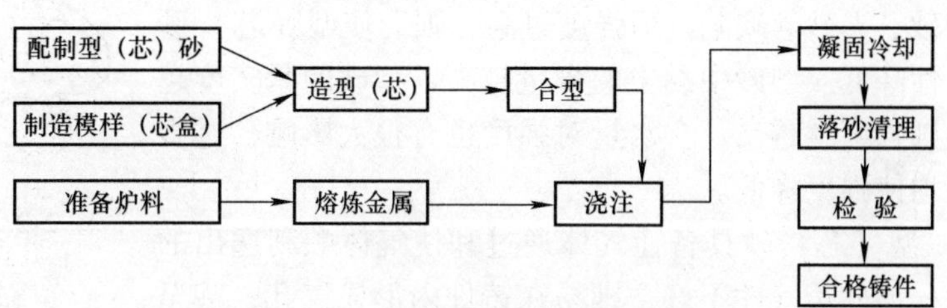

图 2-1 砂型铸造生产的基本流程

第二节 砂型铸造

铸造生产中的铸型是用来容纳金属液，使金属液按照它的型腔形状凝固成形，从而获得与其型腔形状一致的铸件。常用的铸型，按造型材料的不同可分为砂型和金属型。砂型铸造是用型砂制成铸型并在重力下进行浇注而生产出铸件的铸造方法。

一、造型材料与工艺装备

1. 型砂和芯砂

砂型铸造的造型材料由原砂、黏结剂、附加物等按一定比例和制备工艺混合而成，它具有一定的物理性能，能满足造型的需要。制造铸型的造型材料称为型砂，制造型芯的造型材料称为芯砂。型砂和芯砂性能的优劣直接关系到铸件质量的好坏和成本的高低。

（1）型砂和芯砂的组成

1）原砂。只有符合一定技术要求的天然矿砂才能作为铸造用砂，这种天然矿砂称为原砂。天然硅砂因资源丰富，价格便宜，是铸造生产中应用最广的原砂，它含有85%以上的SiO_2和少量其他物质等。原砂的粒度一般为F50～F140。

2）黏结剂。砂粒之间是松散的，且没有黏结力，显然不能形成具有一定形状的整体。在铸造生产过程中，须用黏结剂把砂粒粘接在一起，制成砂型或型芯。铸造用黏结剂种类较多，按照其组成可分为有机黏结剂（如植物油类、合脂类、合成树脂类黏结剂等）和无机黏结剂（如黏土、水玻璃、水泥等）两大类。黏土是最常用的一种黏结剂，它价廉而来源丰富，具有一定的粘接强度，可重复使用。用合成树脂作为黏结剂的型（芯）砂，具有硬化快、生产率高、硬化强度高、砂型（芯）尺寸精度高、表面光洁、退让性和溃散性好等优点，但成本较高。用黏土作为黏结剂的型（芯）砂称为黏土砂，用其他黏结剂的型（芯）砂则分别称为水玻璃砂、油砂、合脂砂和树脂砂等。

3）涂料。对于型芯和某些要求较高的砂型，常把一些防黏砂材料（如石墨粉、石英粉等）制成悬浊液，涂刷在型腔或型芯的表面上，以提高铸件表面质量，这称为上涂料。涂料最常使用的溶剂是水，而快干涂料常用煤油、酒精等作为溶剂。对于湿型砂，可直接把涂料粉（如石墨粉）喷撒在砂型或型芯表面上。

铸型所用材料除了原砂、黏结剂、涂料外，有时还加入某些附加物，如煤粉、重油等，以增加砂型的抗黏砂性能，提高铸件的表面质量。图2-2所示为黏土砂结构示意图。

（2）型砂和芯砂的性能要求

1）强度。型（芯）砂抵抗外力破坏的能力称为强度。如果型（芯）砂的强度不够，则在生产过程中铸型（芯）易损坏，会使铸件产生砂眼、冲砂、夹砂等缺陷。但强度过高，则会使型（芯）砂的透气性和退让性降低。型砂中黏土的含量越高，型砂的紧实度越高，砂粒越细，则强度就越高。含水量对强度也有很大影响，过多或过少的含水量均使强度降低。

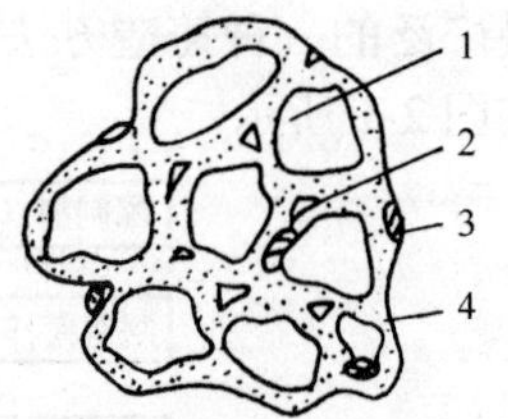

图2-2　黏土砂结构
1—砂粒　2—空隙
3—附加物　4—黏结剂

2）透气性。型（芯）砂具备让气体通过和使气体顺利逸出的能力称为透气性。型砂透气性不好，则易在铸件内形成气孔，甚至出现浇不足现象。砂粒为圆形，且越粗大、均匀，砂粒间孔隙就越大，透气性就越好。随着黏土含量的增加，型砂的透气性通常会降低；但黏土含量对透气性的影响与水分的含量密切相关，只有水分含量适当时，型砂的透气性才能达到最佳。型砂紧实度增大，砂粒间孔隙就减少，型砂透气性降低。

3）耐火度。型砂在高温作用下不熔化、不烧结、不软化、保持原有性能的能力称为耐火度。耐火度差的型砂易被高温熔化而破坏，产生黏砂等缺陷。原砂中的SiO_2含量越高，杂质越少，则耐火度越好；砂粒越粗，其耐火度越好。圆形砂粒的耐火度比较好。

4）退让性。在铸件冷却收缩时，型砂能相应地被压缩变形，而不阻碍铸件收缩的性能称为型砂的退让性。型砂的退让性差，易使铸件产生内应力、变形或裂纹等缺陷。使用无机黏结剂的型砂，高温时发生烧结，退让性差；使用有机黏结剂的型砂退让性较好。为提高型砂的退让性，可加入少量木屑等附加物。

此外，型（芯）砂还应具有较好的可塑性、流动性、耐用性等。

芯砂在浇注后处于金属液的包围中，工作条件差，除应具有上述性能外，还必须有较低的吸湿性、较小的发气性、良好的溃散性（也称落砂性）等。

（3）型砂的处理和制备　铸造生产用的型砂是由新砂、旧砂、黏结剂、附加物和水按照一定工艺配制而成的。在配制前，这些材料需经一定的处理。新砂中常混有水、泥土及其他杂物，须烘干并筛去固体杂质。旧砂因经浇注后会烧结成很多成块的砂团，需经破碎后才能使用。旧砂中含有铁钉、木块等杂物，需捡出或经筛分后除去。一般，生产小型铸件的型砂质量配比是：旧砂90%左右，新砂10%左右，黏土占新旧砂总和的5%～10%，水占新旧砂总和的3%～8%，其余附加物如木屑、煤粉占新旧砂总和的2%～5%。

按一定比例选择好的制砂材料一定要混合均匀，才能使型砂和芯砂具有良好的强度、透气性和可塑性等性能。一般情况下，混砂工作是在混砂机中进行的。在黏土砂混砂过程中，加料顺序是：旧砂→新砂→黏结剂→附加物→水。为使混砂均匀，混砂时间不宜太短，否则会影响型砂的使用性能。一般在加水前先干混2～3min，再加水湿混约10min。

型（芯）砂混制处理好后，应放置一段时间，使水分分布更加均匀，这一过程称为调匀。使用型砂前，还需经过松散处理。型砂性能一般需用专门仪器检测，若没有检测仪器，也可凭手捏的感觉对某些性能做粗略的判断，如图2-3所示。

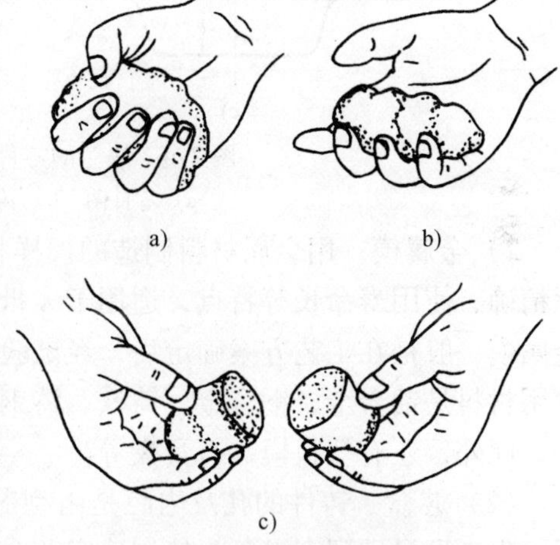

图2-3　手感法判断型砂性能

a）手捏可成砂团，表明型砂湿度适当

b）手松开后砂团表面手印清晰，表明成型性好

c）用双手把砂团掰断后，断面处型砂应无碎裂，表明有足够强度

2. 模样、芯盒与砂箱

模样、芯盒与砂箱是砂型铸造中造型时用到的主要工艺装备。

（1）模样　模样是与铸件外形及尺寸相似并且在造型时形成铸型型腔的工艺装备。模样的结构应便于制作加工，具有足够的刚度和强度，表面光滑，尺寸精确。模样的尺寸和形状是由零件图和铸造工艺参数得出的。图2-4a所示为零件图，图2-4b所示为考虑铸造工艺参数并标明铸件浇注位置、分型面和型芯等而得出的工艺图，图2-4c所示为铸件，图2-4d所示为模样。

设计模样时，要考虑的铸造工艺参数主要有：

1）收缩率。金属在铸型内凝固冷却时要收缩，因此模样的尺寸应比铸件尺寸放大一定的数值。其大小主要取决于所用铸造合金的种类。

2）加工余量。铸件的加工表面必须留有适当的加工余量，机械加工时，只有切去这层加工余量，才能使零件达到图样要求的尺寸和表面质量。

3）起模斜度。为使模样从铸型中顺利取出，在平行于起模方向的模样壁上留出的向着分型面逐渐增大的斜度称为起模斜度。

4）铸造圆角。为了便于金属熔液充满型腔和防止铸件产生裂纹，把铸件转角处设计为过渡圆角。

5）芯座。造型时，在型腔中留出的用于安放芯头以支承型芯的孔洞。

根据制造模样材料的不同，常用的模样分为：

1）木模。用木材制成的模样称为木模。木模是铸造生产中用得最广泛的一种，它具有价廉、质轻和易于加工成形等优点。其缺点是强度和硬度较低，容易变形和损坏，使用寿命短。木模一般适用于单件小批量生产。

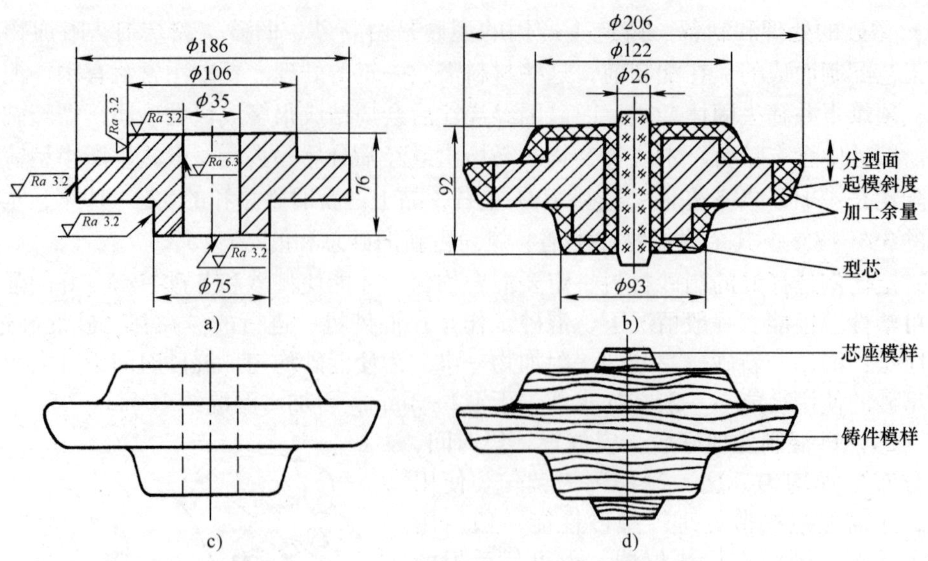

图2-4 法兰的零件图、铸造工艺图及铸件和模样
a）零件图 b）铸造工艺图 c）铸件 d）模样

2）金属模。用金属材料制造的模样称为金属模，具有强度高、刚性好、表面光洁、尺寸精确、使用寿命长等特点，适用于大批量生产。但它的制造难度大、周期长，成本也高。金属模一般是在工艺方案确定后，经试验成熟的情况下再进行设计和制造的。制造金属模的常用材料是铝合金、铜合金、铸铁、铸钢等。

此外，还有塑料模、石膏模等。

（2）芯盒 铸件的孔及内腔是由型芯形成的，型芯又是由芯盒制成的。应以铸造工艺图、生产批量和现有设备为依据确定芯盒的材质和结构尺寸。大批量生产应选用经久耐用的金属芯盒，单件小批量生产则可选用木质芯盒。

从芯盒的分型面和内腔结构来看，芯盒的常用结构形式有分开式、整体式和可拆式，如图2-5所示。整体式芯盒一般用于制作形状简单、尺寸不太大和容易脱模的型芯，它的四壁不能拆开，芯盒出口朝下即可倒出型芯。可拆式芯盒结构较复杂，它由内盒和外盒组成。起芯时，型芯和内盒从外盒倒出，然后从几个不同方向把内盒与型芯分离。这种芯盒适用于制造形状复杂的中、大型型芯。

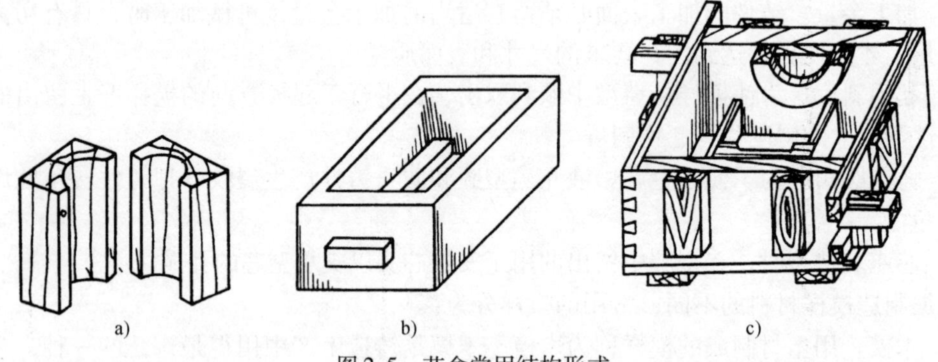

图2-5 芯盒常用结构形式
a）分开式 b）整体式 c）可拆式

（3）砂箱 砂箱是铸造生产常用的工装，造型时，用来容纳和支承砂型；浇注时，砂箱对砂型起固定作用。图2-6a所示为小型砂箱，用于浇注尺寸较小的铸件；图2-6b所示为大型砂箱，用于浇注尺寸较大的铸件。合理选用砂箱可以提高铸件质量和劳动生产率，减轻劳动强度。

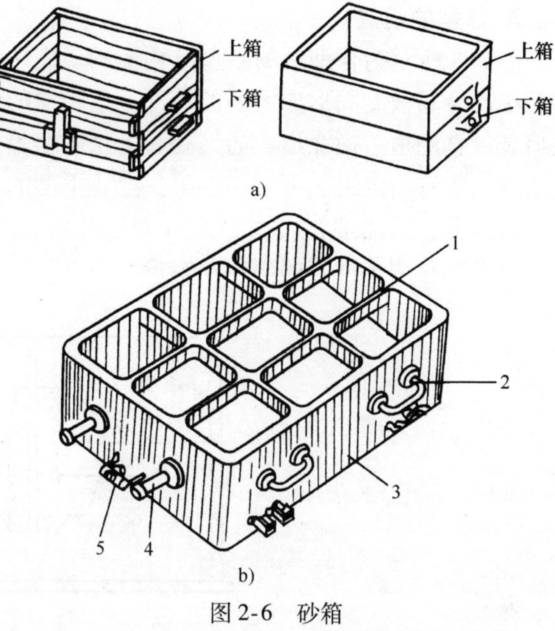

图2-6 砂箱

a）小型砂箱 b）大型砂箱

1—横挡 2—吊环 3—箱体 4—抬手 5—定位孔

二、手工造型

1. 手工造型常用工具

手工造型常用工具如图2-7所示。

底板：大多用木材制成，用于放置模样，其大小依砂箱和模样大小而定。砂舂：其两端形状不同，尖圆头主要是用于舂实模样周围、靠近内壁砂箱处或狭窄部分的型砂，保证砂型内部紧实；平头板用于砂箱顶部砂的紧实。通气针：用于在砂型上适当位置扎通气孔，以便排出型腔中的气体。起模针：用于从砂型中取出模样。皮老虎（也称为手风箱）：用于吹去模样上的分型砂和散落在砂型表面上的砂粒及其余杂物，使砂型表面干净平整。半圆刀：用于修整圆弧形内壁和型腔内圆角。镘刀（又称砂刀）：用于修整砂型表面或在砂型表面上挖沟槽。压勺：用于在砂型上修补凹的曲面。砂勾：用于修整砂型底部或侧面，也用于勾出砂型中的散砂或其他杂物。刮板：主要是用于刮去高出砂箱上平面的型砂和修整大平面。

手工造型常用工具还有铁锹、筛子、排笔等。

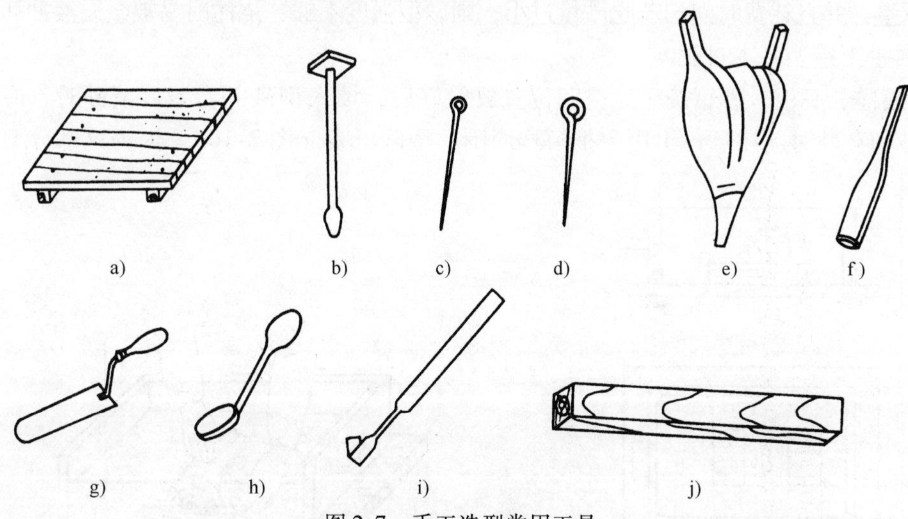

图2-7 手工造型常用工具

a）底板 b）砂舂 c）通气针 d）起模针 e）皮老虎 f）半圆刀

g）镘刀 h）压勺 i）砂勾 j）刮板

2. 砂型的组成

图2-8所示为合型后的砂型结构简图。图中的型腔为模样取出后留下的空间，浇注后，型腔中的金属液凝固形成所需的铸件。上箱中的砂型称上型，上型中除上部型腔之外，还有浇口杯、直浇道、横浇道、通气孔、上型芯座等。下箱中的砂型称为下型，下型中除下部型腔之外，还有内浇道、下型芯座等。上、下型的分界面称为分型面。浇注时，金属液经浇口杯、直浇道、横浇道、内浇道进入型腔并将其充满。型腔和型砂中的气体经通气孔排出，上、下型芯座用于型芯的固定和定位。

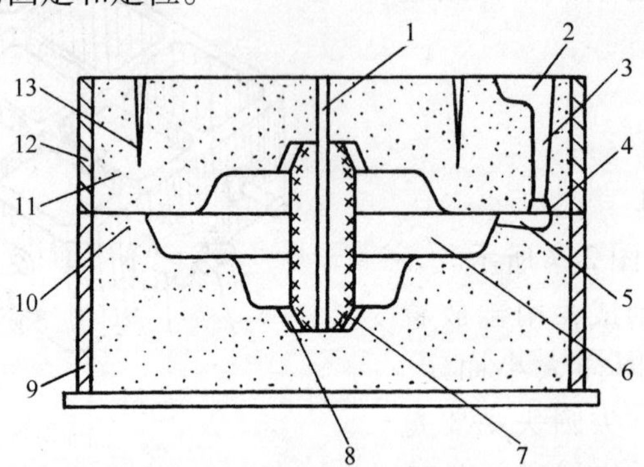

图2-8 合型后的砂型结构

1—型芯通气孔 2—浇口杯 3—直浇道 4—横浇道

5—内浇道 6—型腔 7—型芯 8—芯座 9—下砂箱

10—下型 11—上型 12—上砂箱 13—通气孔

3. 手工造型操作基本技术

（1）造型工具的准备 型砂配制好后，接着准备底板、砂箱、模样、芯盒和必要的造型工具。开始造型时，首先应确定模样在砂箱中的位置，模样与砂箱内壁之间必须留有30～100mm的距离，称为吃砂量，如图2-9所示。吃砂量不宜太大，否则需填入更多的型砂，加大砂型的重量，并且耗费时间；若吃砂量过小，则砂型强度不够，浇注时易被金属液冲坏。

（2）手工造型基本过程

1）模样、底板、砂箱按一定空间位置放置好后，填入型砂并舂紧。填砂时，应分批加入。填砂和舂砂时应注意：①用手把模样周围的型砂压紧（图2-10）。因为这部分型砂形成

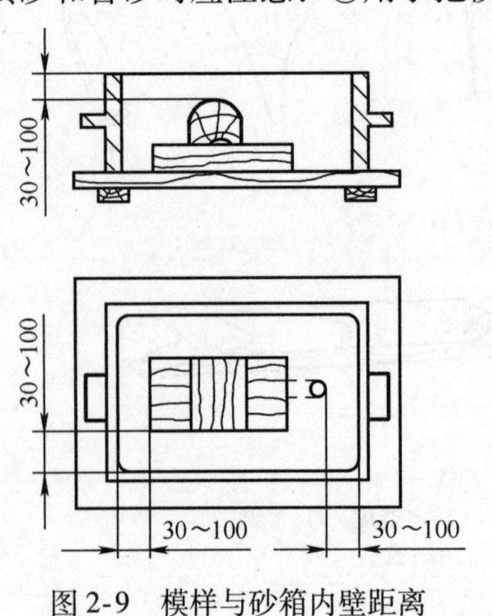

图2-9 模样与砂箱内壁距离

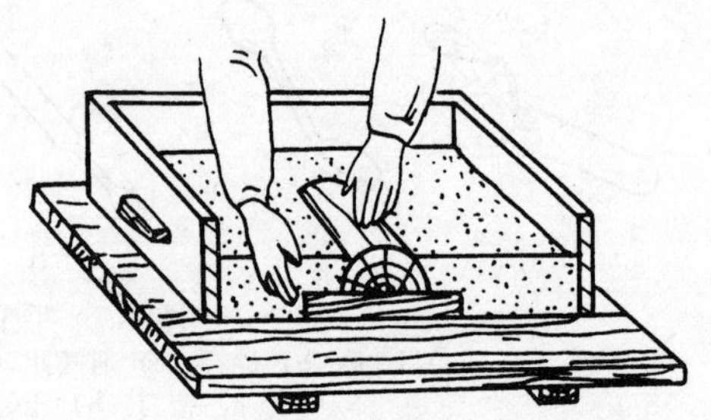

图2-10 模样周围的型砂要压紧

型腔内壁，要承受金属液的冲击，故对它的强度要求较高。②每加入一次砂，这层砂都应舂紧，然后才能再次加砂，依此类推，直至把砂箱填满紧实。③舂砂用力大小应适当，用力过大，砂型太紧，型腔内气体出不来；用力过小，砂粒之间粘接不紧，砂型太松易塌箱。此外，应注意同一砂型各处紧实度是不同的，靠近砂箱内壁应舂紧，以防塌箱；靠近型腔部分型砂应较紧，使其具有一定强度；其余部分砂层不宜过紧，以利于透气。

2）砂型造好后，应在分型面上撒分型砂，然后再造另一个砂型，以便于两个砂型在分型面处容易分开。应该注意的是，模样的分模面上不应有分型砂，如果有，应吹去。撒分型砂时，应均匀散落，在分型面上有均匀的一薄层即可。分型砂应是无黏结剂的、干燥的细砂。

3）上砂型制成后，应在模样的上方用通气针扎通气孔。通气孔分布应均匀，深度不能穿透整个砂型。

4）用浇口棒做出直浇道，开好浇口杯。

5）做合型线。合型线是上、下砂型合型的基准。

6）沿分型面分开铸型，在分型面上开挖出内浇道和横浇道。内浇道可以在起模前或起模后开挖，大多开在下型一侧的分型面上。

7）起出模样。起模前，可在模样周围的型砂上用排笔刷些水，以增加该处型砂的强度，防止起模时损坏砂型。起模时，应先轻轻敲击模样，使其与周围的型砂分开。起模操作要胆大心细，手不能抖动。起模方向应尽量垂直于分型面，如图 2-11 所示。

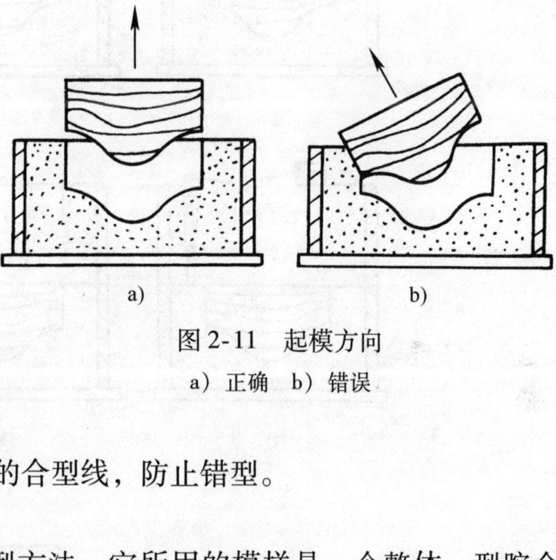

a) b)

图 2-11 起模方向

a）正确 b）错误

8）起模后，型腔如有损坏，可用工具修复。

9）合型时，应找正定位销或对准两砂箱的合型线，防止错型。

4. 手工造型方法

（1）整模造型 整模造型是最简单的造型方法，它所用的模样是一个整体，型腔全部位于一个砂型中。整模造型由于只有一个模样和一个型腔，故操作简便，不会发生错型，型腔形状和尺寸精度较好。它适用于最大截面靠一端且为平面的铸件，如齿轮坯、轴承座等。图 2-12 所示为整模造型基本过程。

（2）分模造型 整模造型仅适用于外形较简单、变化不复杂的铸件。当铸件外形较复杂或有台阶、环状凸缘（法兰边）、凸台等情况时，如果用整模造型方法，就很难从砂型中取出模样或根本无法取出。这时，可将模样从最大截面处分成两部分，故称为分模造型。分模造型时，两半模样分别在上、下砂型中，这样起模比较方便。图 2-13 所示为一带有法兰边的零件，采用分模造型方法铸造，其分模面和分型面在铸件轴向的最大截面内。分模造型应注意以下几方面：

1）上、下两半模样的定位销钉与定位孔既要准确配合又要易于分开。

2）两箱分模造型时，上、下箱都有型腔，合型时，一定要注意上、下箱定位准确，以

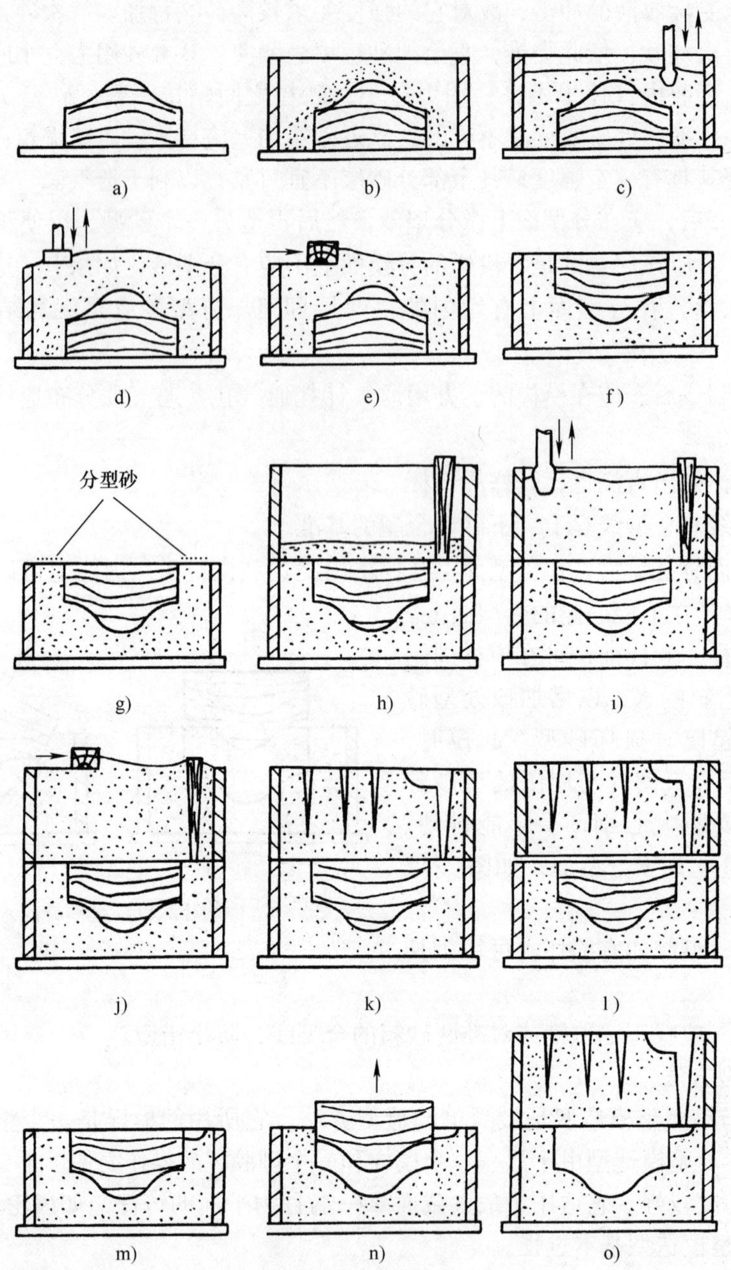

图2-12 整模造型基本过程

a）将模样放在底板上 b）放好下箱后填砂 c）逐层填砂并紧实 d）舂紧最后一层砂 e）刮去高出砂箱的型砂 f）翻转下箱 g）撒分型砂并吹去分模面上的分型砂 h）放置上箱，放浇道棒后填入型砂 i）逐层填砂并舂紧 j）上型紧实后刮去多余的型砂 k）扎通气孔，取出浇道棒，开浇口杯 l）做好合型线，移开上箱，翻转放好 m）修整分型面，挖内浇道 n）起出模样 o）合型

避免发生错型。

3）起模时，模样可能稍有松动，应尽可能保证上、下两半模样松动的方向和大小一致。

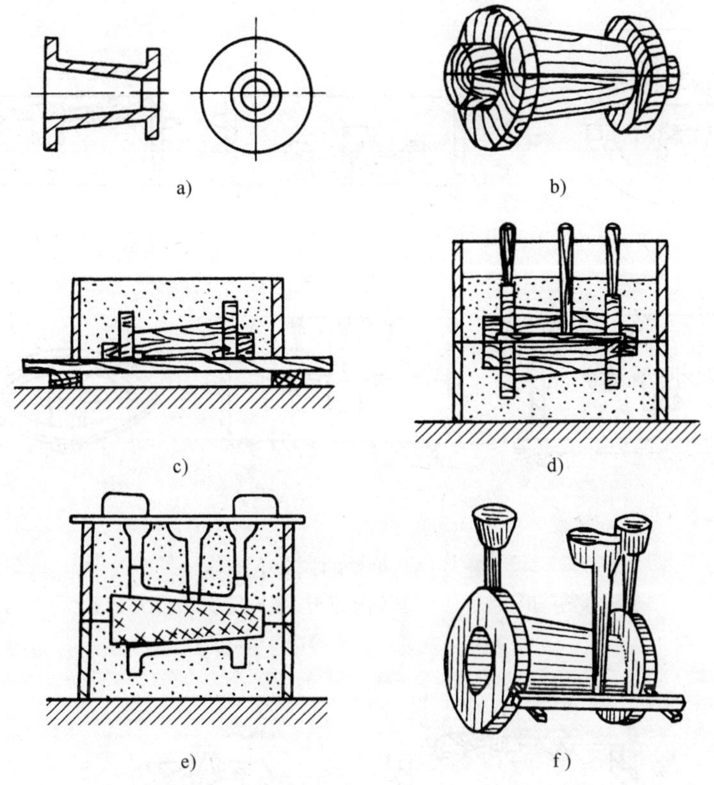

图 2-13 分模造型

a）零件图 b）模样 c）造下型 d）造上型 e）合型 f）铸件和浇冒口

分模造型是一种常用的造型方法，适用于形状较复杂的铸件，特别是有孔的铸件，如套筒、管子、阀体、箱体等。

(3) 挖砂造型与假箱造型 对于有些单件小批量生产的铸件，需要分模造型，但其最大截面不是平面，而是较复杂的曲面，或者由于模样分开后易损坏等原因而不宜分模，在这些情况下，为了制造模样的方便，常把模样做成整体，造型时挖掉妨碍起模的砂子，使模样顺利取出，这种方法称为挖砂造型。

图 2-14 所示为手轮的挖砂造型方法。挖砂造型时，每次型砂紧实后都要挖掉妨碍起模的砂子，一般情况下都是手工操作，比较麻烦，生产率低，并且对操作者操作技术水平要求较高。

假箱造型是在造型前先预做一个特制的成形底板（即假箱）来代替平面底板，并将模样放置在成形底板上造型，如图 2-15 所示。这样可省去挖砂操作，以提高生产率。成形底板可用木材制成或用黏土含量较多的型砂舂制紧实而成。

(4) 活块造型 有些模样上带有凸台等凸出部位，造型时，这些凸出部位经常妨碍起模。为此，常把这些凸出部分做成活块，这些活块用销子或燕尾槽与模样主体连接，造型起模时，先取出模样主体，然后再从侧面取出砂型里面的活块，这种造型方法称为活块造型，如图 2-16 所示。

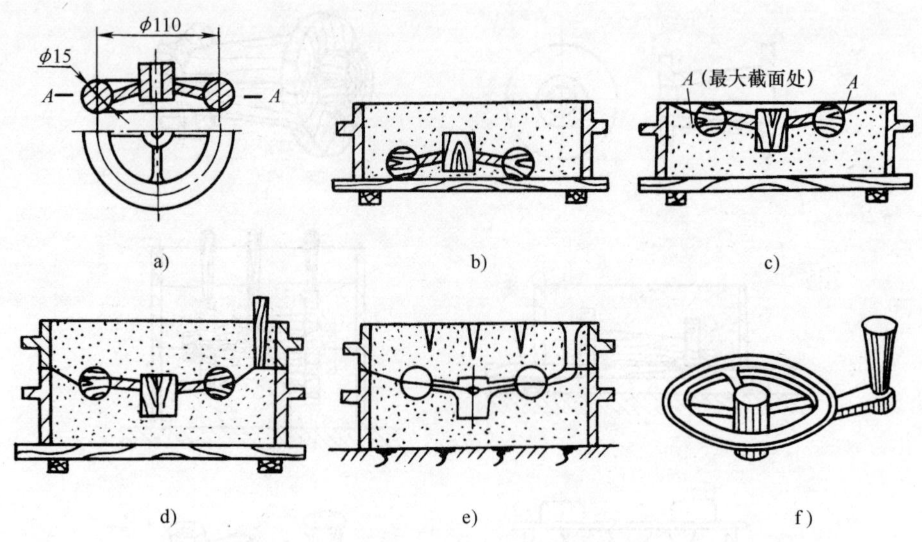

图2-14 手轮的挖砂造型

a）零件图 b）造下型 c）翻转下型，挖出分型面 d）造上型

e）起模后合型 f）带浇注系统的铸件

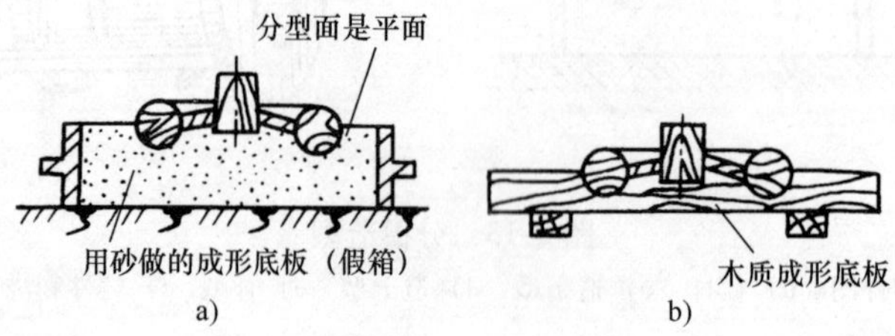

图2-15 假箱造型

a）假箱 b）成形底板

（5）三箱造型　两箱造型只有一个分型面，但是形状复杂的铸件上常需要两个或更多的分型面，才能将模样从砂型中取出，这样就需用三箱或多箱的造型方法来解决，如图2-17所示。与两箱造型相比，三箱造型多了一个分型面，操作复杂，增加了造型和合型的工作量，发生错型缺陷的可能性增加，铸件质量不易保证，生产率也不高，只适于单件小批量生产。

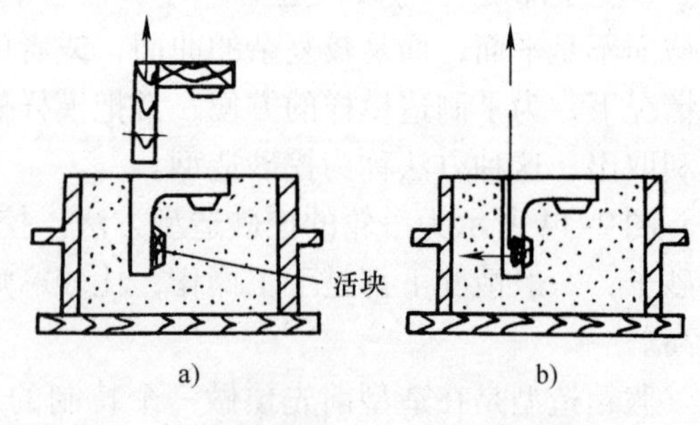

图2-16 活块造型

a）取出模样主体 b）取活块

（6）刮板造型　对于带轮、管子等大中型回转体铸件，若生产数量很少，为方便起见，可根据所需铸件截面形状制成相应的刮板，然后用刮板在型砂上刮出所要求的型腔，这种方法就是刮板造型。常用的刮板造型方法如图2-18所示。刮板造型的生产率低，操作技术水平要求较高，铸件精度较低；但模样（即刮板）制作简单省料，生产周期短。

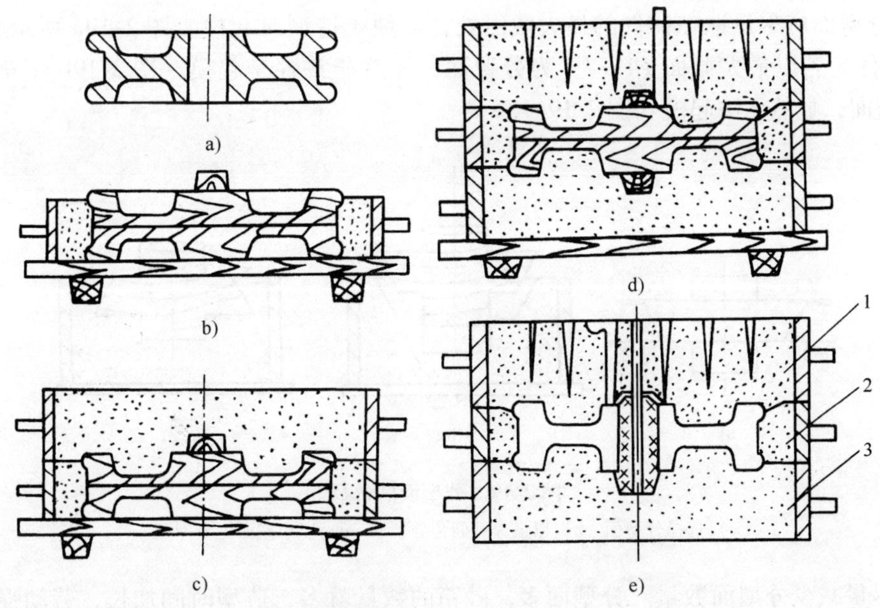

图 2-17　三箱造型

a）带轮铸件　b）舂制中型　c）舂制下型　d）舂制上型　e）合型后的砂型

1—上型　2—中型　3—下型

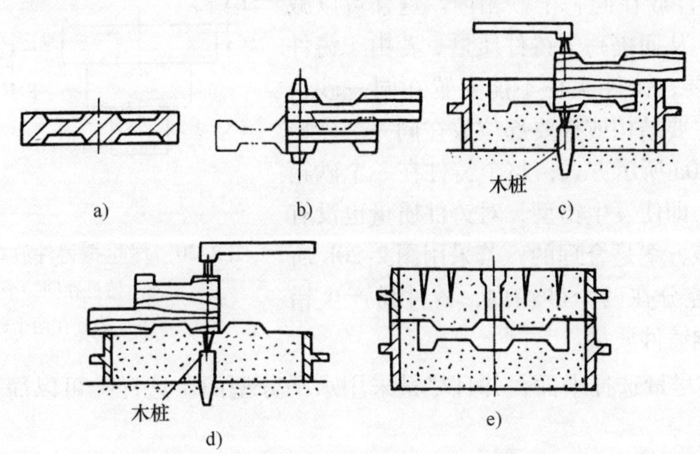

图 2-18　刮板造型

a）铸件　b）刮板（轮廓与铸件截面形状相吻合）　c）刮制下型　d）刮制上型　e）合型

手工造型的其他方法还有脱箱造型、地坑造型、组芯造型等。

5. 分型面与浇注位置

（1）分型面　砂型铸造时，一般情况下至少有上、下两个砂型，砂型与砂型之间的分界面是分型面。由此可知，两箱造型有一个分型面，三箱造型有两个分型面。分型面是铸造工艺中的一个重要概念，分型面的选择主要应根据铸件的结构特点来确定，并尽量满足浇注位置的要求，同时还要考虑便于造型和起模、合理设置浇注系统和冒口、正确安装型芯、提高劳动生产率和保证铸件质量等各方面的因素。一个铸件确定分型面有时有几个方案，应该根据实际需要，全面考虑，找出一个最佳方案。确定分型面时，应尽量满足以下原则：

1）分型面应尽量取在铸件的最大截面处，以便于造型时起模。图2-19a所示为带斜边的法兰零件，若以最大截面 F1—F1 为分型面，显然非常容易起模（图2-19b）；若以 F2—F2 为分型面，显然无法起模（图2-19c）。

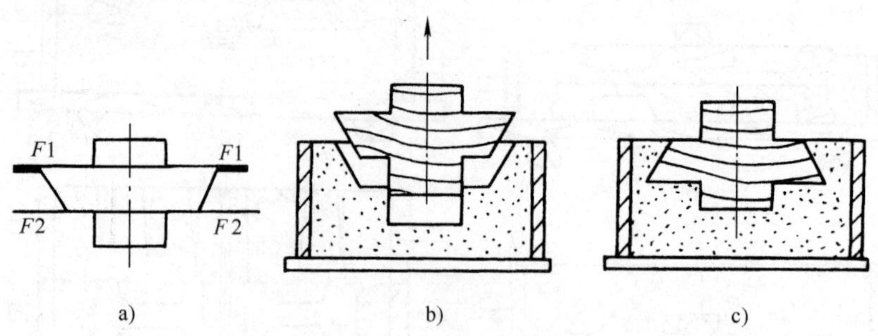

图2-19 分型面的选择

a）选择分型面 b）以最大截面为分型面 c）以小截面为分型面

2）尽量减少分型面数量。分型面多，砂箱的数量就多，造型时间加长，劳动强度加大，生产率则降低，并且发生错型和抬箱的可能性增大，铸件质量不易保证。分型面多，也不适宜采用机器造型。

3）尽量把铸件放在同一个砂箱内。这样可以减少错型的可能性，从而提高了铸件质量。若由于铸件结构或工艺的需要，铸件实在不能安置在同一砂箱内，则尽量将其主要结构或重要部位放在同一个砂箱内。若采用图2-20a所示方式，整个铸件在一个砂箱内，且在下箱内，即使发生错型，对铸件质量也没有多大影响，所以该方案是合理的；若采用图2-20b所示方式，铸件型腔分在两个砂箱内，铸件易产生错型、飞边等，影响铸件质量。

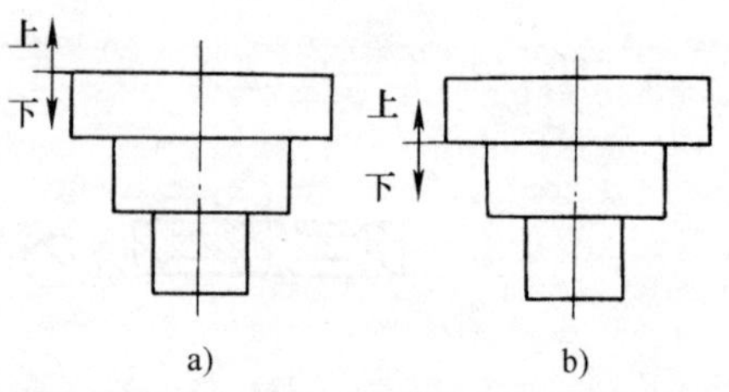

图2-20 尽量把铸件放在同一个砂箱内

a）铸件在同一个砂箱中

b）铸件在两个砂箱中

4）分型面应尽量选择平面，并且尽量采用水平分型面。这样，可以简化造型工艺，容易保证铸件质量。

5）分型面的选择应尽量方便砂芯的定位和安放。

（2）浇注位置 铸件的浇注位置是指浇注时铸件在砂型中的空间位置，浇注位置与前面介绍的分型面的确定一般是同时考虑的，这两者选择合理，可大大提高铸件质量和生产率。确定铸件的浇注位置，应尽量保证造型工艺和浇注工艺的合理性，确保铸件质量符合规定要求，减少铸件清理的工作量。确定铸件浇注位置时，应尽量做到：

1）铸件上的重要表面和较大的平面应放置于型腔的下方，以保证其性能和表面质量。

2）应保证金属液能顺利进入型腔并且能充满型腔，避免产生浇不足、冷隔等现象。

3）应保证型腔中的金属液凝固顺序为自下而上，以便于补缩。

6. 浇注系统、冒口与冷铁

（1）浇注系统 为保证铸件质量，金属液需按一定的通道进入型腔，金属液流入型腔的通道称为浇注系统。典型的砂型铸造浇注系统包括浇口杯、直浇道、横浇道、内浇道，如

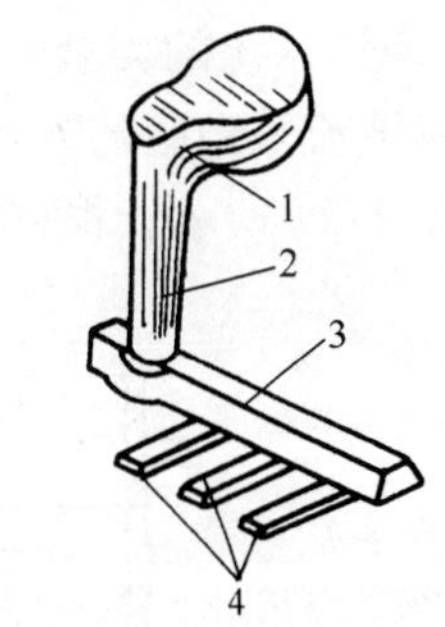

图 2-21 典型砂型铸造浇注系统的组成
1—浇口杯 2—直浇道 3—横浇道 4—内浇道

图 2-21 所示。浇注时，金属液的流向：浇包→浇口杯→直浇道→横浇道→内浇道→型腔。如果浇注系统不合理，可能使铸件产生气孔、砂眼、缩孔、裂纹和浇不足等缺陷。浇注系统应在造型前设计好，在造型过程中做出。

1）浇注系统的组成部分。

① 浇口杯（外浇口）。其主要作用是便于浇注，缓和来自浇包的金属液压力，使之平稳地流入直浇道。最常用的浇口杯为漏斗形，这种浇口杯的优点是形状简单、制造方便，缺点是容积小，浇注大铸件时，会产生漩涡。

② 直浇道。其主要作用是对型腔中的金属液产生一定的压力，使金属液更容易充满型腔。直浇道的垂直高度越高，金属液流动的速度就越快，并且对型腔内的金属液产生的压力就越大，就越容易将型腔中的各部分充满。但直浇道也不宜太高，否则金属液的速度和压力过大，会把型腔表面冲坏，影响铸件质量。

③ 横浇道。横浇道连接直浇道和内浇道，它的主要作用是把直浇道流过来的金属液送到内浇道，并且起挡渣和减缓金属液流动的作用。由于内浇道不能挡渣，因此横浇道的挡渣作用更显重要。横浇道是水平方向的，熔渣在其中较容易向上浮起。常见的横浇道截面为高梯形。

④ 内浇道。内浇道是金属液直接流入型腔的通道，它的主要作用是控制金属液流入型腔的速度和方向。内浇道的形状、位置以及金属液的流入方向，对铸件质量影响都很大。内浇道的截面形状有扁梯形、三角形、圆形和半圆形等。扁梯形内浇道是最常用的一种内浇道，它的特点是高度低而宽度大，大多开设在横浇道的底部，这样浮在金属液上层的熔渣不易进入型腔。内浇道的开设应注意以下情况：

内浇道不应开在铸件的重要部位，因为靠近内浇道处金属液冷却较慢，组织较疏松，晶粒粗大，力学性能较差。

内浇道金属液流动的方向不要正对着砂型和型芯，以防止其冲击型腔壁或型芯，从而产生砂眼、黏砂缺陷，如图 2-22 所示。

对于一些大型的薄壁铸件，由于金属液充型能力减弱，凝固时间短，因此应多开内浇道，使金属液能够迅速、平稳地流入型腔。

从清理铸件方便的角度考虑，为防止清理内浇道时敲坏铸件，内浇道与铸件连接部位应有缩颈，清理内浇道时，在缩颈处断裂，如图 2-23 所示。

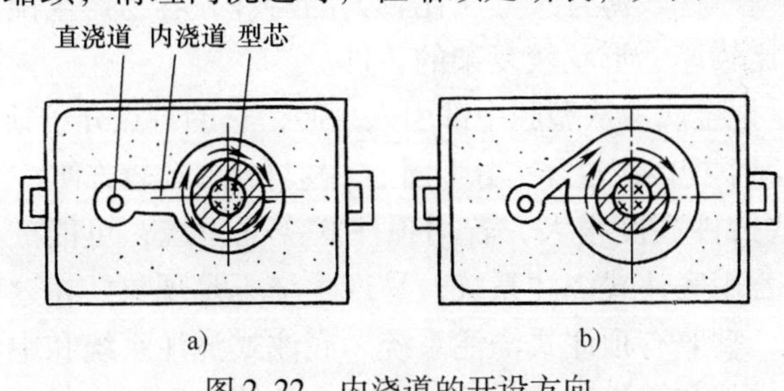

图 2-22 内浇道的开设方向
a）不正确 b）正确

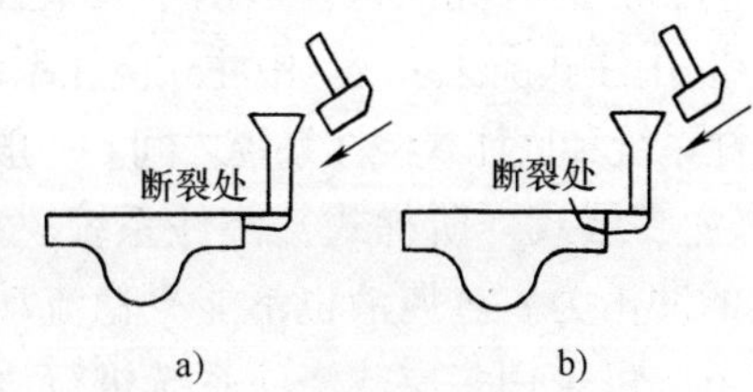

图 2-23 内浇道与铸件连接部位应有缩颈
a）正确 b）不正确

2）浇注系统的类型。内浇道的位置对铸件的质量影响很大，因为随着内浇道位置的不同，金属液流入型腔的方式就不同，则金属液在型腔中的流动情况和温度分布情况也随之不同。如图 2-24 所示，根据内浇道中金属液流入型腔的方式，可将浇注系统分为：

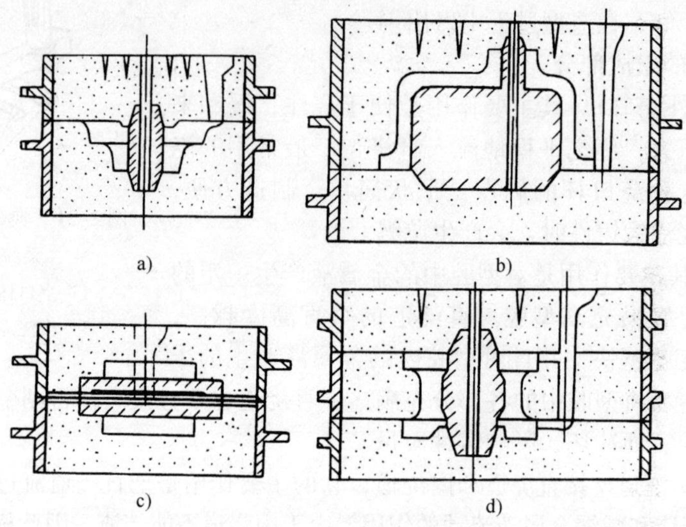

图 2-24 浇注系统的类型
a）顶注式浇注系统 b）底注式浇注系统 c）中注式浇注系统 d）多层式（阶梯式）浇注系统

① 顶注式浇注系统。顶注式浇注系统适用于不太高、形状不太复杂的铸件。这类浇道的优点是金属液直接从顶部很快进入型腔，特别有利于薄壁铸件的金属液充满；缺点是由于金属液直接从高处落下，容易对型腔壁直接产生冲击力，破坏砂型，形成砂眼。顶注式浇注系统最简单的形式如图 2-25 所示，浇注系统只有浇口杯和直浇道，没有横浇道和内浇道，金属液经直浇道直接进入型腔，这种形式比较适用于小型铸件。

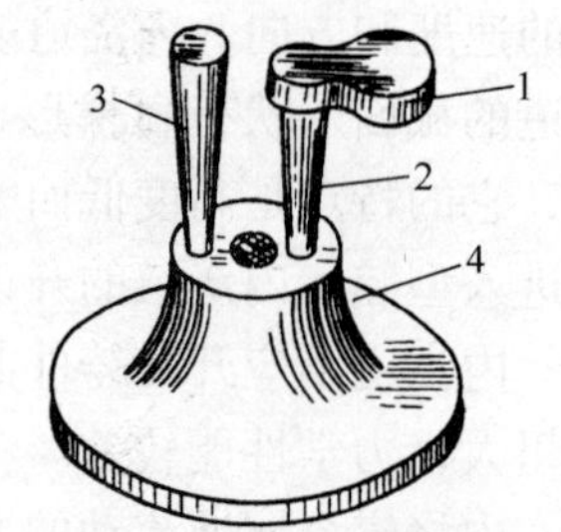

图 2-25 简单形式的顶注式浇注系统
1—浇口杯 2—直浇道 3—出气孔 4—铸件

② 底注式浇注系统。底注式浇注系统是把金属液从型腔底部引入型腔，这样增加了造型操作的难度。由于金属液不是直接从直浇道进入型腔，而是经过一个缓冲过程，因此对型腔的冲击力较小。而且金属液面是从下向上慢慢升高，故型腔中的气体较容易从出气孔或冒口中排出。但对壁厚比较薄且尺寸又比较大的铸件，容易产生浇不足缺陷。底注式浇注系统适用于大型且壁比较厚、形状较复杂的铸件。

③ 中注式浇注系统。中注式浇注系统是把金属液从型腔中部引入型腔，它的特点介于顶注式浇注系统和底注式浇注系统之间。一般情况下把内浇道开在分型面上，这样操作比较方便。

④ 多层式（阶梯式）浇注系统。有些铸件高度很大，若用顶注式浇注系统，可能产生较大的冲击力，金属液也不能平稳流动；若用底注式浇注系统，易产生浇不足现象。在这种情况下，可采用多层式浇注系统进行浇注，它兼有顶注式浇注系统、底注式浇注系统和中注式浇注系统的优点，金属液自下而上顺序注入和充满型腔，适用于高大的铸件和较为复杂的铸件。

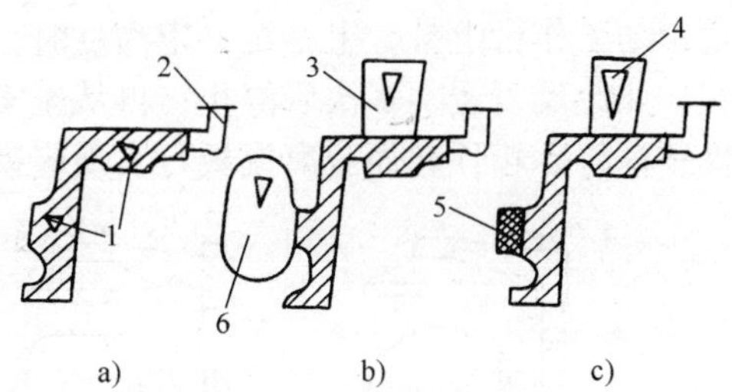

图 2-26　冒口和冷铁的应用

a）铸件中的缩孔　b）用明冒口和暗冒口补缩
c）用明冒口和冷铁补缩
1—缩孔　2—浇注系统
3、4—明冒口　5—冷铁　6—暗冒口

（2）冒口　在铸件的生产过程中，进入型腔的金属液在冷却过程中要产生体积收缩，如果没有金属液及时补充这一收缩，则在铸件最后凝固部位会形成空洞，这种空洞称为缩孔（图 2-26a）。不过，通过工艺方法可以把缩孔移到冒口里面而实现补缩。冒口是砂型中与型腔相通并用来储存金属液的空腔，其中的金属液用于补充铸件因冷却凝固引起的收缩，以消除缩孔。铸件形成后，它变成与铸件相连但无用的部分，清理铸件时，须将冒口除去回炉，如图 2-26b、c 所示。冒口应设在靠近铸件厚壁处，即最后凝固的部位，且应比铸件凝固得晚，冒口与铸件被补缩部位之间的通道应畅通。冒口应较易于从铸件上除去。冒口除了具有补缩作用外，还有出气和集渣作用。

常用的冒口分为明冒口和暗冒口。明冒口一般设在铸件顶部，它使型腔与大气相通。浇注时，若从明冒口看到金属液冒出，表明金属液已充满型腔。其优点是型腔内气体易于排出，可方便地向冒口中补加金属液和保温剂，清理铸件时，除去冒口也比较容易；缺点是冒口的高度随砂箱高度的增大而增大，消耗的金属液比较多，外界的杂物易通过明冒口进入型腔。暗冒口在铸型内部，其优点是散热面小，补缩效果比明冒口好，金属液消耗少，多用于中、小型铸件。冒口的形状对补缩效果影响非常大，目前使用较多的是圆柱形冒口。

（3）冷铁　冷铁是为了增加铸件局部的冷却速度，而在相应部位的铸型型腔或型芯中安放的用金属制成的激冷物。它可以加快铸件厚壁处的冷却速度，调节铸件的凝固顺序。它与冒口相配合，可扩大冒口的有效补缩距离，因而可减少冒口的数量和尺寸，如图 2-26c 所示。此外，冷铁还可用于提高铸件局部的硬度和耐磨性。常用的冷铁材料有铸铁、钢、铝合金、铜合金等。根据冷铁在铸件上的位置，常用的冷铁分为：

1）外冷铁。外冷铁是在造型过程中埋入砂型中，只和铸件外表面接触，表面涂有涂料，故外冷铁与铸件表面是相互分离的，清理时与型砂一起清出。

2）内冷铁。内冷铁放置在型腔内，浇注后被高温金属液包围并熔合而留在铸件中。它的激冷作用大于外冷铁，其材料要与铸件材料相同或相近，并要除去表面油污和氧化皮。

三、机器造型

上面介绍的手工造型方法主要适用于生产批量小、造型工艺复杂的场合。机器造型是在手工造型基础上发展起来的，与手工造型相比，机器造型的特点是：

1）生产率高，劳动强度低，对操作者的技术水平要求不是很高。

2）砂型质量得到保证，故铸件尺寸精度和表面质量有所提高。

3）由于设备、工装投入大，因而只适用于大批量生产的铸件。

机器造型一般是两箱造型，采用模底板和砂箱在专门的造型机上进行。模底板是将铸件及浇注系统的模样与底板装配成一体，并附设有砂箱定位装置的造型工装。

根据紧实砂型方式的不同，常用的机器造型方法有震压紧实和射压紧实等。

1. 震压紧实

图 2-27 所示为震压式造型机工作过程示意图。首先从造型机的震实进气孔进气，震击

活塞带动工作台上升，上升至一定高度时，排气口打开，工作台下降，产生撞击震动使砂型紧实，如此反复震实多次后停止；再从压实进气孔进气，使压实活塞上升进行压实；最后由起模顶杆将砂箱顶起而脱离模板，实现起模。

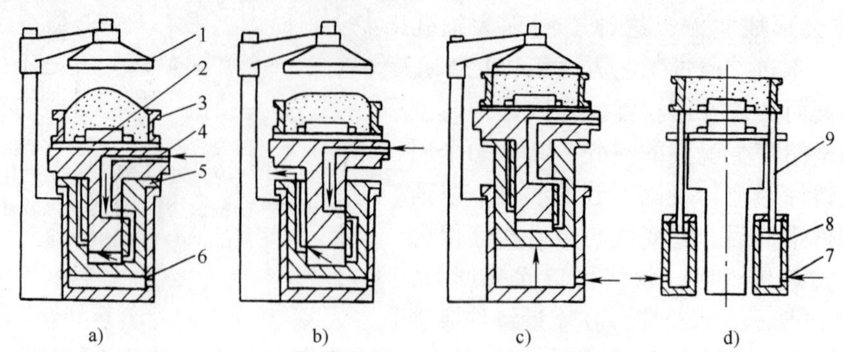

图2-27　震压式造型机工作过程

a）填砂　b）震实　c）压实　d）起模

1—压头　2—模板　3—砂箱　4—震击活塞　5—压实活塞　6—压实气缸　7—起模缸进气孔　8—起模缸　9—起模顶杆

2. 射压紧实

利用压缩空气将型砂高速射入砂箱，射砂的过程既是向砂箱中填砂的过程，也是初步紧实的过程，然后再对砂型做进一步压实。

此外还有压实紧实、射砂紧实、高压紧实、抛砂紧实、气冲紧实等机器造型方法。

四、造芯

1. 型芯的作用和结构

砂型是用模样制成的，主要形成铸件的外形；而型芯是用型芯盒制成的，主要形成铸件的孔或内腔。浇注时，型芯被金属液包围，金属液凝固后，去掉型芯形成铸件的内腔或孔，这是型芯用得最多的一种情况。对于一些比较复杂的铸件，由于单独使用模样造型有困难，这时也可用型芯（称为外型芯），与砂型配合构成铸件的外部形状。如图2-28所示，型芯结构的主要部分有：

（1）芯头　是型芯上用于定位和支承的部分。砂型中用于放置型芯的结构称为芯座，芯头安放在芯座中。为了在造型和造芯时便于起模和脱芯，同时也为了下芯和合型的方便，芯头和芯座都带有一定斜度。芯头与芯座的配合间隙必须合理。如果它们的间隙太大，虽然下芯方便，但型芯在芯座中的定位精度不高，甚至有可能使金属液流入间隙中，使铸件落砂和清理困难；如果间隙太小，下芯和合型操作比较困难，甚至有可能破坏砂型和型芯。

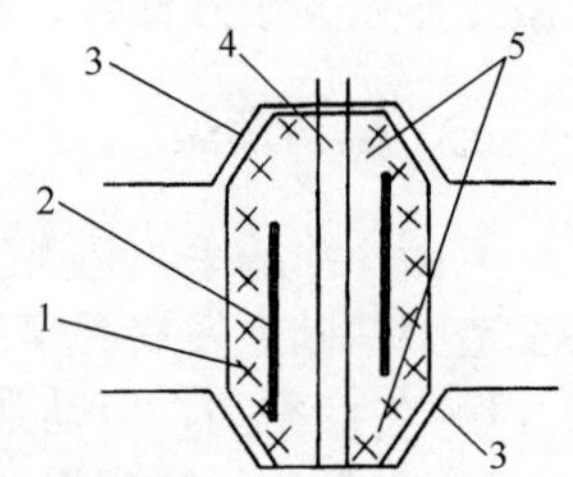

图2-28　型芯的结构

1—芯体　2—芯骨　3—芯座　4—通气孔　5—芯头

（2）芯体　也就是型芯上用以形成铸件内腔的部分，它决定了铸件内腔的形状和大小。由于收缩，铸件内腔的尺寸要比芯体的尺寸略小。

(3) 芯骨 制造型芯时，常在型芯中放入芯骨以增加其强度。芯骨埋在型芯内部，不影响型芯的形状和尺寸。较小的芯骨一般用铁丝制成，较大的芯骨用圆钢经成形或焊接的方法制成，也可用金属铸造而成，可反复使用。

(4) 通气孔 在浇注过程中，必须迅速排出型芯中的气体以及由于包围在型芯周围高温金属液的作用而形成的气体，为此，须在芯头上开出通气孔。型芯的通气孔应有足够的尺寸与外面大气相通，不能堵死，否则达不到排气效果；另外，通气孔不能开到型芯的工作表面，否则会把气体排到型腔中，并且金属液也有可能堵死通气孔。

2. 造芯方法

造芯方法有芯盒造芯和刮板造芯，最常用的是芯盒造芯。图2-29所示为对开式芯盒造芯。对开式芯盒适用于制造圆柱形或对称形状的型芯，它的芯盒结构一般是对称分开的。采用对开式芯盒造芯的过程如下：

1) 把芯盒打扫干净，并使芯盒内壁干燥（图2-29a）。

2) 用铁夹夹紧两半芯盒，并注意使之很好地吻合（图2-29b）。

3) 向芯盒中加入1/3左右的芯砂并捣紧。

4) 向芯砂中插入芯骨，芯骨的位置要适中。

a)

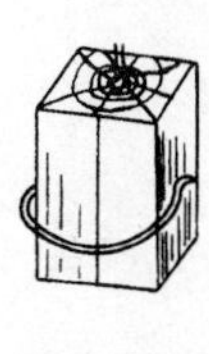

b)

c)

图2-29 对开式芯盒造芯

a) 芯盒结构 b) 夹紧芯盒 c) 脱芯

5) 向芯盒中填满芯砂并捣紧，刮去多余的芯砂，用通气针在型芯中扎出通气孔。

6) 松开铁夹，平放芯盒，用小锤轻击芯盒，使型芯与芯盒初步分离。

7) 将芯盒放在平板上，轻轻松开两半芯盒，脱出型芯（图2-29c）。

可拆式芯盒适用于制造形状比较复杂的型芯，它由可拆开的芯盒和一些活块组成，其特点是操作比较复杂，型芯质量不易保证，生产率较低。

做好的型芯一般都要在其表面刷上涂料。

五、下芯与合型

1. 下芯

下芯是将型芯安放到型腔中去，并使其定位准确和牢靠。下芯时的注意事项如下：

1) 检查型芯表面是否有缺陷，芯头是否符合要求。由于型芯安放在型腔内部，不易观察和测量，型芯定位精度只能由芯头和芯座的配合及空间位置来确定。必要时，可用样板来校正型芯的位置。

2) 芯头和芯座应配合好，其间隙大小应合理。芯头与芯座的间隙用泥条或干砂封好，以防止金属液进入它们的间隙，造成铸件产生飞边或堵塞型芯通气孔。

3) 使型芯通气孔和砂型通气孔相通，保证型芯中的气体顺利排出型腔外。

2. 合型

合型是把两个或多个砂型在分型面处合在一起，形成一个与浇注系统和冒口相通的完整的型腔。合型的主要过程是把上、下箱叠合在一起，所以也叫合箱。合型是造型工艺的最后一道工序，相当于机械制造过程中的装配工序。如果合型不符合要求，即使砂型和型芯制造质量较高，同样也可以使铸件质量受损甚至报废。合型时，应注意以下几点：

1）注意检查浇注系统、冒口、通气孔是否通畅，把型腔内壁清理干净，并检查型芯的安装是否准确和稳固。

2）合型时，要保证合型线对齐或定位销准确插进定位孔（槽）。

3）用重物压紧上箱，或把上、下型夹紧，也可用螺栓把上、下箱固紧，否则浇注时金属液可能把上砂型抬起，从而使金属液从分型面溢出，发生跑火现象，使铸件产生飞边，浪费金属液，严重时甚至发生使铸件报废等情况。

4）砂箱尽量水平放置，保证浇口杯处于方便浇注的位置，最后再次检查浇注系统、冒口和通气孔，特别应防止合型时通气孔堵塞。

六、合金熔炼与浇注

详见本章第四节。

七、铸件的落砂与清理

铸件浇注完毕并凝固冷却后，还必须进行落砂和清理。

1. 落砂

铸件凝固冷却到一定温度后，将其从砂型中取出，并从铸件内腔中清除芯砂和芯骨的过程称为落砂。有时为了充分利用设备和厂房，提高生产率，希望尽早取出铸件。但若铸件取出过早，因其尚未完全凝固而易导致烫伤事故，并且会使铸件产生裂纹、变形等缺陷，铸铁件还会因急冷产生白口而难以切削加工。铸件在砂箱内的冷却时间，应根据铸件的大小和冷却条件来确定。对于形状简单、质量小于10kg的铸件，一般在浇注后1h左右即可以落砂。

落砂方法有人工落砂和机械落砂两种。人工落砂是在浇注场地由人工用大锤、铁钩、钢钎等工具，敲击砂箱和捅落型砂，但不能直接敲打铸件本身，以免把铸件击坏。人工落砂生产率低、劳动强度大、劳动条件差，但不需特殊工具和设备，操作简便灵活，适用于单件小批量生产。机械落砂是利用机械方法使铸件从砂型中分离出来，常用的落砂机械有振动落砂机等。机械落砂方式能够减轻劳动强度，提高生产率，保护铸件表面，适用于大批量生产。

2. 清理

落砂后的铸件还应进一步清理，除去铸件的浇注系统、冒口、飞边和表面黏砂等，以提高铸件的表面质量。报废的铸件不需清理。

（1）浇注系统和冒口的清理　浇注系统和冒口与铸件连在一起，落砂后成为多余部分，需要清除掉。小型铸铁件的浇注系统和冒口可直接敲掉；铸钢件的浇注系统和冒口一般用氧气切割清除，也可用锯割切除；铝合金铸件的浇注系统和冒口一般用切削加工或锯割方式除去。要保证清除浇注系统和冒口时不伤及到铸件本身，否则有可能使铸件受损。

（2）铸件表面的清理　浇口和冒口去除后，铸件表面还有黏砂、飞边、浇冒口根部残迹等需要清理。对于单件小批量生产的铸件，可通过手工方式用钢丝刷、錾子、锤子、锉刀、手提式砂轮机等工具对铸件表面进行清理；对于复杂的铸件以及铸件内腔，常需用手工方式进行表面清理。手工清理方式劳动强度大、效率低，应逐步发展到用机械手或机器人来取而代之。

对于成批大量生产的铸件，常用的是滚筒清理、抛丸清理等机械清理方法。

滚筒清理适用于形状比较简单的小型铸件。当筒体转动时，滚筒内装载的铸件随之发生滚动，铸件相互间不断碰撞与摩擦，从而起到清理铸件内外表面的目的。

抛丸清理是利用高速旋转的叶轮将小弹丸高速抛射到铸件表面上，将黏附在铸件表面的黏砂、氧化皮等打掉。此方法清理效果好，生产率高，在生产中应用较广。

第三节　消失模铸造

消失模铸造又称为实型铸造。其原理是用泡沫塑料制作的模样代替木模或金属模样，造型后不取出模样（砂型中没有空腔，故称实型），当浇入高温金属液时，泡沫塑料模样因受热汽化、燃烧而消失（图 2-30），金属液填充占据原来模样所具有的空间位置，经凝固冷却后即获得铸件。

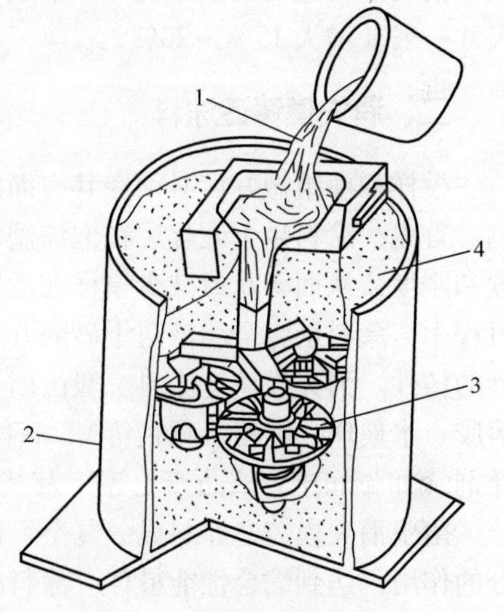

图 2-30　消失模铸造原理示意图

1—金属液　2—砂箱

3—泡沫塑料模样　4—型砂

在传统的砂型铸造中，造型时需从砂型中取出模样形成空腔进行浇注，并且砂型必须用具有黏结能力的型砂制作以保证型腔不会变形或溃散。由此会带来两个问题：一是起模和合型过程会造成铸型尺寸精度降低，影响铸件质量；二是使用含有黏结剂的型砂会使铸件的落砂清理相对困难，而且型砂回用时的处理过程较为复杂，并会对环境造成影响。而采用消失模铸造将可以有效地减少这些问题。

消失模铸造的工艺过程如图 2-31 所示。根据工艺特点，消失模铸造过程可以分为以下几个部分：①泡沫塑料模样的制作及组装部分，俗称“白区”；②涂料的制备及模样上涂料、烘干部分，俗称“黄区”；③ 造型、浇注、落砂清理及型砂处理部分，俗称“黑区”。

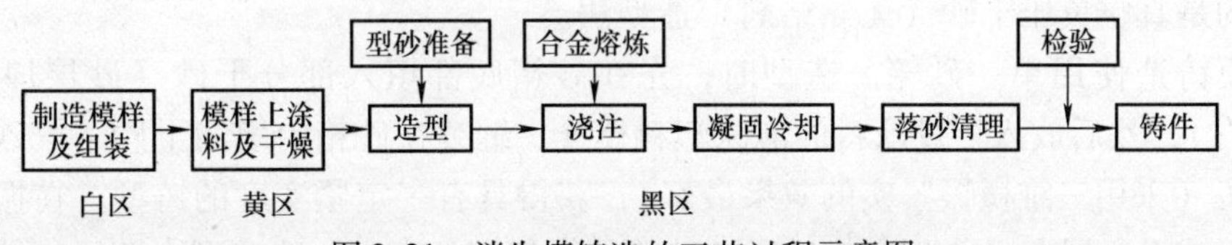

图 2-31　消失模铸造的工艺过程示意图

一、泡沫塑料模样及其制备

消失模铸造的第一步是制造泡沫塑料模样。泡沫塑料的种类很多，但能用于制造消失模铸造模样的却不多，常见的有聚苯乙烯（PS）、聚甲基丙烯酸甲酯（PMMA）和两者的共聚物等几种。其中，PS价格便宜，应用最多；两者的共聚物性能较好，但价格较高。

泡沫塑料模样由发泡珠粒发泡而成，通常有两种制作方法：一种方法是通过模具直接将经过预发泡的珠粒发泡成铸件形状的泡沫塑料模样；另一种方法是采用合适的泡沫塑料板材或块材通过切割（用电热丝作为切割工具）、数控机床加工、粘接等方法将其制成铸件形状的模样。前一种方法制作的模样，其形状和尺寸精度更高，主要适用于中、小型铸件的大批量生产；后一种方法一般用于形状较简单、外形要求不高的铸件，以及生产大型铸件不便于使用模具直接发泡的情况。对于金工实习来说，采用后一种方法通常更为简便可行。

黏结用的黏结剂有热熔胶和冷黏胶等。热熔胶由于黏结效率高，黏结质量好，被广泛使用。应注意在保证黏结强度的情况下减少用胶量，因为胶与高温金属液接触会发生热解反应，生成的分解产物会影响铸件质量；还要注意黏结面要密闭，不能存在缝隙。

消失模铸造用的浇注系统也由泡沫塑料制成，并将其与铸件模样黏结在一起，形成模组。消失模铸造的浇注系统可以借鉴传统砂型铸造的浇注系统来设计，并进行适当的调整，尺寸一般要增大15%～20%。

二、消失模铸造涂料

模样和模组做好后必须在其表面涂上涂料并烘干。消失模铸造涂料对铸件质量有重要影响。首先，涂料烘干硬化后在泡沫塑料模样表面形成一层硬壳，它提高了泡沫塑料模样的强度和刚度，从而防止或减少模样在运输、填砂等操作过程中发生变形或破坏。其次，在浇注过程中，涂料层将金属液与干砂隔开，防止金属液渗入干砂中，以保证获得表面光洁、无黏砂的铸件。消失模铸造涂料一般由耐火材料（如硅藻土、滑石粉等）、黏结剂（如黏土、硅溶胶、水玻璃、淀粉、糊精等）、载体（水基涂料用水，快干涂料可用乙醇、汽油等）、悬浮剂（如膨润土、凹凸棒土等）及其他添加物组成。

由于消失模铸造涂料成分复杂，需通过充分搅拌，形成均匀的涂料体系，才能发挥各成分的作用，达到综合性能最佳。涂料的涂覆方式一般有刷、浸、喷、淋四种。对于批量大的中小件，一般采用浸涂法。浸涂时最好在涂料搅拌状态下操作，选择好模样浸入涂料的合适角度，防止浸入时用力过大，破坏泡沫塑料模样。

三、造型与浇注

消失模铸造的型砂有以水玻璃或树脂为黏结剂的自硬砂和无黏结剂的干砂。目前，应用较为普遍的是真空负压干砂（无黏结剂）造型法。

消失模铸造使用单一砂箱。造型时，先在砂箱底部填入部分干砂（砂层厚度一般为100mm左右），然后放入上过涂料的泡沫塑料模样，继续在砂箱中填满干砂，填砂的同时进行振动紧实（采用三维微振紧实的效果最好），获得具有一定紧实度的铸型。在振动紧实后的砂型表面铺设一层塑料薄膜，然后通过砂箱的抽气室抽真空，造成型内负压，使砂型进一步受压紧实。浇注金属液的同时，继续抽真空保持型内负压，这样一方面有利于保持砂型的紧实度，防止铸型崩塌或冲砂；另一方面有利于泡沫塑料模样热解汽化产物的排出，便于将其集中收集后加以处理，以免其扩散到周围环境中造成污染。

在金工实习现场，如果没有振动紧实设备和抽真空装置，也可以利用普通砂箱和普通型砂（黏土砂或不含黏结剂的干砂）进行手工造型，边填砂边舂紧，紧实度可适当降低，同时要注意舂砂时不要使泡沫塑料模样变形或受到损坏。另外，无须进行起模和合型操作。

泡沫塑料模样的汽化是吸热过程，因此金属液充型时其温度将有所下降，所以消失模铸造的浇注温度一般比普通砂型铸造时高 30～50℃，如铸铝合金的浇注温度可在 720～800℃。在浇注初期应慢浇，以防止金属液反喷飞溅；浇注系统充满后应采用快浇，以保证充型速度。浇注结束待铸件凝固冷却后，即可落砂取出铸件。

四、消失模铸造的特点与应用

与传统的砂型铸造相比，消失模铸造具有以下特点：由于不需起模，不用型芯，不必合型，大大简化了造型工艺，降低了铸件生产成本，并避免了因下芯、起模、合型等引起的铸件尺寸误差和缺陷，铸件的精度明显提高；由于采用了干砂造型，节省了大量黏结剂，型砂回用方便，砂处理系统大为简化，旧砂等废弃物的排放也大为减少；由于不分型，铸件无飞边和毛刺，并且铸件极易落砂，使清理和打磨工作量大大减少，劳动条件得到改善。因此，消失模铸造也被认为是一项精确成形技术和绿色铸造技术。

消失模铸造可用于各类铸造合金，适合于生产结构复杂、难以起模或活块和外型芯较多的铸件，如模具、气缸头、管件、曲轴、叶轮、壳体、艺术品、床身、机座等。

第四节　铸造合金的熔炼与浇注

铸造合金的熔炼是一个比较复杂的物理化学过程。熔炼时，既要控制金属液的温度，又要控制其化学成分；在保证质量的前提下，尽量减少能源和原材料的消耗，减轻劳动强度，减少环境污染。比较常用的铸造合金是铸铁、铸钢、铸造铝合金和铸造铜合金，其中铸铁由于原材料丰富、价格便宜、铸造性能好、力学性能能满足一般要求而得到广泛应用。在一般工业生产和常用机器中，铸铁件占铸件总量的 70% 以上。

一、铸铁的熔炼

熔炼铸铁的主要设备是电炉（感应电炉、电弧炉等）和冲天炉。传统上我国大多数生产厂家是用冲天炉来熔炼铸铁的，这是因为冲天炉具有制造成本低、操作和维护简便、可连续化铁、熔炼和生产率高的特点。目前，随着对铸造生产环保要求的日益提高，已有越来越多的工厂采用感应电炉作为铸铁的熔炼设备。

1. 感应电炉熔炼

（1）感应电炉的结构与工作原理　生产上常用的感应电炉有工频感应炉和中频感应炉两种。其中，工频感应炉使用的电流频率是常用的工业电源频率（50Hz），中频感应炉使用的频率通常为 500～2500Hz。与工频感应炉相比，中频感应炉的功率密度大，生产灵活，变更熔炼材料的牌号较方便，炉体尺寸小，占地少，且不需要三相平衡和功率因数补偿装置，造价较低，因此得到了较广泛的应用。

感应电炉按炉体结构形式分为无芯（坩埚式）感应电炉和有芯（熔沟式）感应电炉两类。图 2-32 所示为坩埚式感应电炉结构示意图，炉内的坩埚用耐火材料打结而成，感应线圈由易导电材料制成，当感应线圈中有交流电通过时，使炉料产生感应电流并发热熔化。

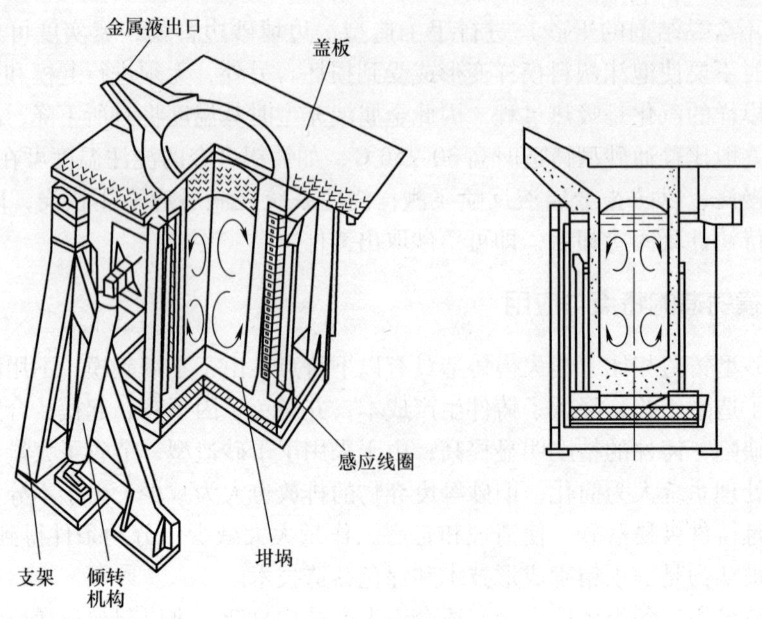

图 2-32 坩埚式感应电炉

（2）感应电炉熔炼的操作过程与特点　感应电炉熔炼的操作过程：烘炉→加炉料→通电熔化→炉前质量检验→铁液出炉。

采用感应电炉熔炼时，由于热量产生于炉料内部，并且存在对金属熔体的电磁搅拌作用，因而具有以下特点：热效率高，加热速度快，铁液出炉温度高；元素烧损少，铁液中的气体和夹杂物含量少；铁液的化学成分和温度较均匀；熔炼工艺稳定且易于控制等。感应电炉熔炼可以较多地或全部用废钢作为炉料，通过加入增碳剂的方法生产合成铸铁；可以充分利用各种废切屑和边角废料，熔炼中的氧化损耗较少；另外，熔炼时产生的烟气和粉尘较少，噪声较小，环保效果较好。

2. 冲天炉熔炼

（1）冲天炉的结构与工作原理　冲天炉是圆筒状竖式化铁炉。其上部设有烟囱和火花罩，主要的工作部位是炉身，冲天炉的加料、加热、熔化、送风等都是在炉身中进行的。鼓风机鼓入的空气经风口进入炉内，由下向上流动，供焦炭燃烧，产生热量，熔化铁液。熔化的铁液进入炉身底部的炉缸，再经过过桥进入前炉。前炉的作用：贮存从炉缸过来的高温铁液，在前炉中铁液进行化学成分和温度的均匀化；同时铁液中的杂质浮出表面，形成炉渣，从前炉上的出渣口可除去炉渣。出铁时铁液从出铁口流入浇包。冲天炉的大小是以单位时间内能熔化多少质量的铁液来表示的，常用单位是 t/h。一般冲天炉的大小为 2～10t/h。

（2）冲天炉的炉料与熔炼操作过程　冲天炉的炉料由金属炉料、燃料和熔剂三部分组成。金属炉料主要包括新生铁（即高炉生铁）、回炉铁（主要是从铸件上清理下来的浇口和冒口、报废铸件和回收的废旧铸件等）、废钢（主要是废旧钢材和切削加工钢材而产生的切屑）和铁合金（硅铁、锰铁等）。高炉生铁和回炉铁是炉料的主要部分，加入适量低碳的废钢可以调整铁液的含碳量；铁合金可用于调整或补偿铁液的合金含量。冲天炉最常用的燃料是焦炭，其主要作用是为化铁提供所需的热量。对焦炭的要求是灰分、磷、硫等有害杂质含量低、发热量高。在铁液中加入熔剂，可以降低炉渣的熔点，提高炉渣的流动性，使其易于与铁液分离而浮到表面，从而顺利地从出渣口排出。比较常用的熔剂是石灰石（$CaCO_3$）和萤石（CaF_2）。熔剂的加入量一般是焦炭用量的1/5～1/3。

冲天炉熔炼时的基本操作过程：炉料的准备→修炉并烘干→加底焦→加料（熔剂/金属料/层焦）→送风熔化→出渣和出铁→停风打炉。

二、铸钢及其熔炼

与铸铁相比，铸钢铸造性能比较差，如钢液流动性比铁液流动性差，铸钢的收缩率比铸铁大得多。应用最广泛的铸钢是中碳铸钢。熔炼铸钢常用的是电弧炉和感应电炉。电弧炉炼钢是利用插入炉膛内的石墨电极通电后与金属炉料间发生电弧放电，产生热量而使炉料熔化；同时利用各种冶金反应对钢液进行化学成分调整和脱氧、脱硫的操作。与电弧炉炼钢相比，感应电炉炼钢具有加热速度快、钢液氧化烧损较小、吸收气体较少等特点。但感应电炉炼钢中炉渣的化学性质不够活泼，不便于通过冶金过程进行脱硫、脱磷等操作。

三、非铁合金及其熔炼

铸造非铁合金最常见的是铜合金和铝合金，由于铝合金比铜合金熔点低，价格便宜，应用较广泛，故下面主要介绍铝合金的熔炼。

熔炼铝合金的金属料是铝锭（由炼铝厂从矿石中提炼生产），另外还有废铝、回炉铝、其他合金等，辅助材料有熔剂、覆盖剂等。铝合金的化学性质比较活泼，在熔炼时极易发生氧化反应生成 Al_2O_3，而铝的氧化物和铝合金液的密度相近，故难以将其除去；铝合金在高温时，还易吸收氢气，当温度超过800℃时，吸气性更大，从而使铝合金铸件易形成气孔、夹杂等缺陷，因此铝合金的熔炼温度最好不超过800℃。

目前熔炼铝合金最常用的设备是电阻坩埚炉（图2-33）。为了获得优良的铝合金铸件，熔炼铝合金时，需进行以下操作：

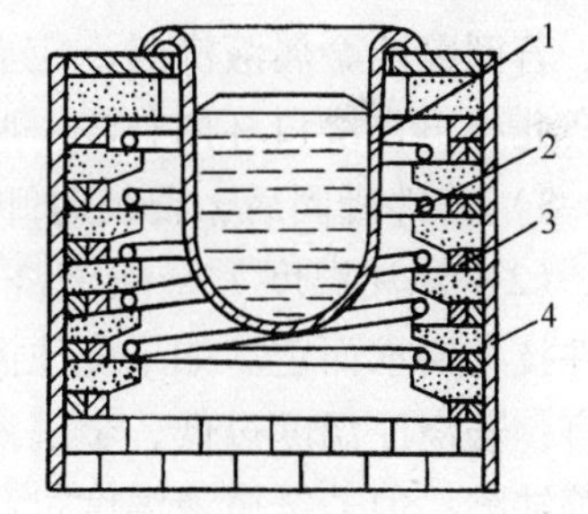

图2-33 电阻坩埚炉
1—坩埚 2—电阻丝
3—耐火砖 4—炉壳

（1）清理各种炉料　由于铝合金容易发生化学反应，在表面形成各种杂质；另外废铝和回炉铝表面常残留油污、黏砂等，如果这些杂质进入铝液，就很难清理干净。因此，熔炼前要仔细清理各种炉料，并将炉料烘干，以除去其中水分。

（2）坩埚及熔炼用具表面上涂料并预热　其目的是避免与铝合金熔液接触产生各种反应，从而改变合金的化学成分。

（3）精炼　其目的是去除合金熔液中处于悬浮状态的非金属夹杂物、金属氧化物和铝合金液中的气体。常用的方法：当铝料熔化后，立即在合金熔液面上撒一层熔剂，使合金熔液在熔剂覆盖层下面进行熔炼，常用的熔剂是 NaCl、NaF、Na_3AlF_6 等。如果对铝合金铸件要求比较高，可在铝合金熔液中加入氯化锌（$ZnCl_2$）、六氯乙烷（C_2Cl_6）等，或者吹入不溶于铝合金熔液的气体，如氯气（Cl_2）、氮气（N_2）等，它们会在熔液中产生大量气泡，在其上浮过程中带走熔液中的杂质和气体，提高熔液的纯净度。

铸造铝合金由于熔点低，故浇注温度不高，对型砂耐火度要求低，可采用较细的型砂造型，以提高铸件表面质量；由于其流动性好，充型能力强，可浇注较复杂的薄壁铸件。

四、浇注

1. 浇注工具

浇注的主要工具是浇包，按其容量可分为：

（1）端包　其容量在20kg左右，用于浇注小铸件。其特点是适合一人操作，使用方便、灵活，不容易伤着操作者。

（2）抬包　其容量为50～100kg，适用于浇注中、小型铸件。抬包至少要有两人操作，使用也比较方便，但劳动强度大。

（3）吊包　其容量在200kg以上，用起重机装运进行浇注，适用于浇注大型铸件。吊包有一个操纵装置，浇注时，能倾斜一定的角度，使金属液流出。吊包可减轻工人劳动强度，改善生产条件，提高劳动生产率。

2. 浇注工艺

（1）浇注方法与操作　浇注是指把熔炼后符合要求的金属液注入铸型的过程。浇注过程是在造型、造芯、合型、开炉熔炼金属液后进行的，若浇注方法不当，也会引起多种铸造缺陷。浇注操作主要过程如下：

1）做好准备工作。铸型应尽量靠近熔化炉并集中整齐排放，铸型之间的人行道和运输线路应保持畅通，要有足够的操作空间；注意室内通风，操作者应穿戴好劳保用具；准备好浇注工具并清理干净，浇注工具要保持干燥，以免引起金属液飞溅；估算出一个铸型所需金属液的量和一批铸型所需金属液的总量，做到心中有数。

2）浇注时，金属液流应对准浇口杯，浇包高度要适宜。要一次浇满铸型，不能断断续续浇注，以防铸件产生冷隔现象。浇注时，应保持浇口杯充满金属液，否则熔渣会进入型腔。若型腔内金属液沸腾，应立即停止浇注，用干砂盖住浇口。型腔充满金属液后，应稍等一会儿，再在浇口杯内补浇一些金属液，在上面盖上干砂以保温，防止缩孔和缩松。

3）铸件凝固后，要及时卸除压箱铁和箱卡，以减少铸件收缩阻力，防止产生裂纹。

（2）浇注温度　金属液浇注温度的高低，应根据合金的种类、生产条件、铸造工艺、铸件技术要求而定。如果浇注温度选择不当，就会降低铸件的质量，影响其力学性能。一般而言，若浇注温度过低，金属液的流动性就差，杂质不易清除，容易产生浇不足、冷隔和夹渣等缺陷；但若金属液温度过高，会使铸件晶粒变粗，容易产生缩孔、缩松和黏砂等缺陷，甚至会使铸件化学成分发生变化。表2-1为常用铸造合金的浇注温度。

表2-1　常用铸造合金的浇注温度

合金名称	浇注温度/℃		
	壁厚22mm以下	壁厚22～32mm	壁厚32mm以上
灰铸铁	1360	1330	1250
铸钢	1475	1460	1445
铝合金	700	660	620

确定浇注温度应从以下几方面综合考虑：

1）一般情况下，熔点高的合金，其浇注温度就高。

2）浇注薄壁零件时，要求金属液有较好的流动性，浇注温度应适当提高。

3）对于铝合金等非铁合金，由于它们的晶粒大小对铸件力学性能的影响较大，并容易形成裂纹和吸气等缺陷，故宜用较低的浇注温度，但也不宜过低。

（3）浇注速度　浇注速度对铸件质量影响也较大。若浇注速度较快，金属液能更顺利地进入型腔，减少了金属液的氧化时间，使铸件各部分温度均匀、温差缩小，从而减少铸件的裂纹和变形，同时也提高了劳动生产率，但缺点是高速冲下来的金属液容易溅出伤人或冲坏砂型；若浇注速度较慢，铸件各部分的温差加大，容易使铸件产生裂纹和变形，也容易产生浇不足、冷隔、夹渣、砂眼等缺陷，并降低了劳动生产率。因此，应根据铸件的具体情况，合理选择浇注速度。通常，浇注开始时，浇注速度应慢些，以减少金属液对型腔的冲击，有利于型腔中的气体排出；然后浇注速度应加快，以防止冷隔和浇不足；浇注要结束时，浇注速度应减慢，以防发生抬箱现象。浇注速度由操作者根据经验而定。

浇注速度受到浇道最小截面面积的控制。在浇注系统中，内浇道截面面积常常是最小的，因此以内浇道截面面积为基准，根据浇注工艺的要求，按照一定的比例，可确定横浇道和直浇道截面面积的大小。确定浇道截面面积大小需考虑的因素较多，一般而言，合金的流动性越差，直浇道高度越低，铸件壁厚越薄，浇注温度越低，铸件质量越大，要求浇道截面面积越大。若以 S_1、S_2、S_3 分别表示内浇道、横浇道、直浇道的截面面积，当它们的关系为 $S_1 < S_2 < S_3$ 时，称其为封闭式浇注系统。对于中、小型铸铁件，一般取$S_1 : S_2 : S_3 = 1.0 : 1.1 : 1.15$。

第五节　其他铸造方法

砂型铸造因其适应性强、灵活性大、经济性好，得到了广泛的应用，但它也存在以下缺点：铸件质量不高，如铸件尺寸精度低、表面较粗糙、内在组织不够致密、不能浇注薄壁件等；铸型只能使用一次，因此造型工作量大、生产率低；铸造工艺过程复杂，工作条件较差。针对这些问题，人们通过改变造型材料或方法，以及改变浇注方法和凝固条件等，从而发展出了砂型铸造以外的一系列的特种铸造方法。

一、熔模铸造

熔模铸造又称失蜡铸造。它是一种精密铸造方法，但其本质上还是类似于砂型铸造，只是模样材料和造型方法与砂型铸造有所不同。熔模铸造的工艺过程如图 2-34 所示。

熔模铸造的模样用易熔材料（如蜡料）制成，常用蜡料是由 50% 石蜡和 50% 硬脂酸混合而成的。压型是用来制造蜡模的工艺装备。熔模铸造的造型方法：将蜡模浸上涂料，取出后在其表面黏附上一层硅砂，再浸入硬化剂溶液使其硬化，如此重复多次而形成较厚的硬壳；然后熔去蜡模，所制成的铸型称为型壳。

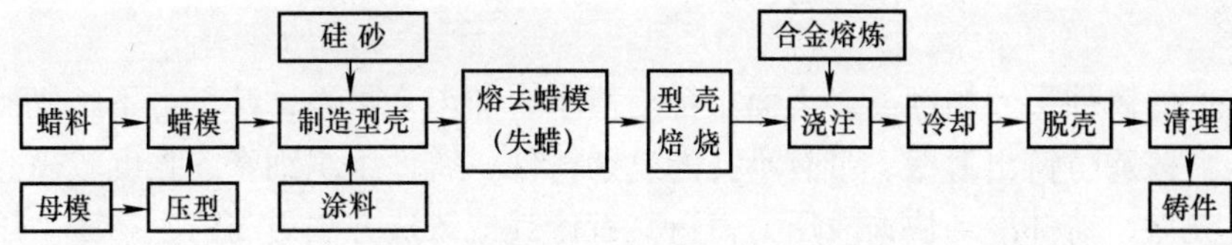

图 2-34　熔模铸造的工艺过程

熔模铸造适用于各种铸造合金，尤其适用于高熔点合金和难切削加工合金的复杂铸件的生产。其铸件尺寸精度和表面质量较高。

二、金属型铸造

将金属液浇注到金属材料制成的铸型中而获得铸件的方法，称为金属型铸造。由于金属铸型能重复使用成百上千次，甚至上万次，故又称永久型铸造。金属型一旦做好，则铸造的工艺过程实际上就是浇注、冷却、取出和清理铸件，从而大大地提高了生产率，也不占用太多的生产场地，并且易于实现机械化和自动化生产。

制作金属型的材料一般为铸铁和钢。金属型在浇注前先要预热，还须在型腔和浇道中喷刷涂料，这样可以保护金属型表面，并使铸件表面光洁。由于金属型无退让性，因此铸件宜早些取出，否则会产生很大的内应力，甚至裂纹。金属型比砂型散热速度快，故金属液的浇注温度应稍高于砂型铸造的浇注温度，以免产生浇不足等缺陷。

与砂型铸件相比，金属型铸件尺寸精确、表面光洁、加工余量小且组织细密，提高了铸件的强度和硬度。金属型铸造适用于大批量生产的非铁合金，如铝合金、铜合金等的铸件，有时也用于铸铁和铸钢件，一般不用于大型、薄壁和较复杂铸件的生产。

三、压力铸造和低压铸造

1. 压力铸造

压力铸造是在高压（5~150MPa）下把金属液以较高的速度压入金属铸型，并且在高压下凝固而获得铸件的方法，简称压铸。压力铸造所用的设备称压铸机，它为金属液提供充型压力，多为活塞压射。压力铸造的铸型称压铸型，它安装在压铸机上，主要由定型、动型和铸件顶出机构等部分组成。压力铸造工艺过程如图2-35所示。

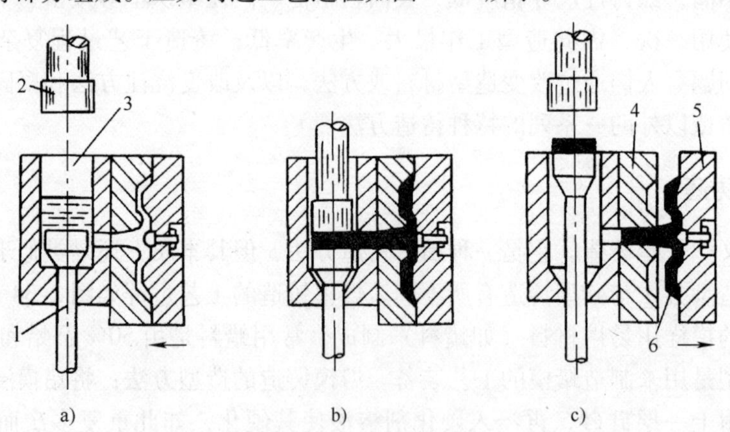

图2-35 压力铸造工艺过程

a）合型并加入金属液 b）加压 c）开型取出铸件

1—下活塞 2—上活塞 3—压缩室 4—定型 5—动型 6—铸件

压力铸造的铸件尺寸精度高，表面粗糙度值小，加工余量小，甚至可不经机械加工而直接使用。压力铸造可铸出薄壁、带有小孔的复杂铸件，铸件组织细密，强度较高。由于是高压高速浇注充型，铸件冷却快，故压力铸造具有比其他铸造方法更高的生产率。压力铸造主要用于各类非铁合金中、小型铸件的大批量生产。

2. 低压铸造

低压铸造是在气体压力（0.02～0.06MPa）作用下，使处于密封保温容器内的金属液自下向上沿着升液管和浇道平稳地进入上面的铸型中，并在此压力下凝固而获得铸件的铸造方法。因与压力铸造相比，其金属液充型压力较低，故称低压铸造。低压铸造的特点：金属液充型过程较平稳并且容易控制，从而避免了发生冲刷铸型和飞溅等现象；铸件组织比较致密，合格率高；劳动强度低，容易实现机械化和自动化。

低压铸造所用设备简单，所生产铸件的尺寸可较大，铸型可用金属型也可用砂型，主要适用于铝合金或镁合金铸件等的生产。

四、离心铸造

砂型铸造、金属型铸造、熔模铸造和压力铸造的铸型都是处于静止状态，铸件是在重力或压力下浇注和凝固冷却的；而离心铸造则是将金属液体注入高速旋转的铸型内，使金属熔液在离心力作用下凝固而获得铸件的方法。离心铸造原理如图 2-36 所示。离心铸造的设备是离心铸造机，由它带动铸型旋转，根据旋转轴位置的不同，主要有立式（图 2-36a）和卧式（图 2-36b）两种。离心铸造的铸型多为金属型，也有用砂型的。

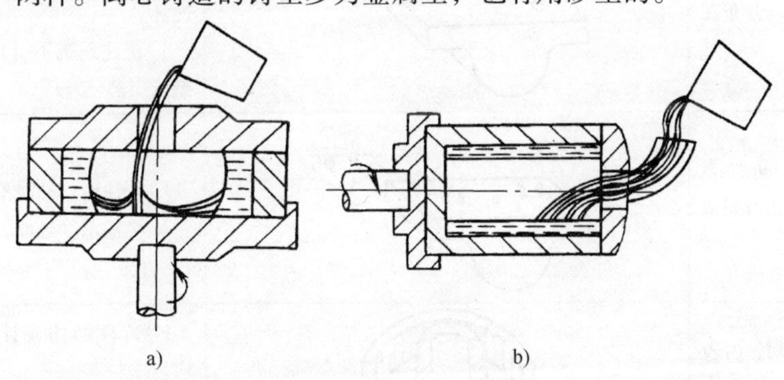

图 2-36　离心铸造原理

a）铸型绕垂直轴旋转　b）铸型绕水平轴旋转

离心铸造的主要特点：由于离心力的作用，金属液在径向能很好地充填铸型；不需型芯就能形成圆孔，但内孔不准确，内表面质量较差；铸件的组织紧密，力学性能较好；可以生产流动性较低的合金铸件、双金属层铸件和薄壁铸件等；离心铸造的浇道很小或者不用浇道，可降低金属液消耗，节约生产成本。铸钢、铸铁和非铁合金铸件都可用离心铸造，尤其是各种管类、套类铸件等均普遍使用离心铸造。

其他铸造方法还有挤压铸造、陶瓷型铸造、连续铸造等。

第六节　铸造生产的质量控制与经济性分析

一、铸件的常见缺陷及检验方法

1. 铸件常见的缺陷

铸造工艺比较复杂，容易产生各种缺陷，从而降低了铸件的质量和成品率。为了防止和减少缺陷，首先应确定缺陷的种类，分析其产生的原因，然后找出解决问题的最佳方案。常见的铸件缺陷有气孔、缩孔、缩松、砂眼、渣孔、夹砂、黏砂、冷隔、浇不足、裂纹、错型、偏芯（表2-2），以及化学成分不合格、力学性能不合格、尺寸和形状不合格等。这些缺陷大多是在浇注和凝固冷却过程中产生的，主要与铸型、温度、冷却、工艺以及金属液本身特性等因素有关。有些缺陷是通过观察就可以发现的，也有的需通过专门的检验而查出。

表2-2 铸件常见缺陷的特征及其产生的主要原因

缺陷名称和特征	图例	缺陷产生的主要原因
气孔：分布在铸件表面或内部的孔眼，内壁光滑，形状为圆形或梨形等	气泡 气孔	1. 型砂水分过多 2. 舂砂过紧或型砂透气性差 3. 通气孔阻塞 4. 金属液含气过多，浇注温度太低
砂眼：形状不规则的孔眼，孔内充塞砂粒，分布在铸件表面或内部	砂眼	1. 型腔内有散砂未吹净 2. 砂型或型芯强度不够，被金属液冲坏 3. 浇注系统不合理，金属液冲坏砂型或型芯
渣孔：一般位于铸件表面，孔形不规则，孔内充塞熔渣	渣孔	1. 浇注时，挡渣不良 2. 浇注温度过低，熔渣不易上浮
缩孔：形状不规则、内表面粗糙不平的孔洞，多产生于厚壁处	缩孔	1. 铸件结构设计不合理，壁厚不均匀 2. 冒口太小或位置不合理 3. 金属液温度太高
裂纹：热裂纹——形状曲折，表面氧化呈蓝色 冷裂纹——细小平直，表面无氧化	裂纹	1. 铸件壁厚相差太大 2. 铸型或型芯退让性差 3. 浇注系统开设不当 4. 铸件落砂过早或过猛
黏砂：铸件表面粗糙，黏附砂粒	黏砂	1. 金属液浇注温度过高或型砂耐火度差 2. 砂型（芯）表面未刷涂料或刷得不够 3. 舂砂太松
冷隔：铸件上出现因未完全融合而形成的缝隙或坑洼，交接处是圆滑的		1. 金属液浇注温度过低或流动性太差 2. 浇注时，断流或浇注速度太慢 3. 浇道太小或位置开设不当

（续）

缺陷名称和特征	图 例	缺陷产生的主要原因
浇不足：金属液未充满型腔而使铸件不完整		1. 金属液浇注温度过低 2. 金属液流速太慢或浇注中断 3. 铸件壁厚太薄 4. 浇注时，金属液不够用
错型：铸件在分型面上发生错位而引起变形		1. 上、下箱没对准或合型线不准确 2. 上、下模样没对准
偏芯：型芯偏移，铸件内腔形状或孔的位置发生变化	R c $\frac{a}{2}$ $\frac{a}{2}$	1. 芯座位置不准确 2. 型芯变形或放偏 3. 金属液冲偏型芯

2. 铸件质量检验方法

所有铸件都要经过质量检验，以分清哪些是合格品，哪些是废品，哪些能经过修复变成合格品。检验的方法取决于对铸件的质量要求，常用的铸件检验方法有如下几种：

（1）外观检验法　铸件的许多缺陷在其外表面，有一定经验的人可直接发现或用简单的工具和量具就可发现，例如，冷隔、浇不足、错型、黏砂、夹砂等缺陷就可直接看出；对于怀疑表皮下有缺陷的铸件，可用小锤敲击检查，听其声音是否清脆来判定铸件是否有裂纹；用量具可检查铸件尺寸是否符合图样要求。外观检验法简单、灵活、快速，不需要很高的技术水平。

（2）无损检测法　无损检测是利用声、光、电、磁等各种物理方法和相关仪器检测铸件内部及表面缺陷，用这类方法不会损坏铸件，也不影响铸件的使用性能。这种方法设备投入大，检验费用较高，一般用于重要铸件的检验。常用的无损检测方法有磁力检测、超声波检测、射线检测等。

（3）理化性能检验

1）化学成分检验。用来检验铸件材质是否符合要求，常用的方法是化学分析法和光谱分析法，有时也用最简单的火花鉴别法。

2）力学性能检验。根据技术要求，制取铸件试样，在专用设备上测定材料的力学性能，如强度、硬度、伸长率等。

3）金相组织检验。铸件的金相组织是影响其力学性能的重要因素，测定铸件的金相组织就能预知铸件大概的力学性能指标。常用金相组织检验方法是制取试样，然后用金相显微镜观察，并加以分析研究。

二、铸件缺陷的修补

对于某些有缺陷的铸件，在技术上可行且不影响其使用性能的前提下，可通过对铸件缺陷的修补，使其成为合格品，以尽量减少损失。常用的铸件修补方法有以下几种：

（1）焊接修补 铸件的常见缺陷如冷隔、浇不足、气孔、砂眼、裂纹等可进行焊接修补，常用的焊补方法是气焊和电弧焊，焊补部分可达到与铸件本体相近的力学性能。

（2）金属液修补 用高温金属液填补铸件缺损部位，使其恢复正常。

（3）金属堵塞修补 有些零件表面孔洞缺陷不宜进行焊补，可以在缺陷处钻孔，采用过盈配合，压入经过加工的圆柱形小棒，小棒的材质与铸件相同或相近，然后进行加工修整，这种方法称为金属堵塞修补。

（4）填腻修补 铸件的不重要部位及有装饰意义的部位表面上若有孔眼类缺陷，可配制腻子进行修补，比较常用的腻子由铁粉、水玻璃、水泥组成。修补时，清理干净要修补的部位，把腻子压入修平即可。

（5）浸渗修补 将胶状的浸渗剂渗入铸件的孔隙，使其硬化，与铸件孔隙内壁连成一体，将其填塞起来，达到堵漏的目的。

三、铸造生产的技术经济管理

在生产过程中，技术性和经济性相辅相成，缺一不可。在保证产品质量的前提下，从经济效益方面考虑，铸造生产中，应注重以下几方面：

1）合理选择铸造方法。一般来说，砂型铸造生产成本低，但产品质量不易保证；而特种铸造生产成本高，但产品质量好。因此应综合考虑平衡得失，使用最佳方法。

2）节省材料。铸造生产过程要消耗大量材料，包括一些贵重材料，节约材料是降低铸造生产成本的一项重要措施：①充分利用旧砂，合理使用新砂；②充分利用回炉料，如浇道、冒口、铸件废品；③估算好金属液的需要量，过多或过少都会造成浪费。

3）尽量增大生产批量。对于小批量铸件应集中浇注，一般情况下，只有达到一定批量的铸件才值得开一次炉。

4）降低废品率。要采取合理的技术和工艺措施减少铸件缺陷，某些有缺陷的铸件在不影响其使用要求的前提下可以修补，以减少废品数。

5）缩短生产周期，提高劳动生产率。在铸造生产过程中，应注意减少不必要的环节，加强管理，提高工作效率，节约劳动时间，特别要避免不必要的失误和返工，提高生产设备和工装的利用率和使用寿命。

6）加强管理，认真进行成本核算。

7）严格检验每批铸件，把好质量关。管理好废品和次品，防止因其流入下道工序而引起新的经济损失。

【扩展阅读】

从传统铸造到智能铸造

1. 铸造工艺设计数字化

传统的铸造工艺设计主要依赖经验法和试错法，即借鉴已有的类似铸件的生产经验或通过实际的试验验证的办法来保证工艺设计的合理性。但过去的经验未必完全适合于当前的铸件，而试验验证则会延长设计周期和增加设计成本。铸造工艺的计算机辅助设计（CAD）和数值模拟（CAE）等数字化技术的应用，正在从根本上改变铸造工艺设计方法。

铸造 CAE 技术可以利用专门的 CAE 软件在计算机里对所设计的铸造工艺过程进行仿真

模拟，对可能产生的缺陷进行分析预测，从而能够实现设计与分析的统一，为优化工艺方案提供指导，从而大大缩短设计周期，降低设计成本，提高设计可靠性。铸造 CAE 主要研究合金的充型凝固过程及其对于铸件的组织和性能的影响，目前大致有以下几方面：

（1）充型过程模拟 利用流体力学和传热学原理，在模拟流动场的同时计算传热，可预测铸造充型过程是否出现浇不足、冷隔等缺陷，同时还可以得到充型结束时的温度分布，为后续的温度场计算提供准确的初始条件。

（2）凝固过程模拟 利用传热学计算铸件冷却过程的温度场变化，从而模拟铸件凝固过程，进行缩孔、缩松的定量预测。此方法已在生产中得到应用，并取得了较满意的结果。

（3）铸造应力场模拟 利用力学原理，分析铸件应力分布。其结果有助于预测和分析铸件裂纹、变形及残余应力的形成与分布，为提高铸件尺寸精度及稳定性提供了科学依据。

（4）铸件微观组织模拟 通过模拟可预测铸件微观组织形成，进而预测其力学性能。

铸造 CAD 技术是一个人机交互设计的过程，其设计流程通常表现为“二维零件图样→CAD 工艺设计→CAE 模拟→工艺文件”的形式。它主要包括以下内容：

1）根据铸件技术要求、生产条件和生产批量，进行工艺性分析，确定铸造工艺方案。

2）利用 CAD 进行工艺参数设计。

3）利用 CAD 设计浇注系统、冒口、冷铁。

4）利用 CAD 设计模样、模板、芯盒、砂箱等。

5）利用 CAE 软件模拟铸造过程，预测铸造缺陷，优化铸造工艺设计。

6）利用 CAD 绘制铸造工艺图、铸造工装模具图、工艺卡。

2. 铸造生产过程自动化

砂型铸造自动生产线通常由主机和辅助机械组成。通常是以 1 台或 2 台造型机为主体，配合各种相应的辅助机械（如翻箱机、合型机、浇注机、落砂机及机器人等），并将它们按照铸造工艺流程用运输设备联系起来，通过计算机系统对铸造生产线以及型砂处理和合金熔炼等工部加以统一管理和控制，可实现砂型铸造生产的自动化；下级的计算机负责各工序的检测、控制和调整，上级的计算机则负责物流的组织和物料的跟踪。通过各系统之间的数据通信，不仅可以保证整个生产线的运转，而且会自动考虑最优化的经济效果和生产组织方案。

3. 无模铸造技术

传统的砂型铸造需要先制作模样和芯盒等铸造专用模具，再用这些模具去制造铸型和砂芯，因而也可以叫作有模铸造。由于铸造模具制造周期长、成本高，尤其是当铸件结构发生修改时，就需要重新设计和制造模具，会造成资源的重复浪费。此外，造型时的起模操作易影响型腔尺寸，降低铸件精度；对于复杂铸件，经常还会碰到起模难度大等问题。因此，有模铸造生产周期长、柔性差，难以满足单件、小批量、复杂铸件的快速、经济的生产要求。

目前，已开发出了多种无模铸造技术，其中比较有代表性的就是将 3D 打印技术［如选择性激光烧结（SLS）技术］应用于铸造生产中的砂型和砂芯的制作。它通过计算机中的三维 CAD 模型直接驱动铸型制造，以树脂覆膜砂为造型材料，利用激光扫描逐层烧结覆在原砂表面的热塑性树脂并逐层堆积成型的过程（见本书第五章第二节），在不使用模样和芯盒的情况下制出复杂的砂型和砂芯，实现数字化无模铸造。这种方法在技术上突破了传统工艺的许多局限（如铸型－型芯一体化成形，没有起模过程，不需要起模斜度等），使设计、制造的约束条件大大减少，使砂型和砂芯的制造过程高度智能化、柔性化，适用于汽车、通用机械、机床、重大装备中关键零部件的单件、小批量制造。

复习思考题

2-1 为什么铸造被广泛用于生产各种尺寸和形状复杂的零件或毛坯？

2-2 型砂应具备哪些性能？型砂性能对铸造质量有何影响？

2-3 砂型和型芯的性能、作用、制作方法有何不同？

2-4 型砂中为什么要加入黏结剂？型腔内壁上涂料的作用是什么？

2-5 浇注系统一般由哪几部分组成？各有何作用？

2-6 铸件浇注前，需做哪些准备工作？

2-7 冒口和冷铁各有何作用？

2-8 零件、铸件、模样、铸型之间有什么联系？又有什么不同？

2-9 铸铁和铸钢的化学成分、铸造性能、力学性能和用途有什么不同？

2-10 分型面的选择原则是什么？分别指出下列铸件（单件小批量生产）的分型面和浇注位置（图2-37）。

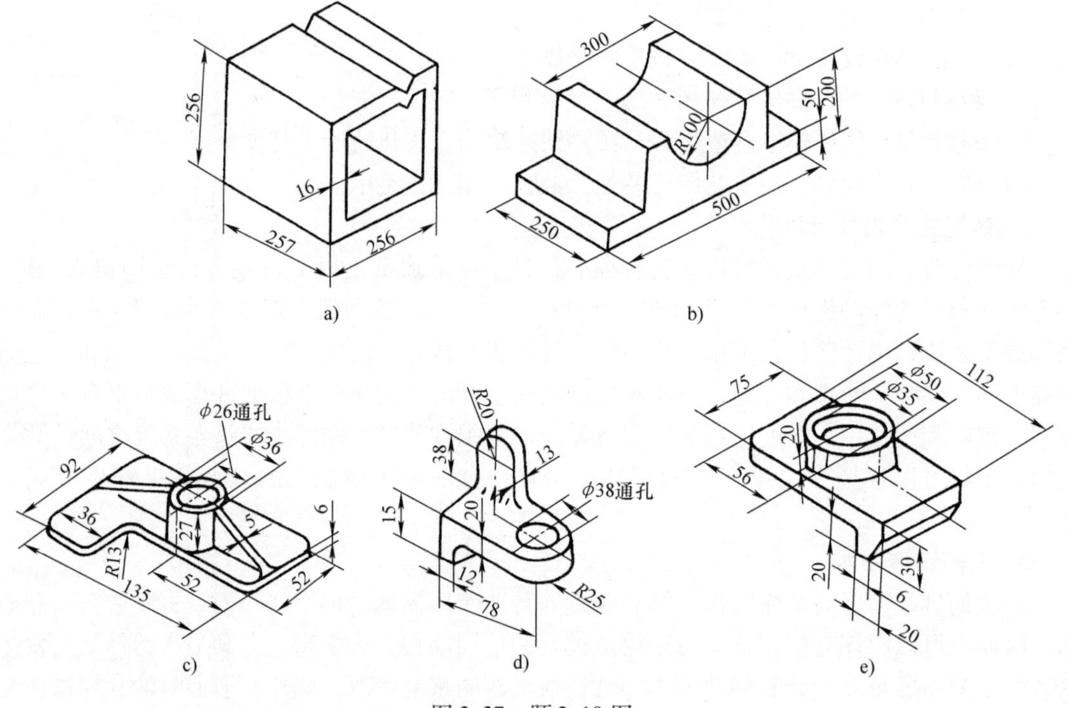

图2-37 题2-10图

2-11 简述手工造型的常用方法。

2-12 怎样判断起模的可能性？

2-13 铝合金的铸造特点是什么？铝合金的熔炼应注意哪些问题？

2-14 比较砂型铸造和特种铸造的特点。

2-15 铸铁的主要化学成分有哪些？哪些成分是有益的？哪些成分是有害的？

2-16 铸造性能好的合金有什么特点？

2-17 简述检验铸件质量的常用方法。

2-18 列举出六种以上铸件常见缺陷。应如何对待有缺陷的铸件？

2-19 为什么一些重要零件（如轴和齿轮）的材料不常用铸铁而用钢？

2-20 浇注薄壁铸件应注意哪些方面？

2-21 在图2-38所示零件上，画出分型面、加工余量、铸造圆角、起模斜度、型芯和浇注系统。

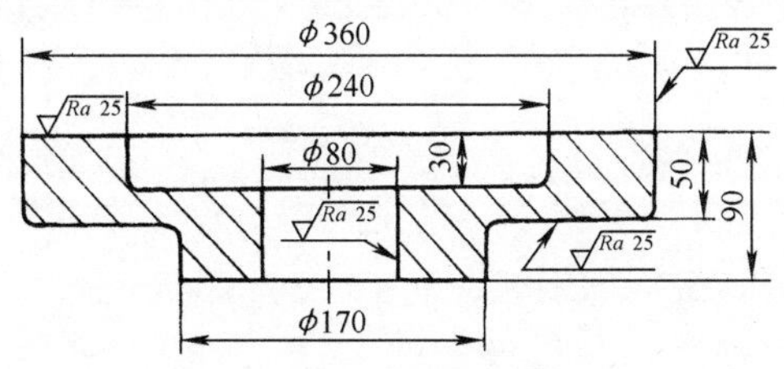

图2-38 题2-21图

2-22 与砂型铸造相比，消失模铸造为什么有利于提高铸件的精度？

2-23 消失模铸造与砂型铸造两者都是采用型砂来造型（对比图2-1和图2-30），那么消失模铸造的创新点表现在哪里？

2-24 涂料的使用在消失模铸造中有什么重要作用？

2-25 砂型铸造时采用手工造型与机器造型各有哪些优缺点？各适用什么场合？

2-26 金属型铸造有何优越性？为什么金属型铸造未能广泛取代砂型铸造？

2-27 什么是离心铸造？它在圆筒形铸件的铸造中有哪些优越性？

2-28 下列铸件在大批量生产时宜采用什么铸造方法？

喷气飞机发动机叶片（高温合金）、气缸套（铸铁）、铝合金活塞、大口径铸铁燃气管道、车床床身（铸铁）、大模数齿轮滚刀（高速工具钢）、摩托车发动机缸体（铝合金）。

2-29 与传统的砂型铸造相比，无模铸造有何优点？它适合于什么场合？

2-30 在造型和浇注过程中，应如何注意做到安全操作？

3 第三章 锻压

目的和要求

1）熟悉锻造和板料加工生产的工艺过程、特点及应用。

2）了解锻造和板料加工生产所用设备（如空气锤、压力机等）的结构、工作原理和使用方法。

3）了解坯料加热的目的和方法，以及常见的加热缺陷；了解锻件的冷却方法。

4）掌握自由锻基本工序的特点和自由锻简单锻件的操作技能，并能对自由锻锻件初步进行工艺分析。

5）了解模锻和胎模锻的工艺特点及应用。

6）了解钣金工艺的特点及应用。

7）了解冲压基本工序和冲模的结构。

8）了解锻件和冲压件的常见缺陷及其产生原因。

9）了解锻压生产安全技术及简单经济分析。

锻压实习安全技术

1. 锻造实习安全技术

1）穿戴好工作服等防护用品。

2）检查所用的工具是否安全、可靠；手工锻时，还应经常注意检查锤头是否有松动。

3）钳口形状必须与坯料断面形状、尺寸相符，以便将其夹牢，并在下砧铁中央放平、放正、放稳坯料，先轻打后重打。

4）手钳或其他工具的柄部应处于身体的侧旁，不可正对人体；不许将手指放在钳柄之间，以免夹伤手指。

5）踩踏杆时，脚跟不许悬空，以便稳定地操纵踏杆，保证操作安全。

6）锤头应做到“三不打”，即工模具或锻坯未放稳不打，过烧或已冷的锻坯不打，砧上没有锻坯不打。

7）锻锤工作时，严禁将手伸入锤头行程中。砧座上的氧化皮必须及时清除干净。

8）操作时保持与被锻工件的安全距离，不要在锻造时易飞出飞边、料头、火星、铁渣的危险区停留，不要直接用手触摸锻件和钳口。

9）两人或多人配合操作时，应分工明确，要听从掌钳者的统一指挥。

10）使用电阻炉加热坯料，装料、取料时必须关闭电源；装料时坯料应与发热元件保持一定距离并使用带有绝缘手柄的装料工具。

2. 冲压实习安全技术

1）未经指导教师允许，不得擅自开动设备。

2）开动压力机前必须检查离合器、制动器及控制装置是否灵敏可靠，设备的安全防护装置是否齐全有效。

3）严禁在工作台面上放置物品。操作压力机时，手不得伸入上、下模之间的空间。

4）禁止用手直接取放冲压件；清理板料、废料或成品时，需戴好手套，以免划伤手指。

5）严禁连冲；单冲时，不允许把脚一直放在离合器脚踏板上进行操作，应每件一次。踩一下，随即脱离脚踏板。

6）两人以上操作一台设备时，要分工明确，协调配合。

第一节 概 述

锻压是锻造和冲压的总称，属于金属塑性加工生产方法的一部分。

金属塑性加工也称压力加工，是指金属材料在外力作用下产生塑性变形，从而得到具有一定形状、尺寸和力学性能的原材料、毛坯或零件的加工方法。金属塑性加工的基本方法除了锻造和冲压之外，还有轧制、挤压、拉拔等。其中，轧制主要用以生产板材、型材和无缝管材等原材料；挤压主要用于生产低碳钢、非铁金属及其合金的型材或零件；拉拔主要用于生产低碳钢、非铁金属及其合金的细线材、薄壁管或特殊截面形状的型材等；而锻造主要用来制作力学性能要求较高的各种机器零件的毛坯或成品；冲压则主要用来制取各类薄板结构零件。

锻造是在加压设备及工、模具的作用下，使金属坯料或铸锭产生局部或全部的塑性变形，以获得一定形状、尺寸和质量的锻件的加工方法，如图 3-1 所示。

用于锻造的金属必须具有良好的塑性，以便在锻造时容易产生永久变形而不破裂。钢、铜、铝及其合金大多具有良好的塑性，是常用的锻造材料；而铸铁的塑性很差，在外力作用下极易破裂，因此不能进行锻造。

锻造后的金属组织致密、晶粒细化，还具有一定的锻造流线，从而使其力学性能得以提高。因此，凡承受重载、冲击载荷的机械零件，如机床主轴、发动机曲轴、连杆、起重机吊钩、齿轮等多以锻件为毛坯。另外，采用锻造获得的零件毛坯，可以减少切削加工量，提高生产率和经济效益。

冲压又称板料冲压，它是通过冲压设备和模具对板料施加外力，使之产生分离或塑性变形，以获得一定形状、尺寸和性能的制件的加工方法，如图 3-2 所示。冲压通常是在室温下进行的。

用于冲压的材料一般为塑性良好的各种低碳钢板、铜板、铝板等。有些非金属板料，如木板、皮革、硬橡胶、有机玻璃板、硬纸板等也可用于冲压。

冲压件有自重轻、刚性好、强度高、生产率高、成本低、外形美观、互换性好、一般不需机械加工等优点，一般用于大批量零件的生产和制造。在单件小批量生产或其他一些情况下，也常用钣金手工成形的方法来加工金属板料制品。

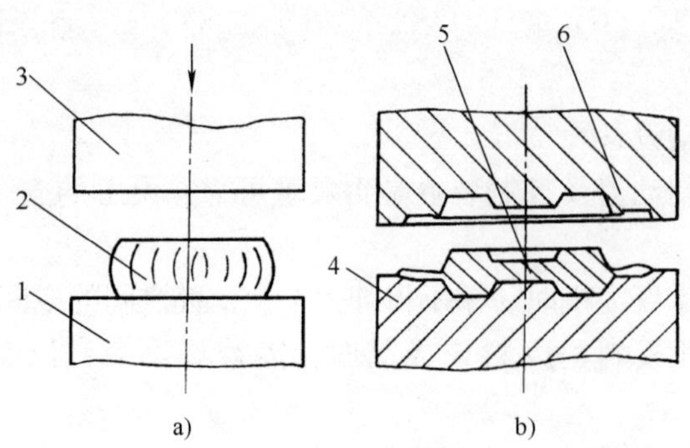

图3-1 锻造示意图

a）自由锻 b）模锻

1—下砧铁 2—锻件 3—上砧铁 4—下模 5—模锻件 6—上模

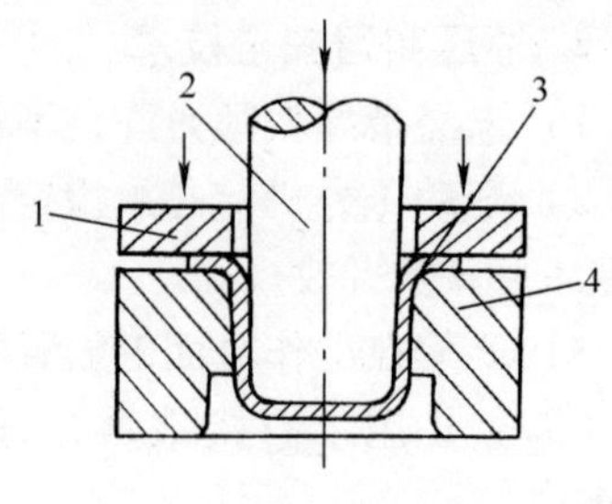

图3-2 板料冲压示意图

1—压板 2—凸模

3—坯料 4—凹模

第二节 锻　　造

锻造是通过压力机、锻锤等设备及工模具对金属施加压力实现的。锻造的基本方法有自由锻和模锻两类，以及由两者结合而派生出来的胎模锻。一般锻件生产的工艺过程：下料→加热→锻造→冷却→热处理→清理→检验→锻件。

一、坯料的加热

1. 加热的目的和要求

除少数具有良好塑性的金属可在常温下锻造外，大多数金属都应加热后锻造成形。

锻造时，将金属加热，能降低其变形抗力，提高其塑性，并使内部组织均匀，以便达到用较小的锻造力来获得较大的塑性变形而不破裂的目的。

一般来说，金属加热温度越高，金属的强度和硬度越低，塑性也越好；但温度不能太高，温度太高会产生过热或过烧，使锻件成为废品。

金属锻造时，允许加热的最高温度称为始锻温度。金属在锻造过程中，热量逐渐散失，温度下降。金属温度降低到一定程度后，不但锻造费力，而且易开裂，此时必须停止锻造，重新加热。金属停止锻造的温度称为终锻温度。

2. 加热设备

按照热源的不同，加热设备分为火焰炉和电加热设备两大类。

（1）火焰炉　火焰炉是用煤、重油（或柴油）、煤气（或天然气）等作为燃料，燃烧时产生热能，直接对金属加热的炉子。常用的火焰炉有手锻炉、反射炉、油炉和煤气炉等。

反射炉是以烟煤作为燃料，在燃烧室中燃烧，火焰越过火墙对金属进行加热的炉子。其结构较复杂，但燃料消耗较小、温度均匀、加热质量好，一般在锻造车间使用。

油炉和煤气炉是由喷嘴将油（或煤气）与空气喷射到加热室进行燃烧，直接对金属进行加热的炉子。其结构简单、紧凑，操作方便，热效率高，被广泛使用。室式油炉结构如图3-3所示。

（2）电加热设备　电加热设备是利用电能转变为热能对金属加热的装置。常用的电加热设备有电阻加热炉、接触加热设备、感应加热设备。

1）电阻加热炉是利用电流通过电阻元件（金属电阻丝或硅碳棒）时产生的电阻热间接加热金属的炉子。其结构简单（图 3-4）、操作方便，炉内有热电偶，用以精确地控制加热温度，劳动条件较好。

2）接触加热是利用变压器产生的大电流通过金属坯料，坯料因自身的电阻热而得到加热。其特点是加热速度快、生产率高、氧化脱碳少、耗电少、加热不受限制。接触加热设备常用于棒料的加热。

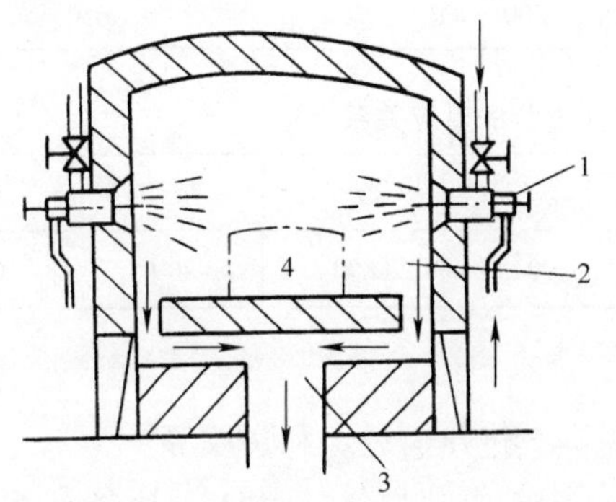

图 3-3　室式油炉结构示意图

1—喷嘴　2—加热室

3—烟道（排废气）　4—装料炉门

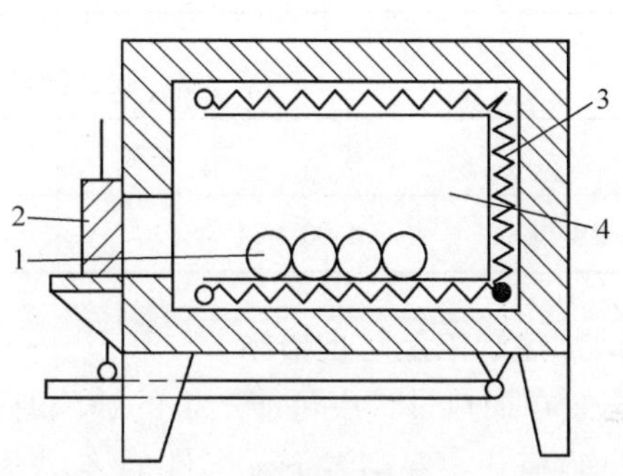

图 3-4　电阻加热炉示意图

1—坯料　2—炉门　3—电热元件　4—炉膛

3）感应加热是用交流电流通过感应线圈而产生交变磁场，使置于线圈中的坯料内部产生涡流而升温加热，如图 3-5 所示。感应加热设备虽然复杂、投资大，但加热速度快、质量好、温度易控制，适用于现代化的大批量生产。

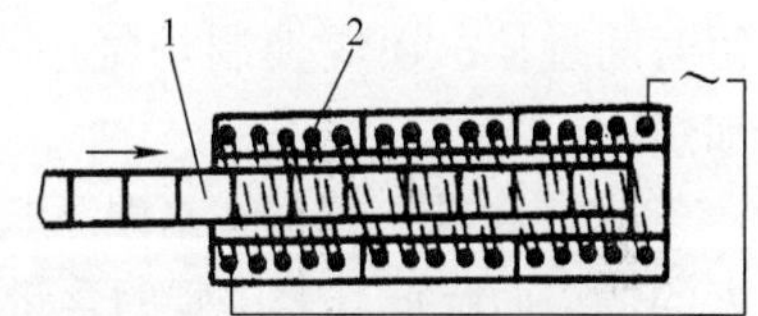

图 3-5　感应加热示意图

1—坯料　2—线圈

3. 锻造温度范围

锻造温度范围是指金属开始锻造的温度（始锻温度）到锻造终止的温度（终锻温度）之间的温度间隔。

（1）始锻温度的确定原则　使金属在加热过程中不产生过热、过烧缺陷的前提下，始锻温度应尽可能地取高一些。这样便扩大了锻造温度的范围，以便有充裕的时间进行锻造，可减少加热次数，提高生产率。

（2）终锻温度的确定原则　在保证金属停锻前有足够塑性的前提下，终锻温度应取低一些，以便停锻后能获得较细密的内部组织，从而获得具有较好力学性能的锻件。但终锻温度过低，金属难以继续变形，易出现锻裂现象或损伤锻造设备。

常用金属材料的锻造温度范围见表 3-1。

金属加热的温度可用仪表来测定，但在实际生产中，一般凭经验，通过观察被加热锻件的火色来判断。碳素钢加热温度与其火色的对应关系见表 3-2。

表3-1 常用金属材料的锻造温度范围

种　类	牌号举例	始锻温度/℃	终锻温度/℃
低碳钢	20、Q235A	1200～1250	700
中碳钢	35、45	1150～1200	800
高碳钢	T8、T10A	1100～1150	800
合金钢	30Mn2、40Cr	1200	800
铝合金	2A12	450～500	350～380
铜合金	HPb59-1	800～900	650

表3-2 碳素钢加热温度与其火色的对应关系

火色	黄白	淡黄	黄	淡红	樱红	暗红	赤褐
温度/℃	1300	1200	1100	900	800	700	600

4. 加热缺陷及防止措施

金属在加热过程中可能产生的缺陷有氧化、脱碳、过热、过烧和裂纹等。

（1）氧化　在高温下，工件的表层金属与炉气中的氧化性气体（O_2、H_2O 和 SO_2）等发生化学反应而生成氧化皮，造成金属烧损，烧损量占总质量的2%～3%。下料时，应考虑这个烧损量。严重的氧化会造成锻件表面质量下降，若是模锻，还会加剧锻模的磨损。

减少氧化的措施是在保证加热质量的前提下，尽量采用快速加热并避免金属在高温下停留时间过长；还应控制炉气中的氧化性气体，严格控制送风量或采用中性、还原性气氛加热。

（2）脱碳　钢材在高温下长时间与氧化性炉气接触而发生化学反应，造成表层中碳元素的烧损而降低其表层碳的含量，这种现象称为脱碳。脱碳后，钢件表层的硬度和强度会明显降低，从而影响锻件质量。

减少脱碳的方法与减少氧化的措施相同。

（3）过热　当金属加热温度过高或在高温下停留时间过长时，其内部组织会迅速长大变粗，这种现象称为过热。过热的金属在锻造时容易产生裂纹，力学性能变差。如果锻后发现过热组织，可用热处理（如正火或调质）方法将其消除，使内部组织细化、均匀。

（4）过烧　当金属的加热温度接近熔化温度时，其内部晶粒间的结合力将完全失去，一经锻造就会碎裂，这种现象称为过烧。过烧的缺陷无法挽救，只有报废。避免金属过烧的方法是注意加热温度和保温时间，并控制炉气成分。

（5）裂纹　对于导热性能差的金属材料，如果加热过快，坯料内、外温差较大，膨胀不一致，而产生内应力，严重时会产生裂纹。为防止产生裂纹，应制订和遵守正确的加热规范，包括入炉温度、加热速度、保温时间等。

二、自由锻

只用简单的通用工具，或在锻造设备的上、下砧铁间，直接使金属材料经多次锻打并逐步发生塑性变形而获得所需的几何形状和内部质量的锻件，这种方法称为自由锻。自由锻又可分为手工自由锻（简称手工锻）和机器自由锻（简称机锻）。

自由锻使用简单工具，操作灵活，但锻件精度较低，生产率不高，劳动强度较大，适合于单件小批量生产以及大型锻件的生产。

（一）自由锻设备和工具

1. 自由锻设备

自由锻设备分为两类：一类是以冲击力使金属材料产生塑性变形的锻锤，如空气锤、蒸汽-空气自由锻锤等；另一类是以静压力使金属材料产生塑性变形的液压机，如水压机、油压机等。

（1）空气锤　空气锤由锤身、传动部分、落下部分、操纵配气机构及砧座等几部分组成，如图3-6所示。

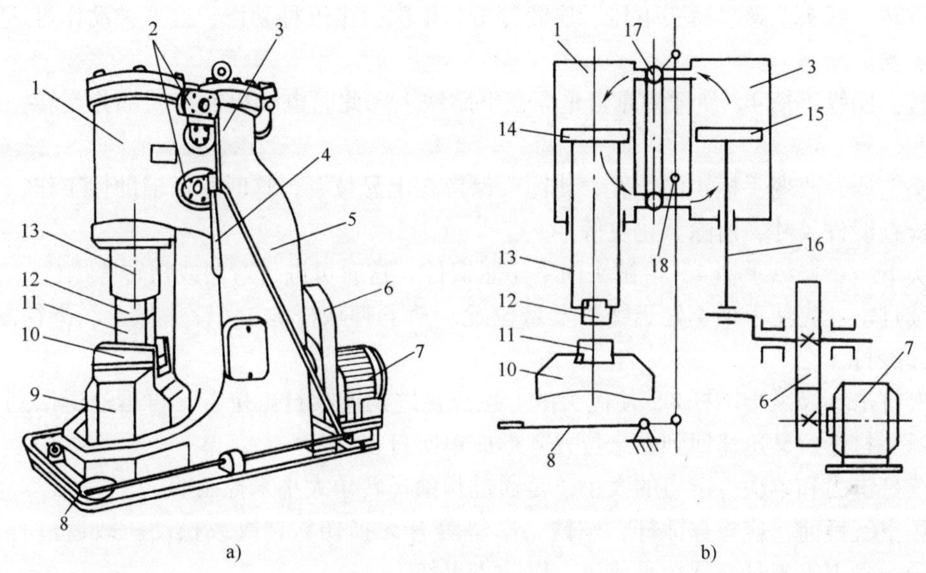

图3-6　空气锤

a）外形　b）工作原理

1—工作缸　2—旋阀　3—压缩缸　4—手柄　5—锤身　6—减速机构　7—电动机　8—脚踏杆　9—砧座　10—砧垫　11—下砧铁　12—上砧铁　13—锤杆　14—工作活塞　15—压缩活塞　16—曲柄连杆机构　17—上旋阀　18—下旋阀

电动机7通过减速机构6及曲柄连杆机构16，带动压缩缸3内的压缩活塞15做上下往复运动。当压缩活塞向下运动时，压缩空气经过操纵机构的下旋阀18进入工作缸1内工作活塞14的下部，将锤杆13提起；压缩活塞向上运动时，压缩空气通过上旋阀17进入工作活塞的上部，使锤杆向下运动，实现对坯料的锻打。如此往复循环，就产生锤杆的上、下往复运动，借助其冲击力对坯料进行锻打。

空气锤是以落下部分（包括工作活塞、锤杆和上砧铁，也可合称为锤头）的总质量来表示其规格的大小。国产的空气锤规格从65kg到750kg不等。锻锤产生的冲击力（N）与落下部分质量（kg）在数值上的比值可达10000倍。常用空气锤的锻造能力见表3-3。

表3-3 常用空气锤的锻造能力

型 号		C41-65	C41-75	C41-150	C41-200	C41-250	C41-400	C41-560	C41-750
落下部分质量/kg		65	75	150	200	250	400	560	750
能锻工件尺寸/mm	方截面	65	—	130	150	—	200	270	270
	圆截面	ϕ85	ϕ85	ϕ145	ϕ170	ϕ175	ϕ220	ϕ280	ϕ300
能锻工件质量/kg	最 大	2	2	4	7	8	18	30	40
	平 均	0.5	0.5	1.5	2	2.5	6	9	12
电动机功率/kW		7	7.5	17	22	22	40	40	55

空气锤的基本操作是，接通电源后，通过脚踏杆8或手柄4操纵上、下旋阀，可使空气锤实现空转、锤头上悬、锤头下压、连续打击和单次打击五种动作。这五种动作可适应不同的生产需要。

空转：操纵手柄4，使锤头靠自重停在下砧铁上，此时电动机及传动部分空转，锻锤不工作。

锤头上悬：改变手柄4的位置，使锤头保持在上悬位置，这时可做辅助性工作，如放置锻件、检查锻件尺寸、清除氧化皮等。

锤头下压：操纵手柄4，使锤头向下压紧锻件，这时可进行弯曲或扭转等操作。

连续打击：先使手柄4处于锤头上悬位置，踏下脚踏杆8，使锤头做上、下往复运动，进行连续锻打。

单次打击：操纵脚踏杆8，使锤头由上悬位置进到连续打击位置，再迅速退回到上悬位置，使锤头打击后又迅速回到上悬位置，形成单次打击。

连续打击力和单次打击力的大小，是通过脚踏杆转角大小来控制的。

操作空气锤前，应检查锤杆、砧铁、砧垫等有无损伤、裂纹或松动。锻造过程中，锻件、冲子、剁刀等工具必须放平放正，以防飞出伤人。

（2）蒸汽-空气自由锻锤　蒸汽-空气自由锻锤也是自由锻中较为常见的设备。它利用0.6~0.9MPa压力的蒸汽或压缩空气驱动锤头做上、下往复运动，并进行打击。它主要由锤身、气缸、落下部分和砧座等部分组成。所不同的是机架结构及各部分尺寸皆比空气锤大、锤头行程长、落下部分重量大、锻造打击力大，需要配备蒸汽锅炉或空压机等辅助设备。其规格也是以锤的落下部分的质量来表示。常用的规格为500~5000kg，可锻50~700kg的中型锻件或较大型锻件。

（3）水压机　水压机常用来生产大型自由锻件，其结构由本体和附属设备组成。水压机本体结构示意如图3-7所示。

水压机的工作原理：根据帕斯卡液体静压定律，将高压水通过工作缸15，推动工作活塞14使活动横梁12沿立柱11下压；回程时，将高压水通过回程缸4，使回程柱塞3和回程拉杆6拉起活动横梁。活动横梁的上、下运动就形成了对锻件的施压运动，用静压力使金属产生塑性变形。

水压机和锻锤相比有以下特点：

1）水压机工作时，没有振动，不需要大而复杂的地基，周围的建筑可免受振动的影响，改善了劳动条件。

2）水压机作用在锻件上的静压力比锻锤的冲击力时间长，有充足的时间传递到锻件的中心，能将锻件锻透。

3）锻锤的作用能力受锻件尺寸的限制，锻件的高度越大，锻锤的行程就越小，打击力量也越小；而水压机的作用能力不受这种限制。

4）锻锤的打击能量大部分传到地基和地面上了，因此锻锤的效率比水压机低。

5）在水压机上，锻件变形速度较慢，有利于金属的再结晶，因此高合金钢在水压机上锻造效果比较好，可以提高塑性，降低变形抗力。

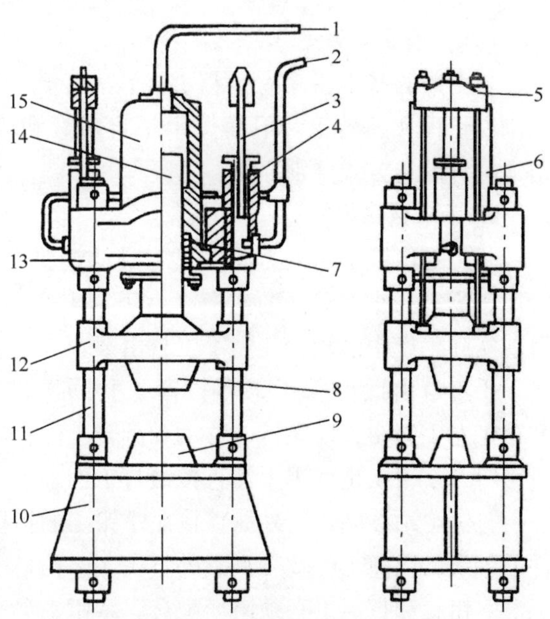

图 3-7　水压机本体结构示意

1、2—导管　3—回程柱塞　4—回程缸　5—回程横梁　6—回程拉杆　7—密封圈　8—上砧铁　9—下砧铁　10—下横梁　11—立柱　12—活动横梁　13—上横梁　14—工作活塞　15—工作缸

水压机的规格是以静压力的大小来表示的，常用的为 8000 ~ 125000kN。

2. 自由锻工具

自由锻常用的工具有手锤、摔子、压肩切割工具、冲子、手钳、漏盘、弯曲垫模等，如图 3-8 ~ 图 3-13 所示。

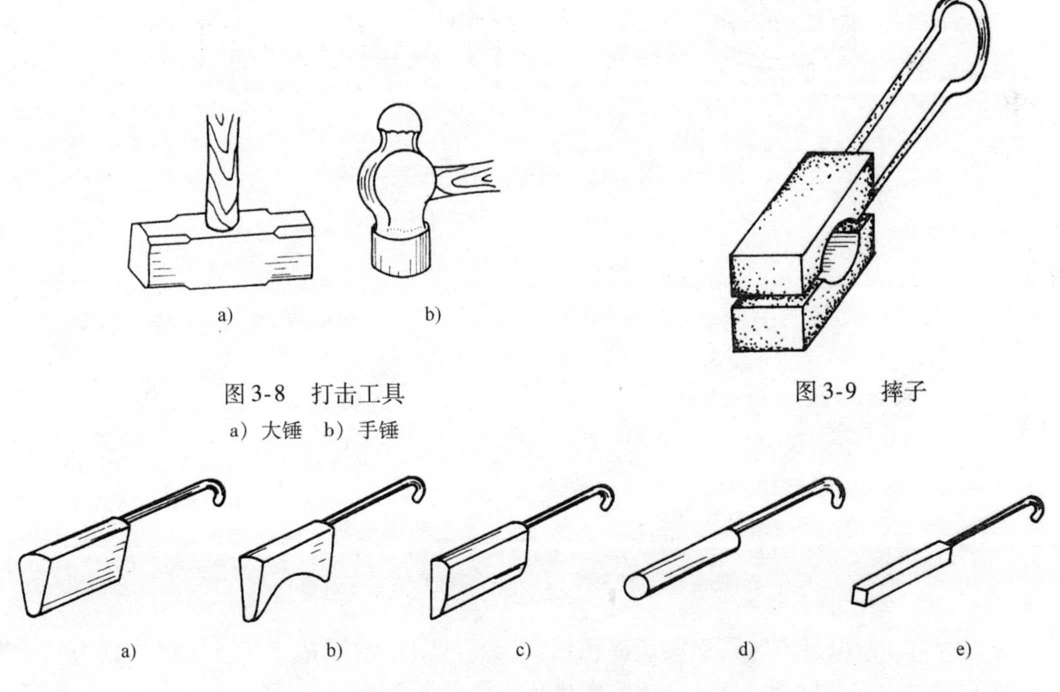

图 3-8　打击工具

a）大锤　b）手锤

图 3-9　摔子

图 3-10　压肩切割工具

a）、b）三角刀　c）剁刀　d）圆扣棍　e）方扣棍

（二）自由锻基本工序及其操作

自由锻的基本工序有镦粗、拔长、冲孔、弯曲、切割、错移和扭转等。下面按手工自由锻和机器自由锻两种锻造方式分别介绍。

1. 手工自由锻

手工自由锻是靠人力和手工工具使金属变形的，常用于零星的小型锻件的生产。由于其生产率极低，目前实际生产中已较少使用手工自由锻。

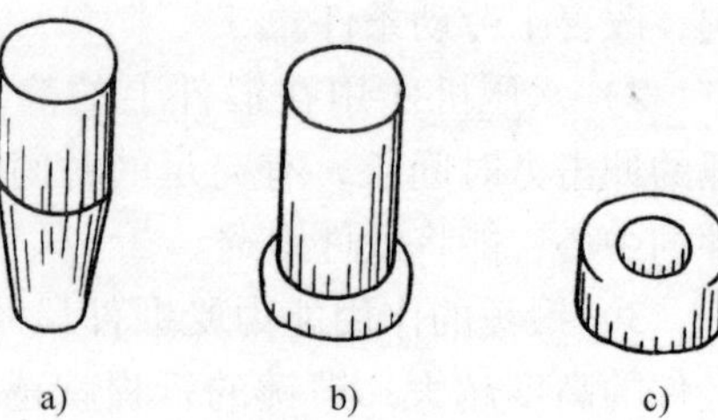

图 3-11 冲子

a）单面冲孔扩孔冲子 b）踏孔冲子 c）空心冲子

手工自由锻由掌钳工和打锤工共同操作完成。掌钳工左手握钳，以夹持、移动和翻转工件；右手握手锤，指挥打锤工的操作。工件的变形量小时，掌钳工也可用手锤直接锻打工件。

打锤工站在砧铁的外侧，按照掌钳工的指挥用大锤打击工件。打锤工的位置不要正对工件的轴线，以免工件或工具意外打飞，碰伤自己。

掌钳工和打锤工必须密切配合，掌钳工夹牢和放稳工件后提起手锤，就表示要打锤工准备工作；掌钳工要求大锤在工件的某部位轻打或重打，就用手锤在欲锻的部位轻打或重打；掌钳工认为不需大锤锻打，就将手锤平放在砧面上，或用其他规定动作向打锤工表示，这时打锤工应立即停止打锤。

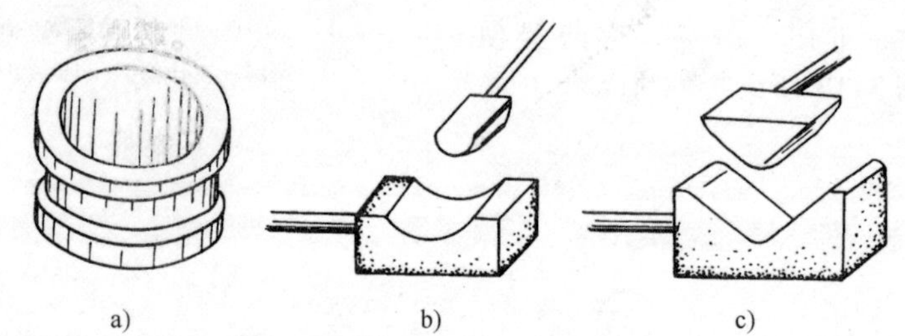

图 3-12 漏盘、弯曲垫模

a）漏盘 b）、c）弯曲垫模

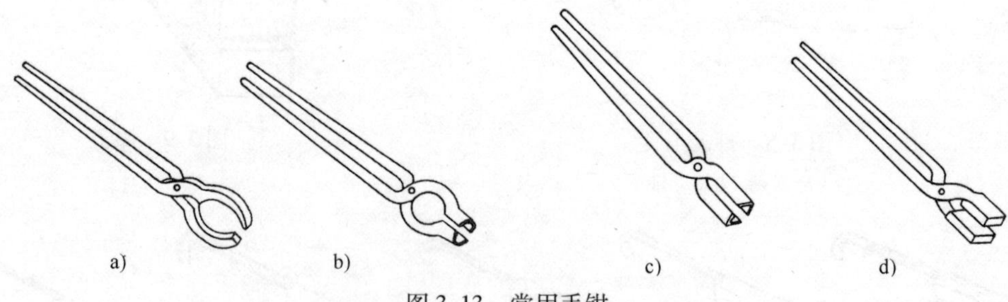

图 3-13 常用手钳

a）圆钳 b）圆口钳 c）方口虎钳 d）平口虎钳

（1）镦粗 镦粗是使坯料横截面面积增大、高度减小的锻造工序。镦粗可分为完全镦粗（图 3-14a）、局部镦粗（图 3-14b）和垫环镦粗（图 3-14c）三种。

镦粗的操作方法及注意事项：

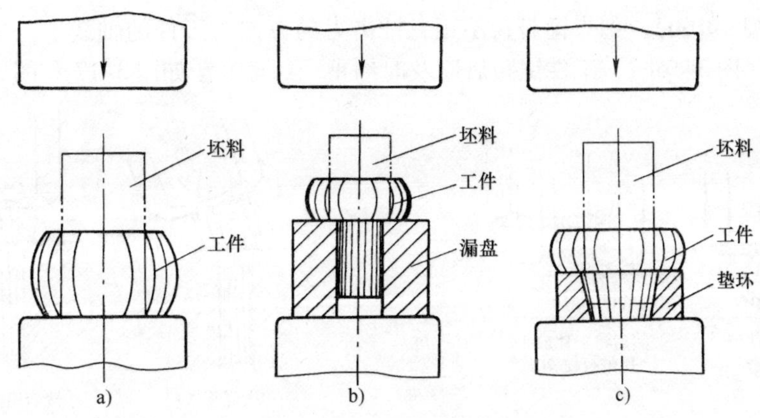

图 3-14 镦粗

a）完全镦粗 b）局部镦粗 c）垫环镦粗

1）镦粗的坯料高度 h 与其直径 d 之比应小于2.5，否则会镦弯（图 3-15）。

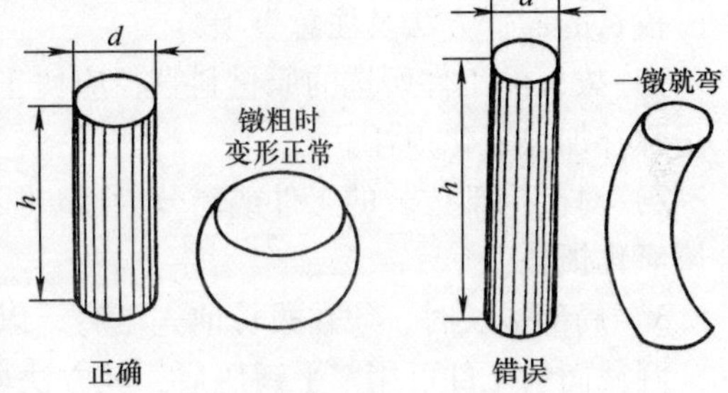

图 3-15 高度与直径之比应小于 2.5

2）镦粗部分必须加热均匀，否则锻件变形不均匀，产生畸形，对某些塑性差的材料还可能镦裂。

3）坯料的端面往往切得不平或与坯料轴线不垂直，因此，开始镦粗时应先用手锤轻击坯料端面，使端面平整并与坯料的轴线垂直，以免镦粗时镦歪。

4）镦粗时，锻打力要重且正（图3-16a），否则工件会锻成细腰形。若不及时纠正，还

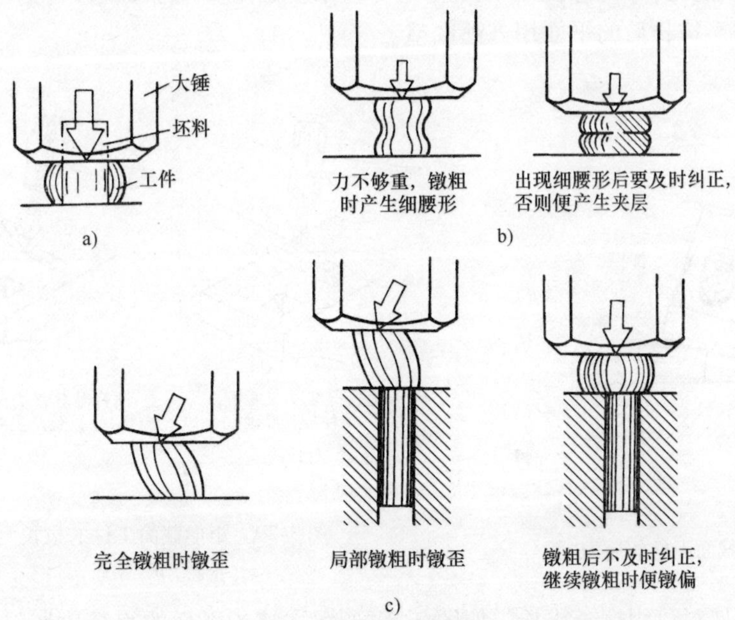

图 3-16 镦粗时用力要重且正

a）力要重且正 b）力正，但不够重 c）力重，但不正

会锻出夹层（图3-16b）。如果锤打得不正，锤击力的方向与工件的轴线不一致，则工件就会镦歪或镦偏（图3-16c）。工件镦歪后应及时纠正，纠正方法如图3-17和图3-18所示。

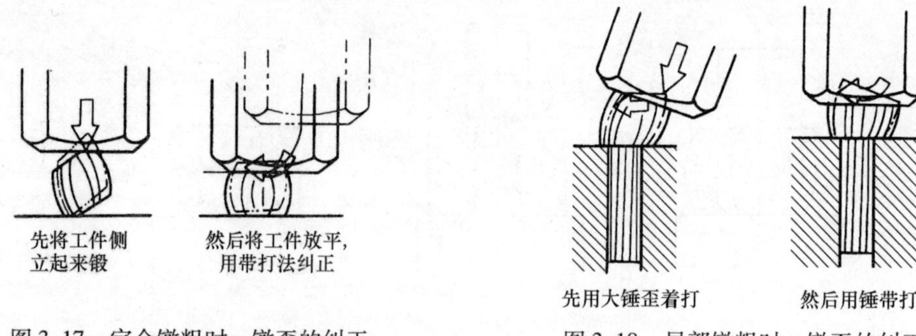

图3-17　完全镦粗时，镦歪的纠正　　图3-18　局部镦粗时，镦歪的纠正

（2）拔长　拔长是使坯料横截面面积减小、长度增加的锻造工序。

拔长的操作方法及注意事项：

1）拔长的工件所选的原材料直径应比工件的最大截面尺寸稍大，以保证有足够的金属余量弥补加热氧化损耗。

2）对于局部拔长的工件或需分段逐步拔长的较长工件，应只加热拔长的部位，以减少金属氧化损耗。

3）局部拔长时，须在拔长前先压肩，以便做出平行和垂直于拔长方向的过渡部分。例如，圆截面的工件可用窄平锤压肩，其方法如图3-19所示。

4）拔长的方法。矩形截面的工件是放在砧面上直接用大锤拔长。操作时，要防止产生菱形（图3-20），并不断翻转工件，即锻打一面后，翻转90°锻打另一面，如此反复直至锻打到所需尺寸。锻打时，注意控制工件的宽度与厚度之比要小于2.5，否则翻转90°后，锻打时会产生夹层。拔长后的平面用方锤修整。

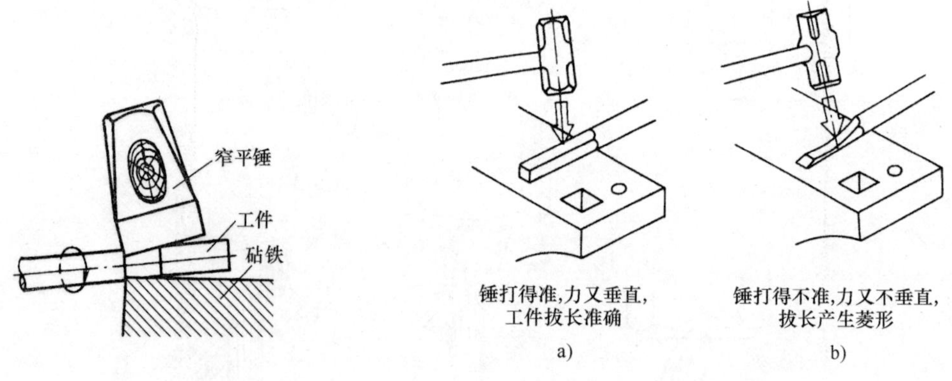

图3-19　圆截面工件的压肩

图3-20　矩形截面工件的拔长
a）正确　b）错误

圆形截面的坯料可用摔子拔长，如图3-21所示。摔子弧面的直径比坯料的直径小，因此开始拔长时，锻打的锤击力不宜太重，否则，摔子就会在工件的表面上压出过深的槽，在修整后留下压痕。在拔长和修整过程中，应不断转动坯料。若不用摔子，则应先将坯料锻成

方形截面后，再进行拔长。当拔长到方形的边长接近工件所要求的直径时，再将方形锻成八角形，最后倒棱滚打成圆形。

(3) 冲孔 冲孔是用冲子在坯料上冲出通孔或不通孔的锻造工序。

冲孔前，一般须先将坯料镦粗，使高度减小，横截面面积增加，尽量减少冲孔的深度及避免冲孔时坯料胀裂。冲孔的坯料应加热到允许的最高温度，并且要均匀热透，以便在冲子冲入后，坯料仍保持足够的温度和良好的塑性，以防止工件冲裂或损坏冲子。冲完后，冲子应易于拔出。

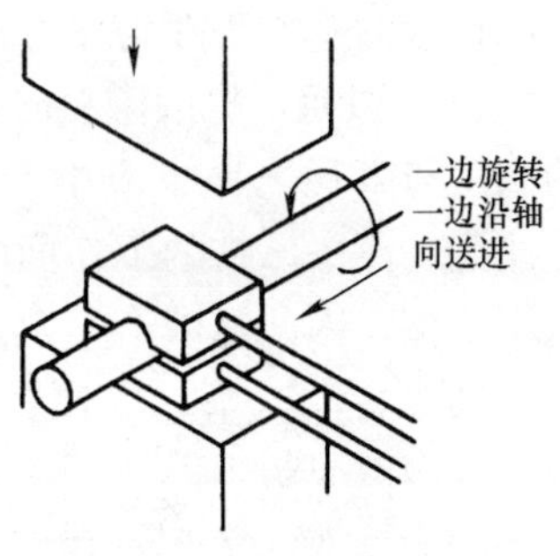

图 3-21 圆形截面坯料的拔长和修整

冲通孔应分步进行，首先放正冲子，试冲；然后冲浅坑，撒煤粉；当冲至工件厚度的 2/3 时，翻转工件，从反面冲透。试冲是为了保证孔的位置正确；冲浅坑时撒煤粉是为了冲子易于从冲出的深孔中拔出；当冲到工件厚度的 2/3 时，翻转工件，从反面冲透，这样可以避免在孔的周围冲出毛刺。

冲孔过程中，冲子要经常蘸水冷却，以免受热退火变软。

(4) 弯曲 采用一定方法将坯料弯成所规定的外形的锻造工序称为弯曲。弯曲时，只需加热坯料的待弯部分。若加热部分过长，可先把不需弯曲的部分蘸水冷却，然后再进行弯曲。

弯曲一般在砧铁的边缘或砧角上进行。弯曲的方法很多，如用手锤打弯、用叉架弯曲等。

(5) 切割 将坯料切断或劈开的锻造工序称为切割。

切断时，工件放在砧面上，用錾子錾入一定的深度，然后将工件的錾口移到砧铁边缘錾断。若工件受切口形状限制，不宜移到砧铁边缘时，则应在砧面上放一铁片承托工件，以免切断时錾伤砧面。

(6) 扭转 使坯料一部分对另一部分绕着轴线旋转一定角度的锻造工序称为扭转。

扭转应注意：

1) 受扭部分表面必须光滑，断面全长须均匀，交界处须有圆角过渡，以免扭裂。

2) 受扭部分应加热到金属允许的较高的始锻温度，并且要加热均匀。

3) 扭转后，应缓慢冷却或热处理。

(7) 错移 错移是将坯料的一部分相对另一部分错开，但两部分轴线仍保持平行的锻造工序。错移前，应先在错移部位压肩，然后再锻打错开，最后再修整，如图 3-22 所示。

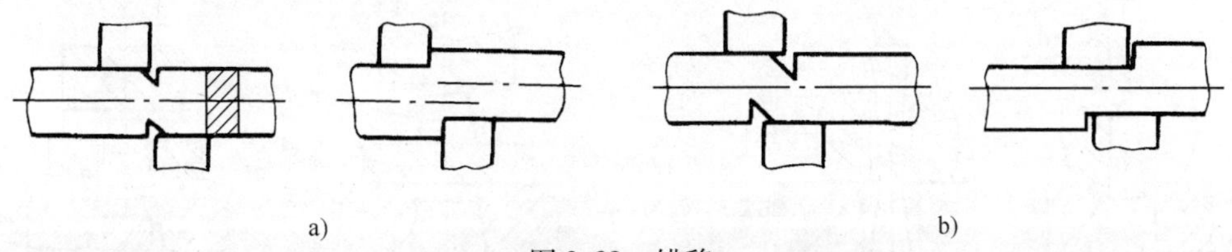

图 3-22 错移

a) 一个平面内错移 b) 两个平面内错移

2. 机器自由锻

机器自由锻是利用机器产生的冲击力或压力使金属变形。与手工自由锻相比，机器自由锻劳动强度低、效率高，能锻造各种大小规格的锻件，广泛用于实际生产中。

机锻的基本工序与手工锻相似，只是使金属变形所需的动力主要由机器提供。

（1）镦粗　机锻镦粗时，坯料镦粗部分的高度与直径之比也应小于2.5。操作时还应注意，锤头砧铁的工作面因经常磨损而变得不平整，因此每锻击一次，应立即将工件绕其轴线转动一下，以便获得均匀的变形，而不致镦偏或镦歪。

（2）拔长　方形截面工件的拔长：

1）压肩。局部拔长时，要先压肩，其方法如图3-23所示。

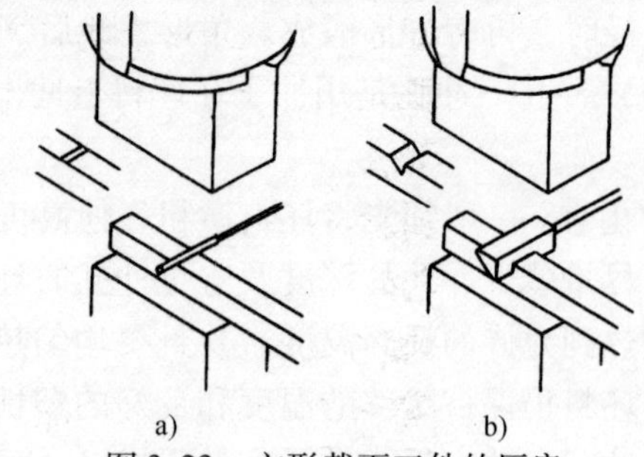

图3-23　方形截面工件的压肩

a）用小直径圆压棍压出痕　b）用适当形状的压铁压出肩

2）锻打。锻打时，工件每次向砧铁上的送进量应为砧铁宽度的0.3~0.7。超过砧铁宽度的0.8时，工件不易锻造变形，且金属易向宽的方向伸展，降低拔长的效率。

锻打时，还应注意每次打击的压下量应等于或小于送进量，避免产生夹层。

拔长时，工件应放平并不断翻转，使工件在拔长过程中经常保持近于方形。一般坯料的翻转方法如图3-24a所示。大型坯料的拔长是先锻平工件的一面，再翻转90°锻平另一面，反复拔长，如图3-24b所示。但在锻打工件的每一面时，应注意工件的宽度与厚度之比应小于2.5，以防产生夹层。

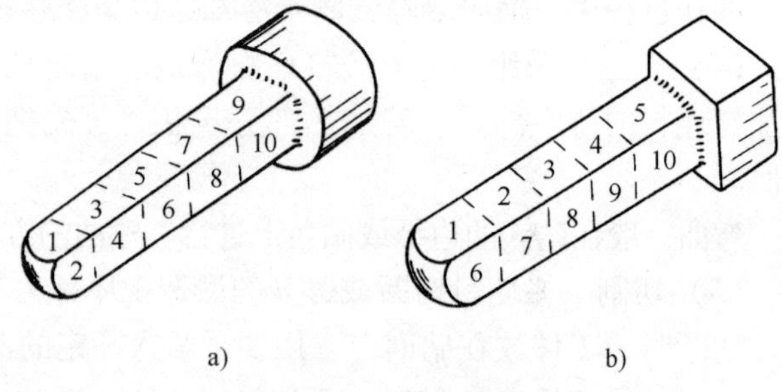

图3-24　拔长操作

a）一般坯料　b）大型坯料

3）修整。修整方形或矩形截面的工件时，应沿下砧铁的长度方向进给，以增加工件与砧铁间的接触面积。

圆截面坯料局部拔长时，先用压肩摔子压肩。拔长时，也须先锻方至边长等于要求的圆直径，再将工件打成八方，然后用摔子摔成圆形。这种方法拔长的效率高，而且可以避免工件端部呈喇叭形或内部产生裂纹和夹层。圆截面的坯料在拔长后直接用摔子修整。

（3）冲孔　冲孔分双面冲孔和单面冲孔。单面冲孔适用于坯料较薄的工件，双面冲孔适用于坯料较厚的工件，如图3-25所示。当需冲的孔径较大时（一般大于ϕ400mm），用空心冲头冲孔。

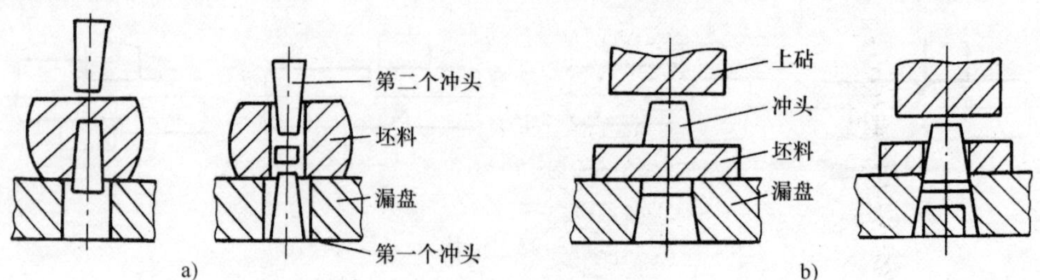

图3-25　实心冲头冲孔

a）双面冲孔　b）单面冲孔

（4）切割　切割方截面坯料时，先用剁刀切入工件至快断时，将工件翻转180°，再用小剁刀将工件断开。切割圆截面坯料时，应在砧铁上放上剁垫，然后将工件放在剁垫上，用剁刀沿工件的圆周逐渐切入剁断。

（5）弯曲 在空气锤上进行弯曲时，用锤的上砧铁将工件压在锤的下砧铁上，将欲弯的部分露出，然后由人工用手锤将工件打弯（图3-26a），也可在弯曲垫模中弯曲（图3-26b）。

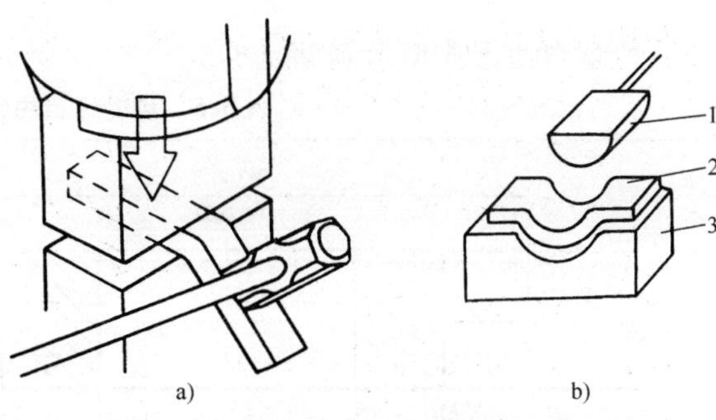

图3-26 弯曲

a）用手锤打弯 b）在弯曲垫模中弯曲

1—模芯 2—锻坯 3—垫模

（三）典型锻件自由锻工艺示例

1）手工自由锻典型示例见表3-4。

表3-4 钉锤锻造工艺过程

锻件名称	钉 锤	工艺类别	手 工 锻
材 料	中碳钢	始锻温度	1100℃
加热火次	2次或3次	终锻温度	850℃
锻 件 图		坯 料 图	
A—A			

序 号	工序名称	工序简图	工具名称
1	冲孔		尖嘴钳、方冲子、漏盘、方平锤（修整用）
2	打八方		方口钳、窄平锤、钢直尺、尖嘴钳、方平锤（修整用）
3	切割		方口钳、錾子、钢直尺
4	错移		方口钳、窄平锤
5	拔长		方口钳、尖嘴钳、方平锤（修整用）
6	切割（劈料）	铁皮	方口钳、錾子

2）机器自由锻典型示例见表3-5。

表3-5　齿轮坯自由锻工艺过程

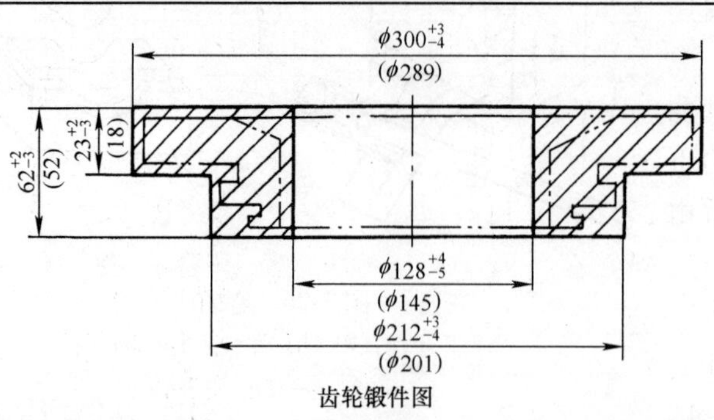

齿轮锻件图

锻件材料：45钢
生产数量：20件
坯料规格：$\phi120\times220$
设　　备：750kg空气锤

序号	工序名称	简图	操作方法	使用工具
1	镦粗	$\phi160$, 124	为除去氧化皮，用平砧镦粗至 $\phi160$mm × 124mm	火钳
2	垫环局部镦粗	$\phi288$, 40, $\phi160$	由于锻件带有单面凸肩，坯料直径比凸肩直径小，采用垫环局部镦粗	火钳 镦粗垫环
3	冲孔	$\phi80$	双面冲孔	火钳 $\phi80$mm 冲子
4	冲头扩孔	$\phi128$	扩孔分两次进行，每次径向扩孔量分别为25mm、23mm	火钳 $\phi105$mm 和 $\phi128$mm 冲子
5	修整	$\phi212$, 62, $\phi128$, $\phi300$, 23	边旋转边轻打至外圆 $\phi300^{+3}_{-4}$mm 后，轻打平面至 62^{+2}_{-3}mm	火钳 冲子 镦粗漏盘

三、模锻与胎模锻

模锻是将加热后的金属放在固定于锻造设备上的锻模内锻造成形的方法。根据所用设备不同，模锻可分为锤上模锻和压力机上模锻。

（一）模锻设备与锻模

1. 模锻设备

模锻设备主要有蒸汽-空气模锻锤、无砧座锤、摩擦压力机、热模锻曲柄压力机、平锻机等。这里主要介绍蒸汽-空气模锻锤和摩擦压力机两种设备的工作原理及操作方法。

（1）蒸汽-空气模锻锤　蒸汽-空气模锻锤是广泛使用的一种模锻设备。它和蒸汽-空气自由锻锤的构造基本相似，主要区别：模锻锤的锤身是直接安装在砧座上的，为避免刚性连接而用带弹簧的螺栓来固定，当调整锻模时，锤身可以沿砧座移动；模锻锤装有很长的坚固而可调节的导轨；模锻锤的砧座较重。这些都保证了模锻锤在进行锤击时上、下模的对准，从而保证锻件形状和尺寸的精确性。蒸汽－空气模锻锤的构造如图3-27所示。

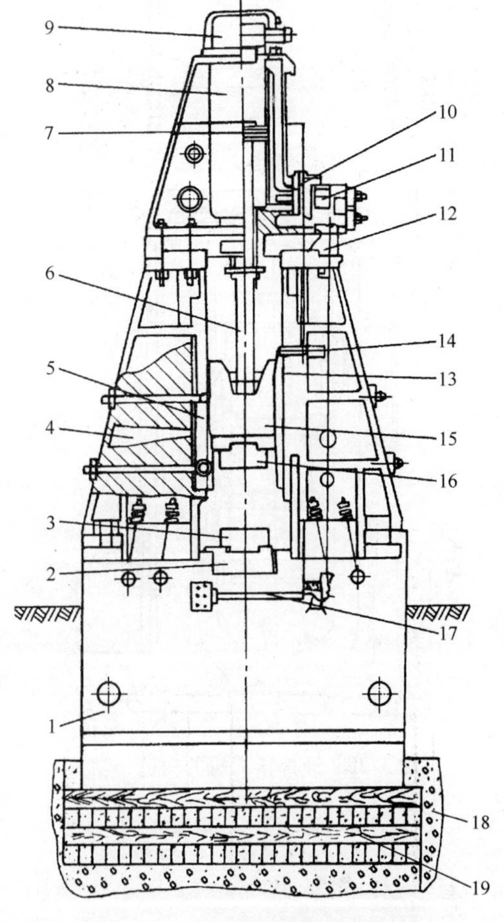

图3-27　蒸汽-空气模锻锤的构造

1—砧座　2—模座　3—下锻模　4—锤身　5—导轨　6—锤杆　7—活塞　8—气缸　9—保险气缸　10—配汽阀　11—节汽阀　12—气缸底板　13—马刀形杠杆　14—杠杆　15—锤头　16—上锻模　17—脚踏板　18—基础　19—防振垫木

蒸汽-空气模锻锤有三个工作循环。

1）锤头上、下往复运动。锤头在导轨上部做上、下往复运动。当其上升时，到达最高位置；下降时，上锻模并不接触下锻模。

2）单次锤击。当锤头上升到近于行程上顶点时，踩下脚踏板，锤头便向下打击，根据脚踏板压下高度的不同，就能得到不同力量的锤击。

3）调节的连续锻击。连续锻击不能自动进行，必须不断调节操纵机构，即松开脚踏板在锤头上升到近于行程上顶点时，马上再踩下脚踏板，这样连续地踩下和松开脚踏板，使在两次锻击之间不插入上、下摇动循环，便得到调节的连续锻击。

（2）摩擦压力机　摩擦压力机的能量是以行程终了所产生的压力（N）来表示的。其构造如图3-28所示。电动机4通过V带带动主轴8转动，主轴的转动通过两个摩擦盘7、9可以使飞轮11和螺杆14正、反向旋转。当螺杆在固定于横梁2上的螺母13中旋转时，就带动滑块15一起上、下打击。

在中小批量生产的锻工车间里，采用摩擦压力机模锻具有一定的优越性。首先，它的构造简单、价格较低、振动小、基础简单、没有砧座，因而大大减少了设备和厂房建筑上的投资，劳动条件较好。其次，它的生产率比自由锻和胎模锻高得多，锻件的质量也比较好。由于具有顶出装置，因此拔模斜度可以减小；设备的维护保养较为简单，操作也较安全，目前应用较广。

2. 锻模

锻模按其结构可分为单模膛锻模和多模膛锻模两类。

（1）单模膛锻模　锻模上仅有一个成形模膛，如图3-29所示。

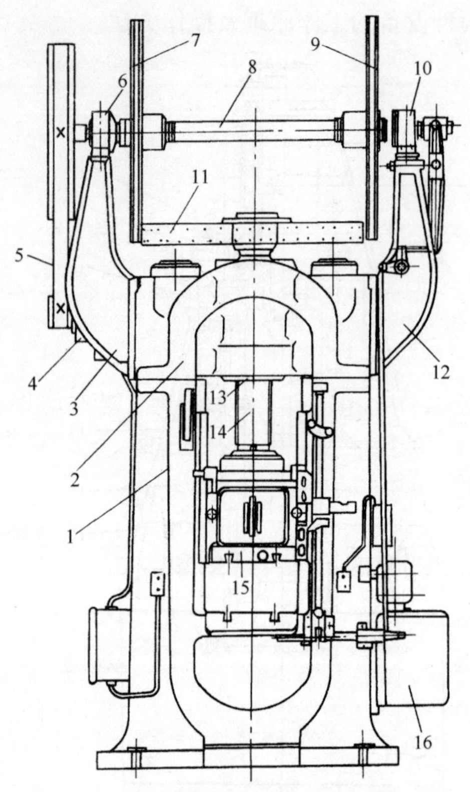

图 3-28 摩擦压力机的构造

1—床身 2—横梁 3、12—支架 4—电动机 5—V 带 6、10—轴承 7、9—摩擦盘 8—主轴 11—飞轮 13—螺母 14—螺杆 15—滑块 16—液压装置

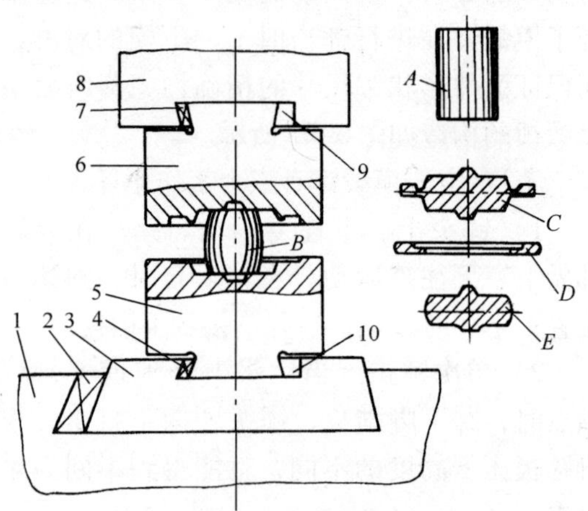

图 3-29 锤锻模的固定及单模膛锻模

1—砧座 2—模座用楔 3—模座 4—下模用楔 5—下模 6—上模 7—上模用楔 8—锤头 9—上模用键 10—下模用键 A—坯料 B—模锻中坯料 C—带飞边的锻件 D—切下的飞边 E—完成的锻件

（2）多模膛锻模 锻模上有拔长模膛、滚挤模膛、弯曲模膛、预锻模膛和终锻模膛等几个模膛。终锻模膛位于锻模中心，其他模膛分布在其两侧。

此外，在实际生产中，通常还配备辅助模，如切边模（切去锻件的飞边）、冲孔模（冲掉孔的连皮）等。

（二）锤上模锻与摩擦压力机上模锻

前面已简述过锤上模锻和摩擦压力机上模锻的工作原理和操作要点。一般来说，锤上模锻具有工艺适应性广等优点，但由于锤上模锻依靠冲击力成形，锻件精度不高、劳动条件差、振动和噪声大、效率低，因此，锤上模锻受到一定的限制。摩擦压力机上模锻具有振动较小、劳动条件好、易维护、操作简单安全等优点。通常情况下，模锻设备都配有吨位较小的压力机，以完成锻件的冲孔、切边和校正等工艺过程。

由于锻模是固定在有导向装置的锻造设备上，且能保证上、下模对准；制坯和终锻可以在一副锻模上完成。因此，模锻有以下优点：①能锻出形状较复杂的锻件；②锻件尺寸精度高，表面粗糙度值小；③生产率高，适合于大批量生产；④节省材料，降低成本；⑤劳动条件得到改善。

（三）胎模锻

胎模锻是在自由锻设备上使用胎模生产锻件的一种锻造方法。对于形状较复杂的锻件，一般采用自由锻方法制坯，然后在胎模中终锻成形。胎模不固定在设备上，根据工艺过程的需要可随时取下或放上，生产较灵活，适用于中、小企业。

常用的胎模有摔子、弯模、扣模、套模和合模等，其种类、结构和应用范围见表3-6。

胎模锻与自由锻相比有如下主要特点：①工人操作相对简单；②锻件精度高，力学性能好；③生产率高；④砧块易磨损；⑤胎模要经常搬上搬下，劳动强度较高。

四、锻件的冷却

正确的加热和合理的锻造，可以获得较高质量的锻件，但不适当的锻后冷却，会使锻件产生翘曲，表面硬度提高，甚至产生裂纹，使锻件报废，因此锻件锻后的正确冷却是锻造工艺中一道很重要的工序。

锻件的冷却有三种方式：空冷、坑冷和炉冷。

（1）空冷　将锻后的锻件散放于空气中冷却。此方法最简便，冷却速度快，适用于低碳钢的小型锻件。散放时，要注意周围环境与来往人员的安全。

（2）坑冷　将锻后的锻件放于有干砂的坑内或堆在一起冷却。其冷却速度大大低于空冷，适用于中碳钢的中小型锻件。

（3）炉冷　将锻后的锻件立即放入加热炉内，随炉一起冷却。其冷却速度最缓慢。通过调节炉温，可控制冷却速度。炉冷通常适用于高碳钢锻件。

此外，为了使金属获得所需的组织和性能，一般在机械加工前，需对锻件进行热处理，如退火、正火等。

表3-6　常用胎模的种类、结构和应用范围

序号	名称	简　图	应用范围	序号	名称	简　图	应用范围
1	摔子		轴类锻件的成形或精整，或者为合模锻造制坯	4	套模		回转体类锻件的成形
2	弯模		弯曲类锻件的成形，或者为合模锻造制坯				
3	扣模		非回转体锻件的局部或整体成形，或者为合模锻造制坯	5	合模		形状较复杂的非回转体类锻件的终锻成形

第三节 板料成形加工

板料加工在金属塑性加工生产中占有十分重要的地位。金属板料加工件（钣金件）最初都是用手工制造的，后来随着生产的发展而逐步采用机械成形方法。目前，对于大批量生产的板料加工件一般都采用冲压工艺制造，其制品称为冲压件。但对于一些形状比较复杂或单件小批量生产的钣金件，由于不便使用模具或使用模具会大大增加其生产成本，因而通常还是采用手工成形的方法来制作，或者在机械成形后需要手工补充加工、修整等，因此钣金手工成形工艺仍得到较多的应用。

一、板料加工常用设备

1. 压力机

压力机是板料冲压的基本设备，按其结构可分为单柱式压力机和双柱式压力机两种。

开式双柱可倾斜式压力机如图3-30所示。电动机1通过带轮2和3带动传动轴和小齿轮4转动，再通过小齿轮4带动大齿轮5转动。当踩下脚踏板17时，离合器6闭合，大齿轮5带动曲轴7再通过连杆9带动滑块10做上、下往复运动（上、下往复一次称一个行程）。冲模的上模装在滑块上，随滑块上下运动，上、下模闭合一次，即完成一次冲压工序；松开脚踏板时，离合器解开，大齿轮5即在曲轴上空转，借助制动器8的作用，曲轴就

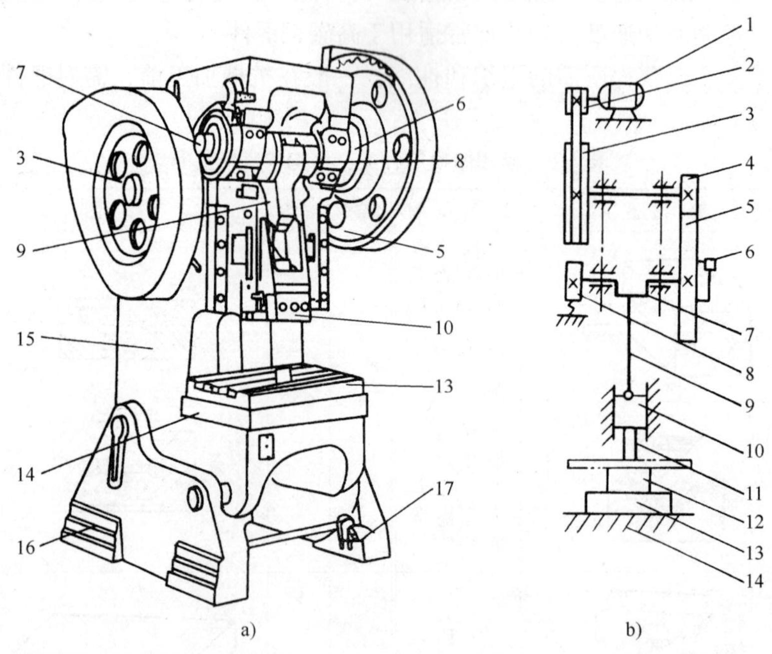

图3-30 开式双柱可倾斜式压力机

a）外形 b）传动原理

1—电动机 2—小带轮 3—大带轮 4—小齿轮 5—大齿轮 6—离合器 7—曲轴 8—制动器 9—连杆 10—滑块 11—上模 12—下模 13—垫板 14—工作台 15—床身 16—底座 17—脚踏板

停在上极限位置，以便下一次冲压。压力机可单行程工作，也可实现连续工作。

压力机的主要技术参数：

（1）公称压力（吨位）　压力机工作时，滑块上所允许的最大作用力，其单位常用 kN 表示。

（2）滑块行程　曲轴旋转时，滑块从最上位置到最下位置所走过的距离（mm）。

（3）封闭高度　滑块在行程到达最下位置时，其下表面到工作台面的距离（mm）。压力机的封闭高度应与冲模的高度相适应。压力机连杆的长度一般都是可调的。调节连杆的长度即可对压力机的封闭高度进行调整。

此外还有行程次数、工作台面和滑块底面尺寸、压力机的精度和刚度等。

操作压力机时应注意：冲压工艺所需的冲裁力或变形力要低于或等于压力机的公称压力；开机前，应锁紧一切调节和紧固螺栓，以免模具等松动而造成设备、模具损坏和人身安全事故；开机后，严禁将手或工具伸入上、下模之间；装拆或调整模具应停机进行。

2. 剪板机

剪板机是用于剪切下料的设备，也用于将板料剪成一定宽度的条料，以供压力机使用。

剪板机的外形及传动原理如图 3-31 所示。电动机 1 带动带轮使轴 2 转动，通过齿轮传动及牙嵌离合器 3 带动曲轴 4 转动，使装有上刀片的滑块 5 上下运动，完成剪切动作。6 是工作台，其上装有下刀片。制动器 7 与离合器配合，可使滑块停在最高位置。

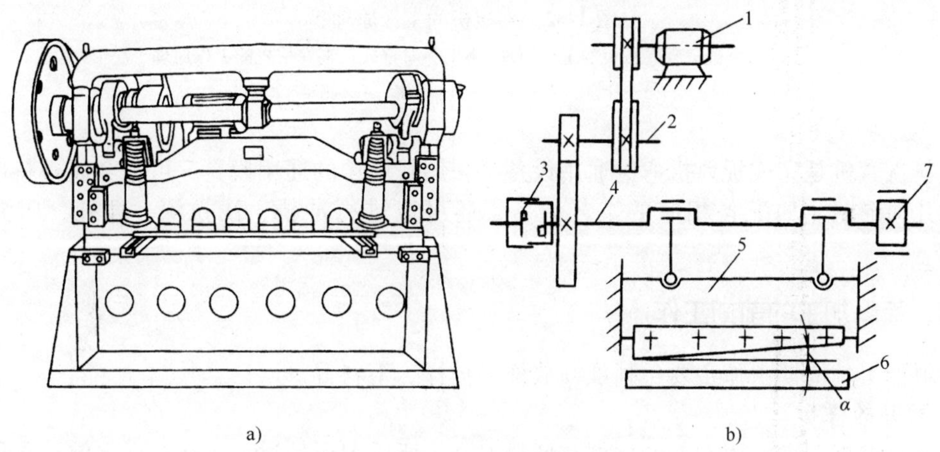

图 3-31　剪板机

a）外形　b）传动原理

1—电动机　2—轴　3—牙嵌离合器　4—曲轴

5—滑块　6—工作台　7—制动器

剪板机的主要技术参数是通过所剪板料的厚度和长度来体现的，如 Q11-2×1000 型剪板机，表示能剪厚度为 2mm、长度为 1000mm 的板料。剪切宽度大的板料用斜刃剪板机；当剪切窄而厚的板料时，应选用平刃剪板机。

使用剪板机前，应根据板料厚度和材质调整好上、下刃口的间隙。通常板料厚度越大，材质越硬，则应取的间隙就越大。剪切的板料厚度应小于或等于剪板机允许剪裁的最大厚度。先初步调整好宽度尺寸，然后开机。先用同种废料试剪，检查切边质量，如毛刺太大，再精调间隙，接着检查板条宽度，准确调整好锁紧定尺，方可开机正式剪切生产。剪板机一般由一人操作，若由两人以上操作，应由专人操作脚踏杆，以免误剪和发生安全事故。

3. 卷板机

卷板机是利用旋转的轴辊的作用，使板料产生弯曲的设备。它可以将板料卷制成圆管、圆柱面或圆锥等单曲率制件，还可以弯制曲率半径较大的双曲面或多曲面制件。

目前使用较多的是三辊卷板机，其结构有对称式和不对称式两种。卷板机的工作原理如图3-32所示。对称式三辊卷板机结构简单紧凑，易于维修，成形较准确，因而应用广泛；但它在卷板时两端均有剩余直边，需要预先弯曲。不对称式三辊卷板机结构较简单，剩余直边小，但轴辊受力大，相对弯卷能力较小，操作不方便，一般用于较薄板料的弯曲。

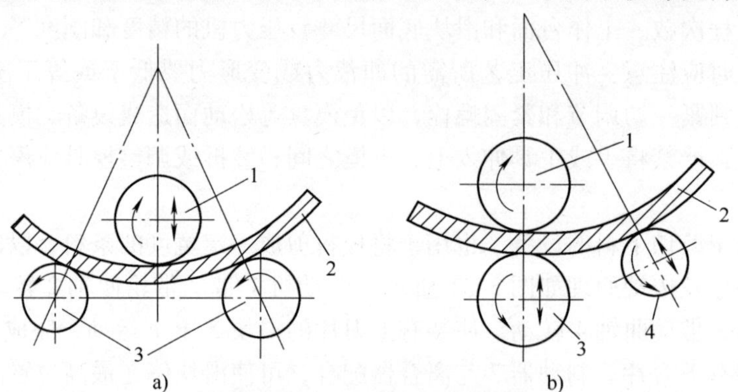

图3-32 卷板机的工作原理

a）对称式三辊卷板机的工作原理 b）不对称式三辊卷板机的工作原理

1—上辊 2—板料 3—下辊 4—侧辊

4. 板料折弯机

板料折弯机是完成板料折弯的通用设备。采用较简单的通用模具，可把金属板料弯制成一定的几何形状。如配备相应的工艺装备，还可以进行冲槽、浅拉深、冲孔、压波纹等操作。

二、板料加工的前期工作

板料加工的前期工作主要包括展开放样、排样、下料等。

1. 展开放样

放样是根据图样，用1∶1的比例在坯料上画出所需图形的过程。在放样之前，必须首先解决如何画出钣金件的展开图问题。将钣金件的表面按其实际形状和大小摊开在一个平面上，称为钣金展开。展开所得到的平面图形，称为该件的展开图，以此作为放样的依据。这样的整个工艺过程一般称为展开放样。

求作展开图的方法通常有两种，一种是作图法，另一种是计算法。作图法广泛用于形状较复杂的工件，而形状简单的工件可以通过计算直接求得其展开尺寸，作出展开图。

（1）展开图的绘制方法 构件的表面分为可展开和不可展开两类。若构件的表面能全部平整地摊平在一个平面上，而不发生撕裂或皱折，这种表面称为可展开表面，反之则称为不可展开表面。平面、圆柱面、圆锥面等表面的素线为直线且相邻两素线平行或相交，它们是可展开表面。当构件表面的素线是曲线或相邻两素线交叉时，则为不可展开表面，如球面、圆环面等。

展开图的绘制方法主要有平行线法、放射线法和三角形法。

1）平行线法展开。平行线法适合于素线相互平行的几何体表面的展开，如矩形管、圆管等。其原理是将几何体的表面看作由无数条相互平行的素线组成，取两条相邻素线及其两端线所围成的四边形作为平面，只要将每个四边形的真实大小依次画在平面上，即得到展开图。

图 3-33 所示为上斜口四棱管表面的展开。展开步骤为：①作出该件的主视图和俯视图；②作基准线，并将四棱管底部各边长依次按实际长度在基准线上截取各点；③过基准线上各点向上作垂线，并依据上口对应点截取相应高度 1-1′、2-2′、3-3′、4-4′；④用直线连接 1′2′、2′3′、3′4′、4′1′，即得展开图。

2）放射线法展开。放射线法适合于素线或素线延长线交汇于一点的各种锥体，如正圆锥、正棱锥、圆台、棱台等。其原理是通过汇合点按锥体的素线方向作一组射线，将锥体划分成若干个三角形（或四边形或带有曲线边的准四边形），然后依次摊平，作出展开图。

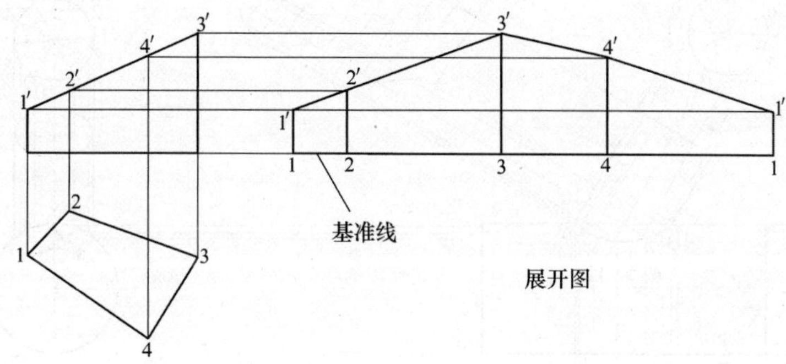

图 3-33 上斜口四棱管表面的展开

3）三角形法展开。三角形法的原理是将工件的表面分成若干组三角形，然后求出每组三角形各边的实长，将这些三角形的实形依次相邻排列地画在平面上，得到展开图。三角形法适用的场合比平行线法和放射线法更广。

图 3-34 所示为凸五角星表面的展开。展开步骤：①作出该件的主视图和俯视图，将其表面分成 10 个三角形；②先求出其中任意一个三角形三个边的实长。$O1$、$O6$ 的实长在主视图上反映出来，分别为 $O'1'$、$O'6'$，由于所分的 10 个三角形是全等三角形，$O6$ 的实长就等于 $O2$ 的实长，12 的实长在俯视图上反映为 12；③作边长为 $O'1'$、12、$O'6'$ 的三角形 $O''1''2''$，并复制；④将这些三角形按公共边相邻排列，即得展开图。

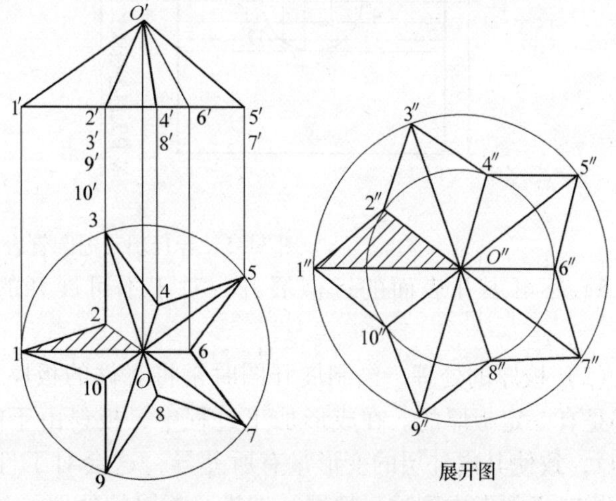

图 3-34 凸五角星表面的展开

4）相贯体的展开。相贯体是由两个或两个以上基本几何体结合而成的组合体，相贯线是其中基本几何体相交表面的公共线，也是它们的分界线。相贯体展开时必须先作出相贯线，以确定基本几何体的分界线，然后再分别作基本几何体的展开图。

相贯线的求法主要有平行平面法、素线法和球面法等。

图3-35所示为异径斜三通圆管表面的展开，要作大、小两节圆管的展开图。展开方法如下：①在主视图求出相贯线，图中采用的是素线法；②用平行线法展开小圆管；③用平行线法展开大圆管，其重点内容是切孔的展开。展开时要注意：两相邻平行线之间的距离是对应的相邻两相贯点之间的大圆弧长，该弧长由左视图上反映出来，其具体尺寸也可计算得出，计算公式为

$$L = \pi D\gamma/360$$

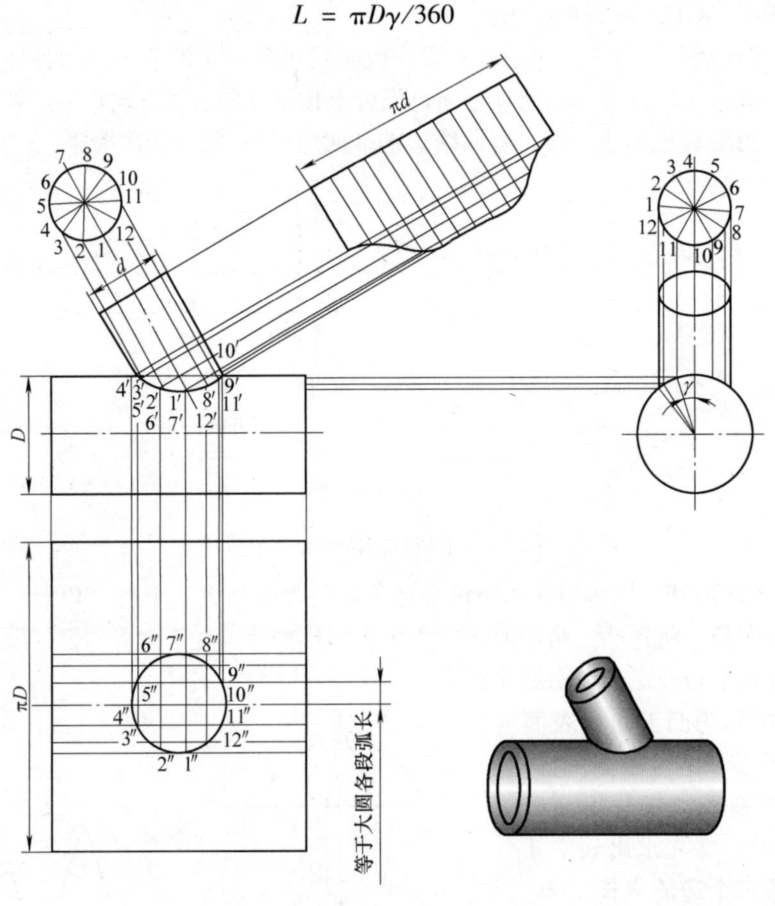

图3-35 异径斜三通圆管表面的展开

5）不可展开表面的近似展开。对于不可展开的表面，可以用相应的方法作近似的展开。

（2）板厚的处理 绘制展开图时是将工件的板厚作为零来处理的，而实际上板料加工件都是有一定板厚的。在成形加工过程中，板料由于内外侧在变形方向上的不同（压缩或拉伸），致使其内外层的变形量有所差异，这会对工件成形的精度造成一定的影响。因此，在放样时必须考虑到这一情况，即进行板厚的处理。对于薄板制件，由于板厚因素带来的误差很小，故可不做板厚处理。但当板厚大于1.2mm时，一般就要进行板厚处理。

板厚处理主要是根据板料加工时内侧变形的两种形式来考虑的：①当板料为弯折变形（突变）时，板料内侧在弯折处的圆角很小，可忽略不计，而其外侧至板厚中心线附近在弯

折处有较大的拉长。在这种情况下，应以成形后工件的内侧长度为准来绘制展开图，如图3-36所示（图中 b_1+b_2 为展开长度，$b_2=b_0$）；②当板料为弯曲变形（缓变）时，板的外侧被拉伸而变长，内侧被压缩而变短，只有板厚的中心线处的金属（该处称为中性层）既不拉伸也不压缩而保持长度不变。在此情况下，应按成形后工件的板厚中心线（即中性层）尺寸为准来绘制展开图，如图3-37所示。例如上圆下方的管件，上圆口的放样长度按中性层展开长度计算，而下方口的放样长度则按内层展开长度计算。

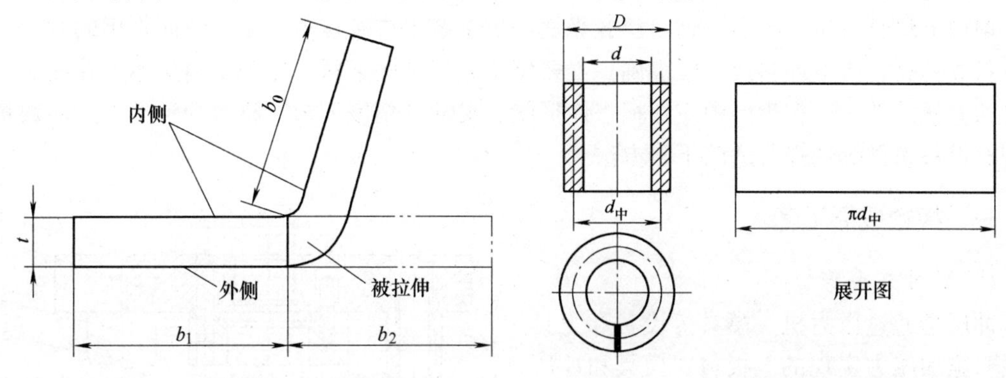

图3-36　平板弯折时的板厚处理　　图3-37　圆筒件弯卷时的板厚处理

（3）放样方法　通常是用划线的方法进行实尺放样。划线的方法有按图样划线和按样板划线两种。

按照图样划线时，应先熟悉图样并拟定划线计划。应选用合适的划线工具，如划外形时应使用划针，以避免使用铅笔时使划线线条过宽而导致下料的误差；划折弯等的界限时可使用铅笔，铅笔的颜色应与坯料的颜色有较强的对比度。

按照样板划线时，应将样板可靠地固定在坯料上，避免划线时样板移动。划线时使划针锥面沿样板外缘滑动，用力要均匀，并避免不正确的划线方法。

2. 排样

钣金件展开图或冲压件坯件的形状和大小在板料或条料上排列布置的方式称为排样（也叫排料）。排样应力求紧凑，以提高材料的利用率。排样合理，可利用有限的材料面积制出最多数量的制件，废料最少，材料利用率最高，生产成本降低。根据材料的利用情况，排样方法可分为三种：

（1）有废料排样　如图3-38a所示，坯件全部外形周边都有搭边或余料。

（2）少废料排样　如图3-38b所示，坯件只在局部周边有搭边或余料。

（3）无废料排样　无任何搭边和余料，如图3-38c所示。

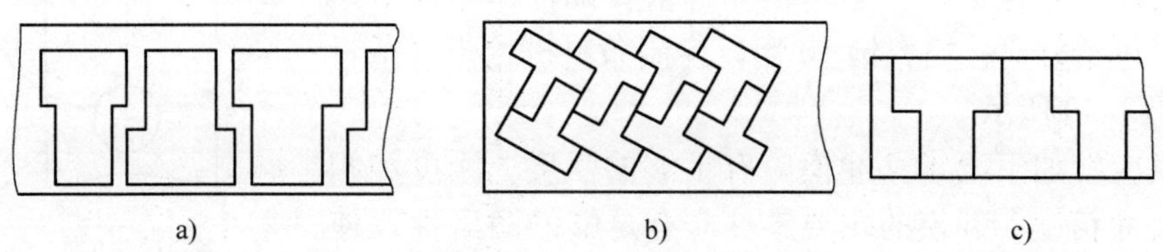

图3-38　几种排样方式

a）有废料排样　b）少废料排样　c）无废料排样

采用少、无废料排样时，虽然可以提高材料利用率，但制件的尺寸精度和质量不易保证，主要用于质量要求不高的情况。

3. 下料

下料是从原材料（板材或型材等）上切割下所需坯料的过程。钣金下料的方法很多，根据所用的设备类型和工作原理，可分为剪切下料、铣切下料、冲切下料、气割下料、锯割下料、激光切割下料等。

剪切下料具有生产率高、切口整齐光洁、加工范围广等优点，是广泛而常用的方法；冲切下料效率高，所下坯料尺寸较准确，主要用于冲压件的下料；锯割下料所用工具简单，操作灵活方便。总之，在生产中应根据工件形状、尺寸和精度要求，材料的种类，产品数量以及现有设备条件等选择合适的下料方法。

三、板料成形工艺

（一）冲压成形

冲压是通过压力机、模具等设备和工具对板料施加压力实现的。板料、模具和冲压设备是冲压生产的三要素。为了获得质优价廉的冲压件，不仅必须提供优质的板料、先进的模具和性能优良的冲压设备，还要掌握板料的成形性能和变形规律。

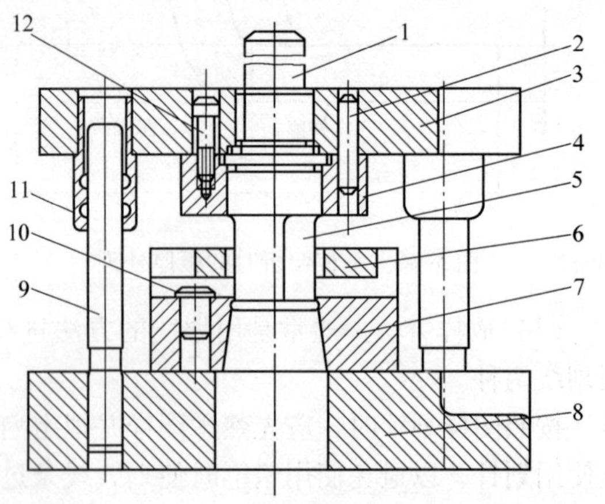

图 3-39 简单冲模的典型结构

1—模柄 2—圆柱销 3—上模板 4—凸模固定板 5—凸模 6—卸料板 7—凹模 8—下模板 9—导柱 10—挡料销 11—导套 12—螺钉

1. 冲压模具

冲压模具（冲模）是冲压生产中的重要工具，其典型结构如图3-39所示。

冲模由上模和下模两部分组成。上模借助于模柄1固定在压力机滑块上，下模由压板压住而固定在压力机工作台上。冲模的核心部件是凸模5和凹模7，它们直接接触被加工板料，在压力机动力作用下，凸模和凹模沿导柱导套的导向方向做相对运动，使被加工板料产生塑性变形或分离，以得到所需零件。凸模和凹模分别固定在上模板3和下模板8上。

导套11和导柱9分别固定在上、下模板上，用来引导凸模和凹模对准，是保证模具运动精度的重要部件；导柱9用以控制板料进给方向；挡料销10用以控制条料进给量。条料的定位如图3-40所示。

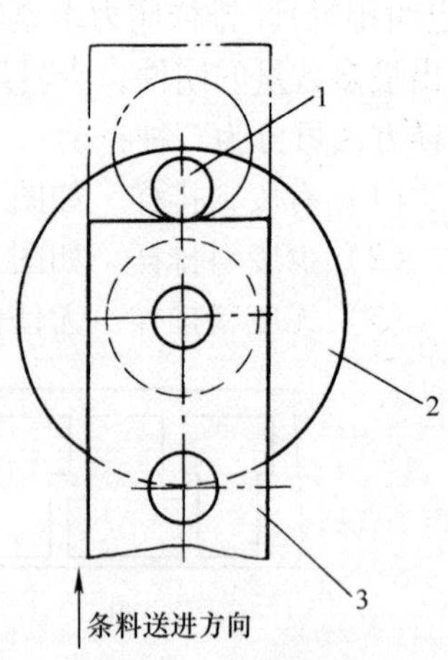

图 3-40 条料的定位

1—挡料销 2—凹模 3—条料

对冲模应有如下要求：冲模应有足够的强度、刚度和相应的形状尺寸精度；冲模的主要零件应有足够的耐磨性及使用寿命；冲模的结构应确保安全，方便维修；冲模零件尽可能采用标准件；冲模的结构应与压力机的参数相适应。

冲模可按工序组合分为简单模、复合模和连续模。

1）简单模。在压力机的一次行程中，只能完成一道冲压工序的模具，如图 3-39 所示。

2）复合模。一次冲压行程中，在模具的同一位置上完成数道工序的模具，如图3-41 所示。其生产率高，冲压零件精密，但制造成本较高。

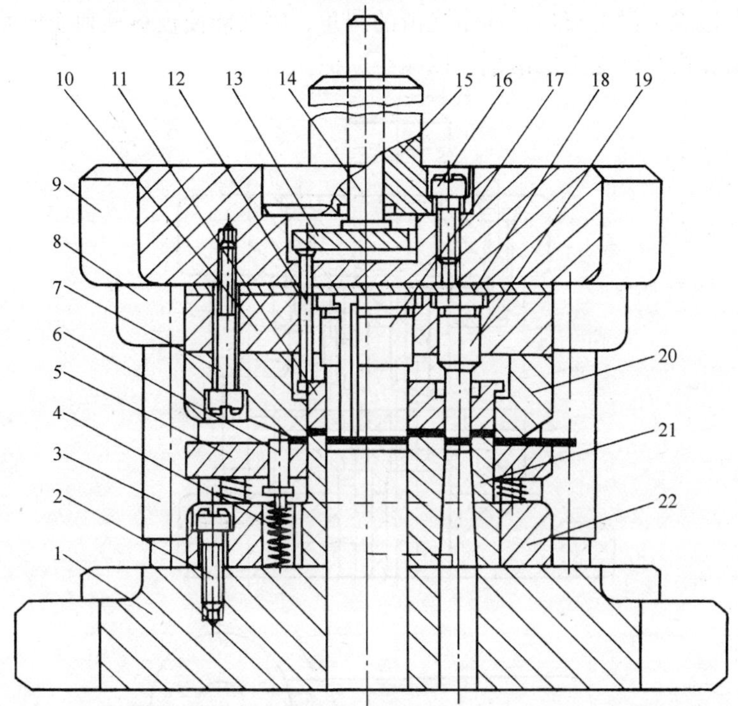

图 3-41　倒装复合模

1—下模座　2—螺钉　3—导柱　4—复位弹簧　5—弹性卸料板　6—活动定位销　7—连接螺钉　8—导套　9—上模座　10—固定板　11—顶件块　12—顶杆　13—打料板　14—打料杆　15—模柄　16—紧固螺钉　17、19—凸模　18—上垫板　20—落料凹模　21—凸凹模　22—凸凹模固定板

3）连续模。一次冲压行程中，在模具不同位置上同时完成数道工序的模具，如图 3-42 所示。对于一些无法在复合模上进行冲压的小件，往往可采用连续模来生产。但冲压件精度较复合模低些。

2. 板料冲压工序

板料冲压的基本工序有分离工序和成形工序两大类。

（1）分离工序　分离工序是指在冲压过程中使冲压零件与板料沿一定的轮廓线相互分开，且冲压零件的分离断面满足一定质量要求的工序，如剪切和冲裁等。

1）剪切是用剪刀或冲模使板料沿不封闭曲线切断下来的工序，常用于加工形状简单的平板工件或板料的下料。

2）冲孔和落料合称为冲裁。用冲模在板料上冲出所需形状的孔（即冲下的部分为废料）称为冲孔，用冲模在板料上冲下所需形状的零件（即冲下的部分为成品）称为落料。

（2）成形工序　成形工序是使板料的一部分相对于另一部分产生位移而不破坏的工序，如弯曲、拉深、翻边等。

1）弯曲是用弯曲模或折弯机将平板料弯成一定角度或圆弧的成形工序，如图3-43所示。

弯曲时，应注意弯曲线尽可能与板料纤维组织方向垂直。

2）拉深是用拉深模将平板料加工成中空形状零件的成形工序，如图3-2所示。拉深模的凸模和凹模在边缘上没有刃口，而是光滑的圆角，因而能使板料顺利变形而不致破裂。拉深时，应在板料和模具间涂上润滑剂，以减小摩擦。

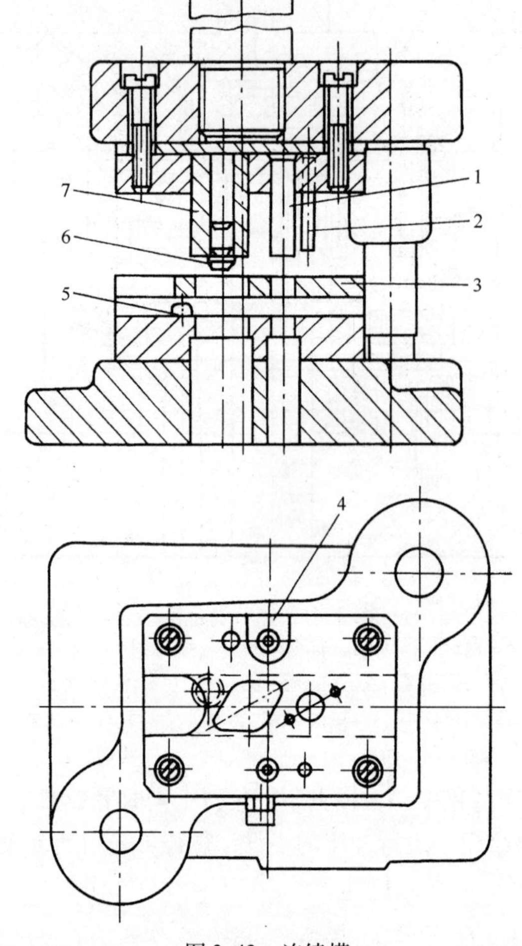

图3-42 连续模

1、2—凸模 3—导尺 4—初始挡料销 5—挡料销 6—导正销 7—凸模

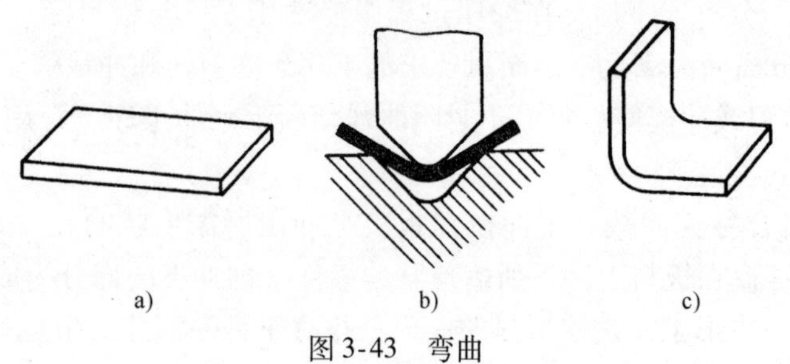

图3-43 弯曲

a）坯料 b）弯曲过程 c）成品

（二）手工成形

（1）弯曲　手工弯曲是通过手工操作来弯曲板料，用于单件少量生产或用机床难以成形的零件。手工弯曲的零件一般是中小型的。

现以下面几例，介绍手工弯曲操作。

例：弯曲角形零件是最简单的一种。首先下好展开料，划出弯曲线，弯曲时（图3-44），将弯曲线对准规铁的角，左手压住板料，右手用木锤先把两端敲弯成一定角度，以便定位，然后再全部弯曲成形。

例：弯制图3-45所示的零件，因为是封闭的，所以用机床可以弯成⊔形，但不能封闭，另一个边或两个边仍需手工成形。弯制过程如图3-46所示。装夹时，要使规铁高出垫板2～3mm，弯曲线对准规铁的角，如图3-46a所示；然后按图3-46b弯曲两边，使之成⊔形；最后使口朝上，如图3-46c所示，弯曲成形。

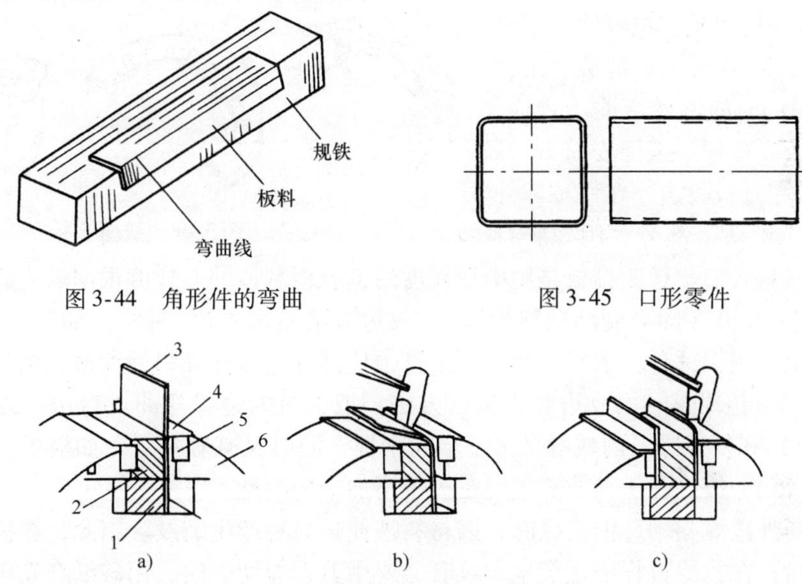

图3-44　角形件的弯曲

图3-45　口形零件

图3-46　口形零件的弯曲

1—垫块　2—规铁　3—板料　4—垫板　5—钳口　6—台虎钳

（2）放边　目前在实际生产中较常见的放边方法有两种：一种是把零件的某一边（或某一部分）打薄；另一种是把零件某一边（或某一部分）拉薄。前一种放边效果显著，但表面不光滑，厚度不均匀。后一种放边虽表面光滑，厚度均匀，但易拉裂。

1）“打薄”捶放。制造凹曲线弯边的零件，生产数量较小时，可用直线角材在砧铁或平台上捶放角材边缘，使边缘材料厚度变薄、面积增大、弯边伸长，愈靠近角材边缘伸长愈大，愈靠近内缘伸长愈小，使得直线角材逐渐被捶放成曲线弯边的零件，如图3-47所示。其操作过程是先将展开坯料按划线剪切好，并弯成角材，然后进行捶放。捶放时，

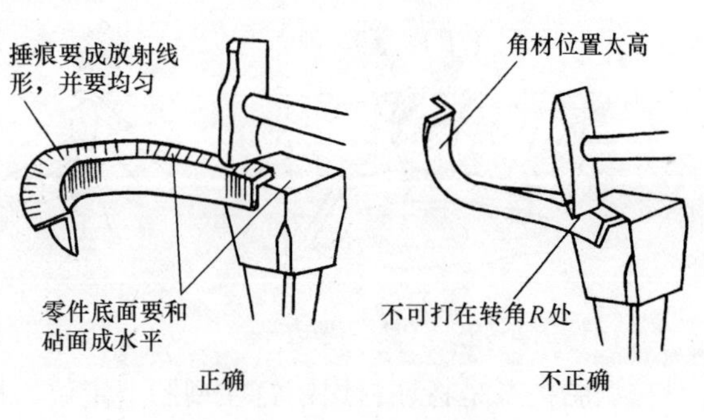

图3-47　“打薄”捶放

角材底面必须与铁砧表面保持水平，不能太高或太低，否则在放边过程中角材要产生翘曲。捶痕要均匀并成放射状，捶击的面积占弯边宽度3/4，不能沿角材的转角 R 处敲打。捶击的位置要在弯曲部分，有直线段的角形零件，在直线段内不能敲打。

在放边过程中，应随时用样板或量具等检查其外形，并进行修整和校正。若发现材料产生加工硬化，要退火消除，否则继续捶放易打裂材料。

2）“拉薄”捶放。“拉薄”捶放是用木锤在厚橡皮或木墩上捶放，利用橡皮或木墩既软又有弹性的特点，使材料伸展拉长。

（3）收边　收边就是先使板料起皱，在防止板料伸展恢复的情况下，再把起皱处压平。这样，板料被收缩，长度减小，厚度增大。用收边的方法，可以把直线角材收成曲线弯边或直角形弯边零件。收边还广泛地用于修整零件靠胎或手工弯边成形等方面。收边有以下几种方法：

1）用折皱钳起皱，在规铁上用木锤敲平，如图3-48所示。折皱钳用直径为 $\phi8\sim\phi10$mm 的钢丝弯曲后焊成，表面要光滑，以免划伤工件表面。

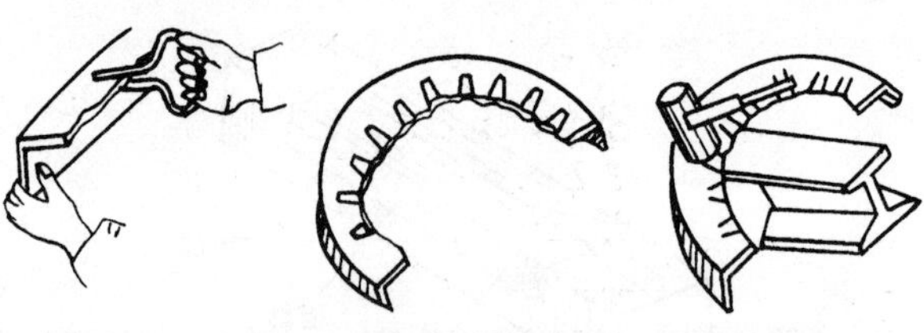

图3-48　皱缩

2）用橡胶打板收边。在修整零件时，对板料“松动”部分，用橡胶打板抽打，使材料收缩。橡胶打板是用中等硬度的橡胶板制造的，长度根据需要确定。

3）“搂”弯边（即敲制凸曲线弯边）。收边方法是用木锤“搂”，如图3-49所示。坯料夹在型胎上，用铝锤顶住毛料，用木锤敲打顶住部分，这样坯料逐渐被收缩靠胎。

（4）拔缘　拔缘是利用放边和收边的方法，把板料的边缘弯曲成弯边。拔缘分内拔缘（也叫孔拔缘）和外拔缘。内拔缘是为了增加刚性，同时又减轻重量，如框板、肋骨等零件的腹板上常采用的拔缘孔。外拔缘主要是为了增加结构刚性。

内拔缘与外拔缘相同，但拔缘时，因材料被伸长，易产生裂纹。因此，在拔缘前，要用砂纸磨光边缘；在拔缘过程中，产生裂纹时，要用剪刀剪切裂纹，用砂纸磨光再拔缘。

拔缘有自由拔缘和按型胎拔缘等几种方法。

自由拔缘是用一般的通用拔缘工具，在板材上拔缘，基本程序如下：①手工剪切坯料，锉光边缘毛刺；②划出零件外缘的宽度线；③在砧铁上用手锤敲打进行拔缘。图3-50所示为外拔缘，先弯，后在弯边上打出波折，再打平波折，使弯边收缩成凸边。

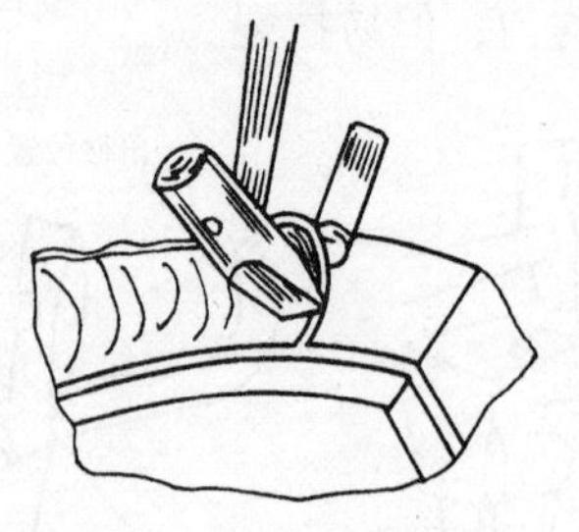

图3-49　“搂”弯边

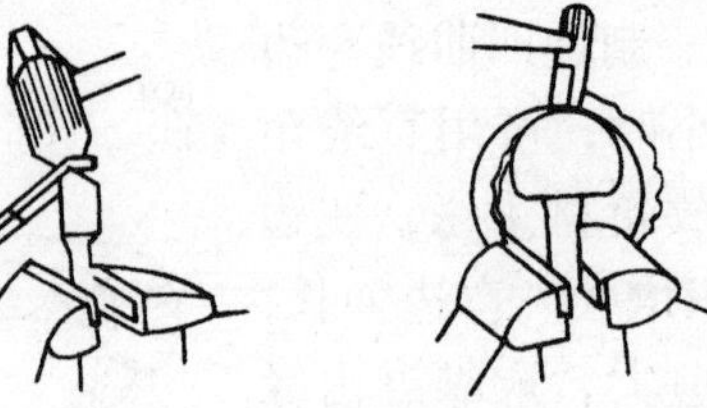

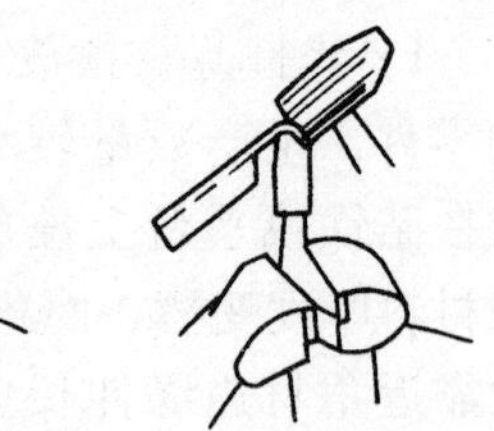

图3-50　外拔缘

按型胎拔缘是将坯料用销钉在型胎上定位，按型胎的拔缘孔进行拔缘。对于直径不超过 $\phi80$mm 的内孔拔缘，可以用木锤一次冲出弯边，如图3-51所示。对较大的圆孔或椭圆孔进行拔缘时，可用塑料板或精制层板等制作一个凸块进行拔缘。

（5）卷边　为增加零件边缘的刚性和强度，将零件的边缘卷曲起来，这种操作称为卷边。需要卷边的零件如各种整流罩、机罩等，日常生活中用的锅、盆、壶、桶、盒等的边缘一般都需要卷边加强。卷边分夹丝卷边和空心卷边两种（图3-52）。

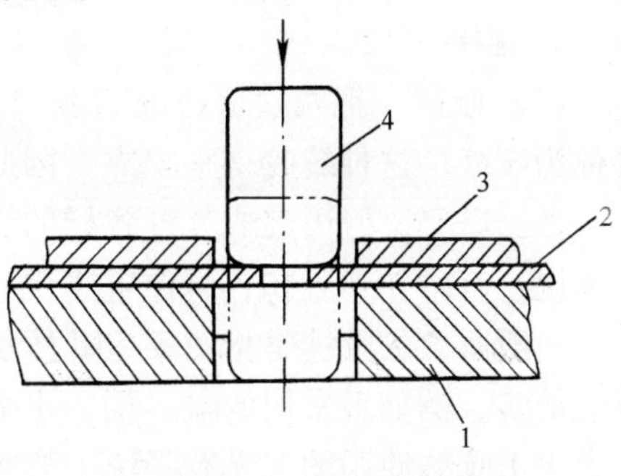

图3-51　按型胎拔缘

1—型胎　2—坯料　3—压板　4—木锤头

夹丝卷边是在卷过来的边缘内嵌入一根铁丝，使边缘更加刚强。

图3-53所示为夹丝卷边过程。首先根据零件的尺寸和所受的力来确定铁丝的粗细，一般铁丝的直径 d 为板料厚度的3倍以上。在坯料上划出两条卷边线（图3-53a），图中

$$L_1 = 2.5d$$

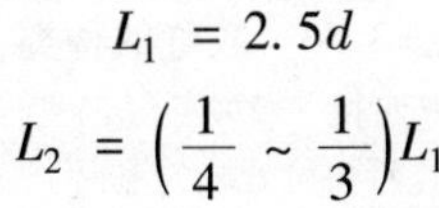

$$L_2 = \left(\frac{1}{4} \sim \frac{1}{3}\right)L_1$$

夹丝卷边

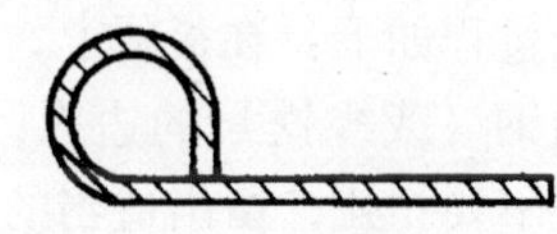

空心卷边

图3-52　卷边

夹丝卷边的操作过程如图3-53b～g所示。

四、钣金制品的装配、连接与校正

大多数的钣金构件是由一系列的零部件组合而成的。按规定的技术要求，将零件或部件进行配合和连接，使之成为半成品或成品的工艺过程称为装配。

1. 装配

装配前，应准备好必需的工具、量具和夹具等，熟悉零部件图、装配图、技术要求及工艺规程。在装配过程中，要正确理解各零部件的相对位置关系、尺寸和连接形式，合理确定装配基准面和装配方法。对于简单的钣金制件，一般可以一次装完；对于复杂或大型的构件，可将总体结构分

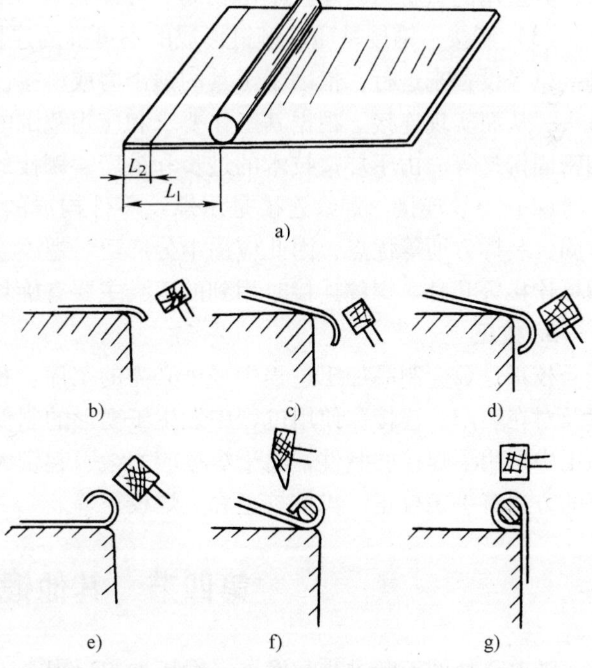

图3-53　夹丝卷边过程

成若干部件，将各部件分别装配、连接、校正后，再进行总装。

2. 连接

（1）咬缝 把两块板料的边缘（或一块板料的两边）折转扣合，并彼此压紧，这种连接称为咬缝。这种缝咬得很牢靠，因此在许多地方用来代替钎焊。

根据需要，缝可咬成各种各样的结构形式，就结构来说，有挂扣、单扣、双扣等；就形式来说，有站扣和卧扣；就位置来说有纵扣和横扣。咬缝的种类如图3-54所示。

一般所说的咬缝是指图3-54d所示的形式。因为这种咬缝既有一定的强度，又平滑，用得也最多。例如日常用的盆、桶、水壶、茶杯等都是这种咬缝。

手工咬缝使用的工具有手锤、弯嘴钳、拍板、角钢、规铁等。

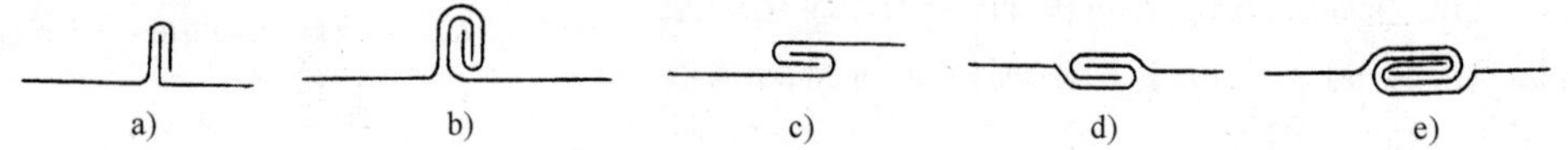

图3-54 咬缝的种类

a）站缝单扣（半咬） b）站缝双扣（整咬） c）卧缝挂扣 d）卧缝单扣（咬扣）
e）卧缝双扣（整咬）

弯制卧缝单扣的过程如下：在板料上，划出扣缝的弯折线；把板料放在角钢（或规铁）上，使弯折线对准角钢（或规铁）的边缘，弯折其伸出部分成90°角；然后朝上翻转板料，再把弯折边向里扣，不要扣死，留出适当的间隙。用同样的方法弯折另一块板料的边缘。然后相互扣上，捶击压合。缝的边部敲凹，以防松脱，最后压紧即成。

（2）焊接 焊接具有连接强度较高、密封性好、操作方便等优点。焊接的方法有很多种，其适用的板材与板厚也不尽相同，可详见本书第四章。

（3）铆接 铆接是通过铆钉形成的不可拆的连接。铆接可采用手工方法或利用铆钉枪、铆接机等设备来进行，借助于工具的锤击力或铆接设备的压力，使铆钉杆充满钉孔并形成铆钉头，从而实现连接。根据其工作要求和应用范围的不同，铆接可分为强固铆接、紧密铆接和密固铆接等。由于焊接技术的进步和推广，铆接的使用已逐渐减少。

（4）螺纹连接 螺纹连接是用螺纹零件构成的可拆卸的连接。它具有结构简单、连接牢固、装拆方便等优点，因此应用十分广泛。螺纹连接的形式有螺钉连接、螺栓连接和双头螺栓连接等几种。螺纹连接时用到的工具主要有旋具、扳手等。

3. 校正

校正是钣金制品加工过程中一个必需的工序。校正一般包括下料之前对原材料的校正，以及对在装配、连接和使用过程中发生了变形的制件或变形的部位进行校正。尤其是对于在加工中采用了焊接的制件，由于焊接应力会引起较大的变形超差，只有通过校正来解决。校正的方法有手工校正、机械校正和火焰校正等。

第四节 其他锻压方法

随着科技的不断进步和发展，锻压加工出现了不少先进的工艺方法，并在生产应用中取得了一定的经济效益，如精密模锻、高速锤锻造、精密冲裁、旋压、数控冲裁和数控折弯等。

这些先进的锻压工艺的主要特点如下：

1）锻件的形状、尺寸几乎与产品零件一致，因而可达到少、无切削的目的。既可节省原材料，减少机械加工的工作量，又能保证零件的锻造纤维组织不被破坏，提高了零件的力学性能。

2）有些新工艺所采用的设备虽较简单，却巧妙地用高速、高效的方法代替了传统的锻压方法。

3）由于广泛采用了电加热和少、无氧化加热方法，提高了锻件质量，改善了劳动条件。

4）采用由传统机床和数控技术相结合而形成的数控机床，实现了自动化生产。

一、精密模锻

精密模锻是在模锻设备上锻造出一些形状复杂、精度要求高的零件，如锥齿轮、发动机叶片等。这些零件无需机械加工，而且纤维组织合理，力学性能好。

要锻出精密模锻件，必须采取以下措施：①模锻的设备要刚度大、精度高，锻模的制造要精密；②下料质量要精确，坯料表面要清理干净；③采用少、无氧化加热法，尽量减少氧化皮；④对锻模要进行良好的润滑和冷却。

二、高速锤锻造

高速锤锻造是利用高压气体的突然膨胀来推动锤头实现对毛坯的锻打。由于打击速度快，金属变形速度也很快，使金属能够均匀地充满模膛，从而能锻造出形状复杂、高筋薄壁的零件。

高速锤锻造与采用少、无氧化加热法相配合，可以使锻件精度达 0.02mm，表面粗糙度值 *Ra* 达到 3.2μm，而且锻件的模锻斜度和圆角都较小。

三、精密冲裁

精密冲裁（简称“精冲”）是利用特殊结构的模具，在三动专用精冲压力机上，对板料施加三个作用力（即冲裁力、压边力、反压力）的情况下进行的冲裁，并且在冲裁过程中，板料始终处于被压紧状态。

精冲应用较广泛，它能在一次冲程中获得尺寸精度高、表面粗糙度值小、翘曲小、垂直度和互换性好的高质量冲压零件。有时还能冲出无法进行切削加工的复杂零件，从而推动了产品设计的技术进步。精冲件的尺寸公差等级可达 IT6 ~ IT8，剪切面表面粗糙度值 *Ra* 可达 2.5 ~ 0.63μm，因而无需再进行切削加工。

为了保证精冲件的质量，一般采取下列措施：①冲裁前，要用 V 形压边圈压住板料；②精冲间隙要小，凸、凹模的制造精度高；③凸模或凹模的刃口要倒圆角；④材料预先进行软化处理，或者采用适宜精冲的材料；⑤采用适用于不同材料的精冲润滑剂。

四、旋压

旋压是一种新型特种成形方法，它越来越广泛地应用于制造回转体形状的空心零件。

旋压是在专用的旋压机上进行的。图3-55所示为旋压的工作原理简图。旋压时，先将预先切好的坯料1用顶柱2的压力压在木模型4的端部顶面上，通常用木制的模型固定在旋转卡盘上。推动压杆3，使坯料在压力作用下变形，最后获得与模型形状一样的成品。

一般旋压的成形方法属于半手工生产方式。这种方法的优点是不需要复杂的冲模，变形力较小，但生产率较低。故一般用于中、小批量生产，如飞机上的零件：螺旋桨帽、副油箱整流罩、灯座、法兰盘及仪表盘等。

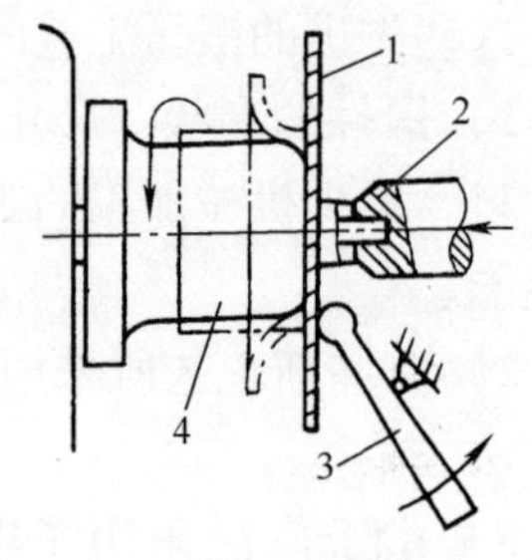

图3-55　旋压的工作原理简图
1—坯料　2—顶柱
3—压杆　4—木模型

第五节　锻压生产的质量控制与经济性分析

一、锻压件的质量检验

质量检验是锻压生产过程中不可缺少的一个重要组成部分，通过检验能及时发现生产中的质量问题。常用的检验方法有外观检验、力学性能试验、金相组织检验、无损检验等。检验时，应按照锻压件技术条件的规定或有关检验技术文件的要求进行。

外观检验包括锻压件表面检验、形状和尺寸检验。

（1）表面检验　主要是查看锻压件的外部是否存在飞边、裂纹、折叠、过烧、碰伤等。

（2）形状和尺寸检验　检验锻压件的形状和尺寸是否符合技术图样上的要求。一般自由锻锻件，大都使用金属直尺和卡钳来检验；成批的锻件，采用卡规、塞尺等专用量规来检验；对于形状复杂的锻件，一般量具无法测量，可用划线来检验。

对于重要的大型锻件，必须进行力学性能试验，如进行拉伸和冲击试验，测定硬度等；还要进行金相组织检验（如低倍检验、高倍检验），以及无损检验等。

二、锻压件的缺陷分析

1. 自由锻锻件的缺陷分析

自由锻锻件的缺陷分析见表3-7。

表3-7　自由锻锻件缺陷及产生原因

缺陷名称	产生原因
过热（锻件组织粗大）和过烧	1. 加热温度过高，保温或在高温区停留时间过长 2. 变形不均匀，局部变形量过小 3. 终锻温度过高
裂纹（横向和纵向裂纹、表面和内部裂纹）	1. 坯料心部没有热透或温度较低 2. 坯料本身有皮下气孔等冶金质量缺陷 3. 坯料加热速度过快，锻后冷却速度过大 4. 锻造变形量过大
折叠	1. 型砧圆角半径过小 2. 送进量小于压下量

（续）

缺陷名称	产生原因
歪斜偏心	1. 加热不均匀，变形不均匀 2. 锻造操作不当
弯曲和变形	1. 锻造后修整、矫直不够 2. 冷却、热处理操作不当
力学性能偏低（锻件强度不够、硬度偏低、塑性差和冲击韧度偏低）	1. 坯料成分不合要求 2. 锻后热处理不当 3. 原材料冶炼时，杂质过多，偏析严重 4. 锻造比过小

2. 模锻锻件的缺陷分析

模锻锻件的缺陷分析见表3-8。

3. 冲压件的缺陷分析

冲压件的缺陷分析见表3-9。

表3-8 模锻锻件缺陷及产生原因

缺陷名称	产生原因
凹陷	酸洗或击落氧化皮后留下的痕迹
碰伤	1. 锻件从模膛中取出，不慎被碰伤 2. 搬运中不慎被碰伤
锻坏	坯料还没在模膛中放稳或在模膛中移动时就受到锻击
形状不完整	1. 坯料加热温度不够 2. 模锻锤功率不够 3. 锻模设计不良或磨损 4. 坯料质量不足
错移	设备有问题，锤头与导轨的间隙过大
夹层	1. 坯料在模膛中位置不对 2. 操作不当

表3-9 冲压件缺陷及产生原因

缺陷名称	产生原因
飞边	1. 冲裁间隙过大或过小 2. 刃口不锋利
翘曲	1. 冲裁间隙过大 2. 材料厚度不均 3. 材料有残余应力
弯曲裂纹	1. 材料塑性差 2. 弯曲线与板料纤维方向平行 3. 弯曲半径过小
起皱	1. 坯料相对厚度小，拉深系数过小 2. 间隙过大，压边力过小 3. 压边圈或凹模表面磨损严重
拉深裂纹和断裂	1. 拉深系数过小 2. 间隙过小 3. 凹模或压料面局部磨损，润滑不够 4. 圆角半径过小
拉深件壁厚不均	1. 润滑不够 2. 间隙过大或过小

三、锻压生产的技术经济管理

1. 锻压件的成本

锻压件的成本一般由材料费、模具费、燃料动力费、人工费和管理费等构成，其中的各项费用在锻压件总成本中所占的比例随锻压方法的不同而异。例如，采用自由锻时，材料费占总成本的85%～90%；而采用模锻时，其材料费和模具费共占总成本的约75%。

2. 降低锻压件成本的途径

（1）提高材料的利用率　材料利用率由锻压件材料利用率和零件材料利用率组成。前者反映了锻压过程中的下料损失、废料（冲孔芯料、连皮、飞边、搭边、余料等）、烧损和废品损失；后者反映了切削过程中锻造余块、加工余量的损失。材料利用率低，不仅浪费了金属材料，而且还耗费了切削加工工时。因此，降低锻压件成本的重要途径就是要使锻压件精密化。

（2）合理选用锻压方法 锻压件成本中，除材料费、人工费外，模具费、管理费等均与锻压件的生产数量有关。以锻造为例，当生产数量较小时，若采用昂贵的专用设备和模具，则必然导致锻件成本的上升；但当生产批量很大时，如果仍采用自由锻方法，将必然会使材料利用率和生产率降低，同样会导致锻件成本的提高。显然，只有当生产批量相当大时，采用模锻才是合理的。表3-10为锻造方法经济性的比较，表3-11为冲压方法经济性的比较。

表3-10 锻造方法经济性的比较

比较项目	自由锻	胎模锻	模　锻
小批生产时的适应性	最　好	中	差
大量生产时的适应性	最　差	较　差	最　好
模具制造成本	—	较　高	高
产品的机械加工余量	大	较　大	较　低
金属材料利用率	低	较　低	高
切削加工费用	高	较　高	较　低
设备投资费用	较低（空气锤、蒸汽-空气锤） 高（水压机）	较　低	较　高

表3-11 冲压方法经济性的比较

比较项目	使用简单模	使用复合模	使用连续模
冲压件质量	好	最好	好
模具制造成本	低	最高	较高
生产率	低	高	高

【扩展阅读】

板料加工的数字化技术

1. 数控冲压技术

由于冲压模具的制造周期长、成本高，因此传统意义上的依赖于模具的板料冲压工艺是一种只适合于大批量生产的方法。随着现代工业生产逐渐向多品种、小批量、个性化发展的趋势，必然要求冲压生产具有柔性，因而催生出了与计算机技术和自动化技术相结合的数控冲压技术。数控冲压的原理：将工件的电子文档输入计算机，由自动编程软件快速生成冲压的加工程序，压力机在数控系统的控制下，自动完成模具的选择、板料的定位和冲压过程。因此，数控冲压系统必须具备数控冲压设备、模具和相应的数控系统，三者的有机结合能够在薄板上加工出任意形状和尺寸的群孔和浅凸起。

数控冲压除了冲压各种形状、不同尺寸、不同孔距的小孔外，还可用小冲模以步进方式加工大的圆孔、方形孔、腰形孔和各种形状的曲线轮廓；也可进行特殊工艺加工，如百叶窗、沉孔、翻边孔、加强肋、压印等。在同一块板料上既可以加工同一规格和尺寸的相同产品，也可以加工不同规格和尺寸的多种产品。由于数控压力机的工作台面尺寸大，被加工的板料的规格长度可以达到5m，冲压速度可以达到或超过1000 次/min ，因此数控冲压是一种通用、高效、柔性的冲压技术，在单件、小批量的板材加工中具有极大的优越性，尤其适用于多品种的板材加工行业，如通信电子、计算机、建筑幕墙装饰、家具、机械外罩加工、制罐等。

2. 板料数字化渐进成形

板料数字化渐进成形是目前国内外新兴的一种实现金属板料成形的柔性化技术。该技术采用了3D 打印技术中“分层制造”的思想（见本书第五章第二节），利用计算机将复杂三维形状的板料件的整体变形沿高度方向离散成一系列断层面，并生成各个层面上的加工轨迹，通过在数控设备上利用简单通用压头（成形工具）按照这些加工轨迹对板料进行逐层渐进成形，这样不需要使用专用模具就可以加工出变形量较大、形状较复杂的板料零件，因此又被称为“无模成形”。在其成形过程中，压头与板料局部接触，在压头作用力的作用下，接触点周围的很小区域处于受压状态而发生塑性变形，随着压头与板料间的相对运动，使板料沿着成形工具运动轨迹的包络面渐次变形，局部的小变形逐步地累积而最终产生所需的整体变形。可见，这项成形技术有些类似于旋压，是以成形工具的运动所形成的包络面来代替模具的型面，以逐次局部变形的合成效果来代替一次性整体成形。

板料数字化渐进成形具有以下优点：实现了板料零件 CAD/CAM 一体化和柔性化制造，易于板材成形生产自动化；不需要进行专门的模具设计和制造，产品生产周期缩短，成本下降；可提高板材成形极限，更充分地利用材料的成形潜力，制造出更为复杂的板料零件。

复习思考题

3-1　与铸造相比，锻压在成形原理、工艺方法、特点和应用上有何不同?

3-2　简述空气锤的工作原理。

3-3　锻造前，金属坯料加热的作用是什么? 加热温度是不是越高越好? 为什么? 可锻铸铁加热后是否也可以锻造? 为什么?

3-4　什么叫锻造温度范围? 常用钢材的锻造温度范围大约是多少? 处于什么火色? 为什么锻造的中间工序都采用尽可能扩大锻造温度范围的方法来进行? 而锻造的最后工序或变形量不大的工序都往往采用降低始锻温度、缩小锻造温度范围的方法来进行?

3-5　锻坯加热产生氧化有何危害? 氧化皮的多少与哪些因素有关? 减少或防止锻坯氧化和脱碳的措施有哪些?

3-6　自由锻、模锻、胎模锻各有哪些特点?

3-7　什么叫镦粗? 锻件的镦歪、镦斜及夹层是怎么产生的? 应如何防止和纠正?

3-8　坯料是在圆形截面下还是在方形截面下进行镦粗为好? 为什么?

3-9　什么叫拔长? 加大拔长的送进量是否可以加速锻件的拔长过程? 为什么? 送进量过小又会造成什么危害?

3-10　为什么拔长锻件总是在方截面下进行的? 在拔长过程中，为何要不断地 90°翻转锻件? 拔长件端部产生中心凹陷的原因是什么?

3-11　锻造中哪些情况下要求先压肩?

3-12　冲孔前，一般为什么都要进行镦粗? 一般的冲孔件（除薄锻件外）为什么都采用双面冲孔的方法? 双面冲孔的操作要点有哪些?

3-13　实心圆截面光轴及空心圆环锻件应选用哪些锻造工序进行锻造?

3-14 空气锤的“三不打”指的是什么？为什么要有这样“三不打”的要求？

3-15 冲裁模和拉深模结构有哪些不同？为什么要有这些不同？

3-16 冲模结构有几种？连续模和复合模的区别是什么？

3-17 板料冲压有何特点？应用范围如何？

3-18 弯曲件的裂纹是如何产生的？减少或避免弯曲裂纹的措施有哪些？

3-19 拉深件产生拉裂和起皱的原因是什么？防止拉裂和起皱的措施有哪些？

3-20 手工钣金成形的基本要领有哪些？

3-21 板料加工中的排样方法有哪些？各有何特点？

3-22 板料数字化渐进成形和无模铸造都属于“无模成形”技术，试比较它们的异同点。

3-23 采用冲压工艺制作下列零件时，应采用哪些冲压工序？

饭盒、长尾夹、脸盆、铅笔盒、家用吊扇叶片、计算机机箱。

3-24 锻造和板料加工生产中的安全注意事项有哪些？

第四章 焊 接

目的和要求

1）熟悉常见焊接生产的工艺过程、特点与应用。

2）了解电弧焊和气焊所用设备及工具的结构、工作原理与使用。

3）了解焊条的组成及作用，了解酸性焊条和碱性焊条的性能特点，熟悉结构钢焊条的牌号。

4）熟悉焊条电弧焊焊接参数及其对焊接质量的影响，了解常见的焊接接头形式、坡口、焊接空间位置等；能用焊条电弧焊方法独立完成焊接操作（引弧、运条、收尾）。

5）了解气焊焊接过程特点、气焊火焰种类、调节方法和应用；熟悉气割原理、切割过程及氧气切割条件。

6）了解其他常用焊接（电阻焊、钎焊等）与切割方法的特点和应用。

7）了解焊接的常见缺陷及其产生的原因。

8）了解焊接生产安全技术及简单经济分析。

焊接实习安全技术

1. 焊条电弧焊的安全操作

1）防止触电。操作前应检查焊机是否接地，焊钳、电缆和绝缘鞋是否绝缘良好，不准赤手接触导电部分等。

2）防止弧光伤害和烫伤。焊接时，必须戴好手套、面罩、护脚套等防护用品，不得用眼直接观察电弧。焊件焊完后，应用手钳夹持，不准直接用手拿。除渣时，应防止焊渣烫伤。

3）保证设备安全。焊钳严禁放在工作台上，以免短路烧坏焊机。发现焊机或线路发热烫手时，应立即停止工作。焊接现场不得堆放易燃易爆物品。

4）移动焊机位置时，须先停机断电；焊接过程中若突然断电，应立即关闭焊机。

2. 气体保护电弧焊的安全操作

1）按规定穿戴好安全防护用品。钨极氩弧焊操作时应戴上防紫外线眼镜。

2）遵守电弧焊的各项安全用电规定。焊接开始和结束时，须按规定顺序打开和关闭电源、保护气源、冷却水源和焊机开关。

3）焊接操作场地应通风良好和保持干燥。

4）搬运和安放气瓶时应避免碰撞，气瓶立放时必须固定牢固，以防倾倒伤人。

3. 气焊及气割的安全操作

1）操作前应戴好防护眼镜和手套。

2）点火前应检查气路各连接处是否畅通，有无堵塞现象，若有堵塞应排除。

3）氧气瓶及各个气路部分均不得沾染油脂，以防燃烧爆炸。

4）严格按规定程序进行点火及关闭气焊设备操作。

5）若发生回火现象，应立即关闭乙炔阀，然后关闭氧气阀；待回火熄灭后，将焊嘴用水冷却，然后打开氧气阀，吹去焊炬内的烟灰后，再重新点火使用。

6）开启氧气和乙炔阀门必须使用专用的工具，动作应缓慢，人体不得面对阀门出气口。

第一节 概 述

焊接是通过加热或加压，或者两者并用，并且用（或不用）填充材料，使分离的物体在被连接处达到原子结合而连为一体的一种加工方法。焊接不仅可以使金属材料永久地连接起来，而且也可以使某些非金属材料达到永久连接的目的，如玻璃、塑料等。

焊接是现代工业中用来制造或修理各种金属结构和机械零部件的主要方法之一。作为一种永久性连接的加工方法，它已在许多场合取代铆接工艺。与铆接工艺相比，它具有节省材料，减小结构质量，简化加工与装配工序，接头密封性好，能承受高压，易于实现机械化、自动化，提高生产率等一系列特点。焊接工艺已被广泛应用于造船、航空航天、汽车、矿山机械、冶金、电子等工业部门。

焊接的种类很多，按照焊接过程的工艺特点和母材金属所处的表面状态，通常把焊接方法分为熔焊、压焊、钎焊三大类。

（1）熔焊 通过一个集中的热源，产生足够高的温度，将焊件接合面局部加热到熔化状态，凝固冷却后形成焊缝而完成焊接的方法。

（2）压焊 焊接过程中不论对焊件加热与否，都必须通过对焊件施加一定的压力，使两个接合面紧密接触，促进原子间产生结合作用，以获得牢固连接的焊接方法。

（3）钎焊 采用比焊件熔点低的金属材料作为钎料，将焊件和钎料加热到高于钎料熔点，且低于焊件熔点的温度，利用液态钎料润湿母材，填充接头间隙，并与母材相互扩散，实现连接焊件的方法。

常用的焊接方法可具体分为：

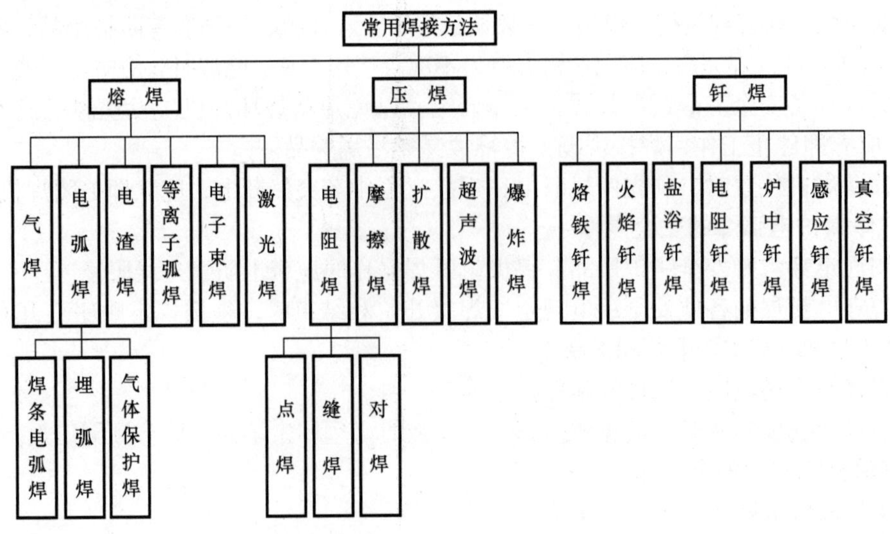

第二节　电　弧　焊

电弧焊包括焊条电弧焊、埋弧焊和气体保护电弧焊。它是利用电弧产生的热量使焊件接合处的金属成熔化状态，互相融合，冷凝后结合在一起的一种焊接方法。这种方法的电源可以用直流电，也可以用交流电。它所需设备简单，操作灵活，因此是生产中使用最广泛的一种焊接方法。

一、电弧焊原理与焊接过程

1. 焊接电弧

焊接电弧是在具有一定电压的两电极间，在局部气体介质中产生强烈而持久的放电现象。产生电弧的电极可以是焊丝、焊条、钨棒、焊件等。焊接电弧的构造如图 4-1 所示。

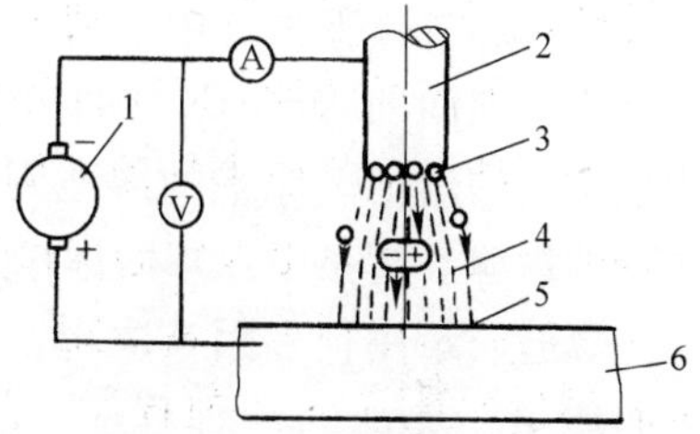

图 4-1　焊接电弧的构造

1—电焊机　2—焊条　3—阴极区　4—弧柱　5—阳极区　6—焊件

引燃电弧后，弧柱中就充满了高温电离气体，放出大量的热能和强烈的光。电弧的热量与焊接电流和电弧电压的乘积成正比，焊接电流越大，电弧产生的总热量就越大。一般情况下，电弧的热量在阳极区产生的较多，约占总热量的 43%；阴极区因放出大量的电子，消耗了一部分能量，因此产生的热量较少，约占总热量的 36%；其余 21% 左右的电弧热量是由电弧中带电微粒相互摩擦而产生的。焊条电弧焊只有 65% ~ 85% 的热量用于加热和熔化金属，其余的热量则散失在电弧周围和飞溅的金属液滴中。

电弧中阳极区和阴极区的温度因电极材料性能（主要是电极熔点）不同而有所不同。用钢焊条焊接钢材时，阳极区温度约为 2600K，阴极区温度约为 2400K，电弧中心区温度较高，可达到 6000 ~ 8000K，因气体种类和电流大小而异。使用直流弧焊电源时，当焊件厚度较大，要求较大热量、迅速熔化时，宜将焊件接电源正极，焊条接负极，这种接法称为正接法；当要求熔深较小，焊接薄钢板及非铁金属时，宜采用反接法，即将焊条接正极，焊件接负极，如图 4-2 所示。

如果焊接时使用的是交流电焊机，因为电极每秒钟正负变化达 100 次之多，所以两极加热温度一样，都在 2500K 左右，因而不存在正接和反接的区别。

2. 电弧的引燃和电弧焊过程

由于焊条（或焊丝）与焊件之间是具有电压的，当它们相互接触时，相当于电弧焊电源短接，由于接触点很大，短路电流很大，从而产生了大量电阻热，使金属熔化，甚至蒸发、汽化，引起强烈的电子发射和气体电离。这时，再把焊条

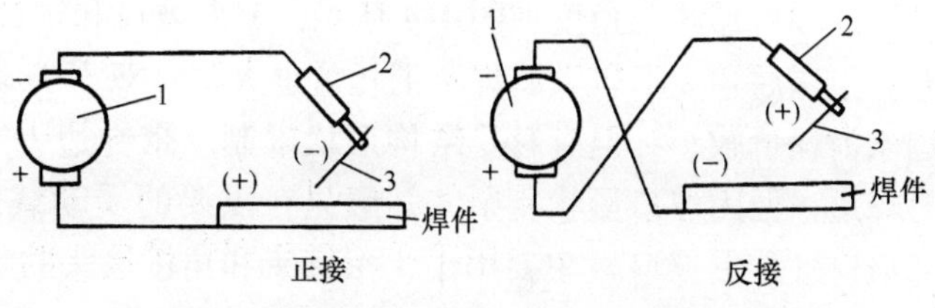

图 4-2　使用直流弧焊电源时的正接与反接

1—弧焊整流器　2—焊钳　3—焊条

（或焊丝）与焊件之间拉开一点距离（3~4mm），这样，由于电源电压的作用，在这段距离内形成很强的电场，又促使产生电子发射；同时，加速气体的电离，使带电粒子在电场作用下，向两极定向运动。此时，电弧就被引燃了。电弧焊电源不断地供给电能，新的带电粒子不断得到补充，形成连续燃烧的电弧，维持了焊接过程的稳定。

电弧热使工件和焊芯（或焊丝）发生熔化形成熔池。为了防止或减轻周围的有害气体或介质对熔池金属的侵害，必须对熔池进行保护。在焊条电弧焊中，这种保护是通过焊条药皮的作用来实现的。电弧热使焊条的药皮熔化和分解，药皮熔化后与液态金属发生物理化学反应，所形成的熔渣不断从熔池中浮起，对熔池加以覆盖保护；药皮受热分解产生大量的CO_2、CO和H_2等保护气体，围绕在电弧周围并笼罩住熔池，防止了空气中氧和氮的侵入。在埋弧焊和气体保护焊中，则是通过采用焊剂和保护气体等来对熔池进行保护的。

当电弧向前移动时，工件和焊条（焊丝）不断熔化汇成新的熔池。原来的熔池则不断冷却凝固，构成连续的焊缝。焊条电弧焊的焊接过程如图4-3所示。

焊缝质量由很多因素决定，如工件基体金属和焊条的质量、焊前的清理程序、焊接时电弧的稳定情况、焊接参数、焊接操作技术、焊后冷却速度及焊后热处理等。

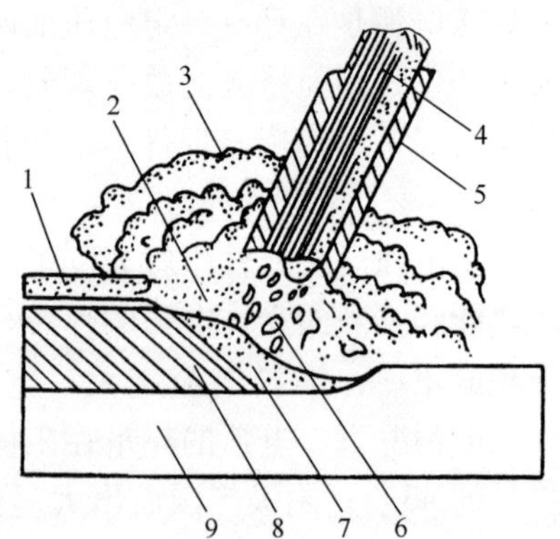

图4-3 焊条电弧焊的焊接过程

1—固态焊渣 2—液态熔渣 3—气体 4—焊芯 5—焊条药皮 6—金属熔滴 7—熔池 8—焊缝 9—焊件

二、焊接接头与焊接位置

1. 焊接接头形式

常见的焊接接头形式有对接接头、角接接头、T形接头及搭接接头四种，如图4-4所示。选择焊接接头形式，主要应从产品结构、受力条件及加工成本等方面考虑。对接接头受力比较均匀，是最常见的接头形式，重要的受力焊缝应尽量选用。搭接接头因焊件的两部分不在同一平面，受力时将产生附加弯矩，而且金属消耗量也大，一般应避免采用；但搭接接头不需要开坡口，装配时对尺寸要求不高，对某些受力不大的平面连接与空间构架，采用搭接接头可节省工时。角接接头与T形接头受力情况都比对接接头复杂，但接头呈直角或一定角度连接时，必须采用这种接头形式。

2. 坡口形式

对厚度在6mm以下的焊件进行焊接时，一般可不开坡口直接焊成，即I形坡口。但当焊件的厚度大于6mm时，为了保证焊透，接头处应根据工件厚度预制出各种形式的坡口。常用的坡口形式及角度如图4-4所示。Y形坡口和带钝边U形坡口用于单面焊，其焊接性较好，但焊后角变形较大，焊条消耗量也大些。双Y形坡口双面施焊，受热均匀，变形较小，焊条消耗量较小，但有时受结构形状限制。带钝边U形坡口根部较宽，允许焊条深入，容易焊透，但因坡口形状复杂，一般只在重要的受动载的厚板结构中采用。带钝边双单边V形坡口（K形坡口）主要用于T形接头和角接接头的焊接结构中。

3. 焊接位置

在实际生产中，一条焊缝可以在空间不同的位置施焊，按照焊缝在空间所处的位置不同，可分为平焊、立焊、横焊和仰焊四种，如图4-5所示。平焊操作方便，劳动条件好，生

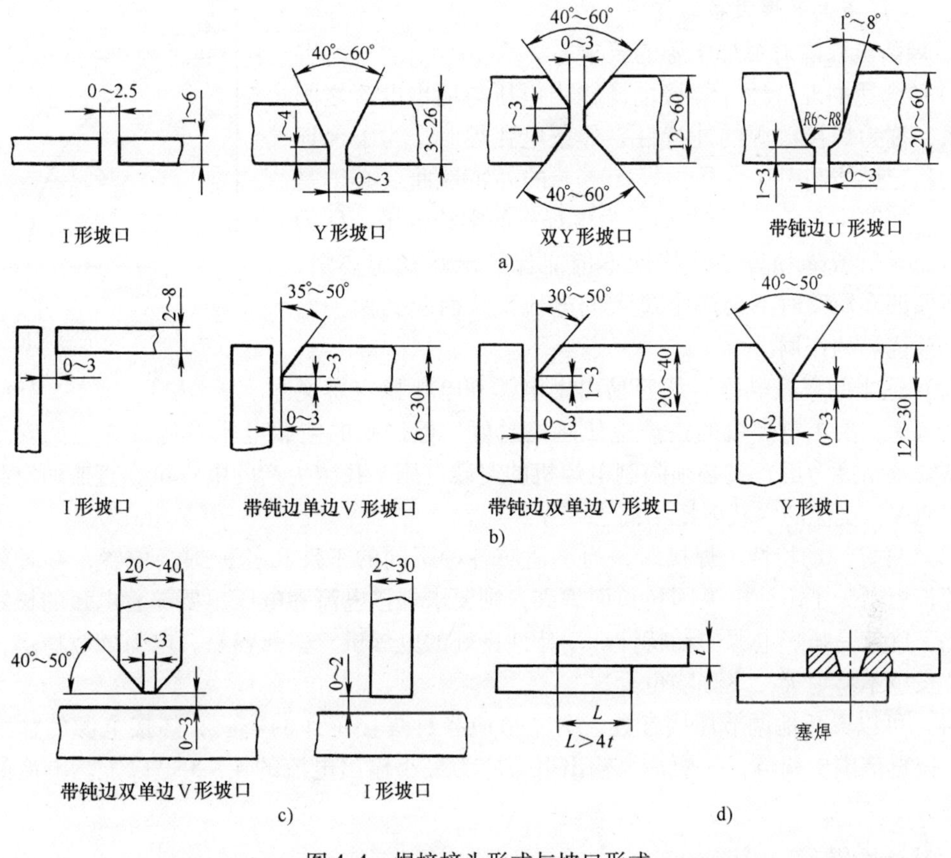

图 4-4 焊接接头形式与坡口形式

a）对接接头 b）角接接头 c）T形接头 d）搭接接头

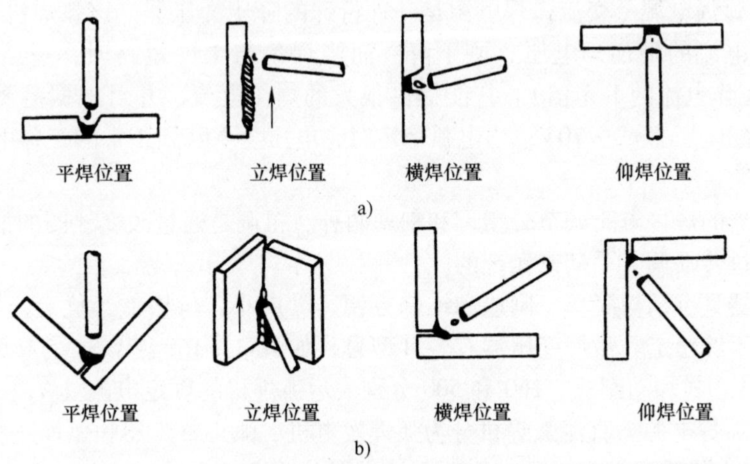

图 4-5 焊缝的空间位置

a）对接 b）角接

产率高，焊缝质量容易保证，是最合适的位置；立焊、横焊位置次之；仰焊位置最差。

三、焊条电弧焊

焊条电弧焊是用手工操纵焊条进行焊接的电弧焊方法，是目前最常用的焊接方法之一。

（一）焊条电弧焊设备与工具

1. 焊条电弧焊对弧焊电源的要求

（1）合适的外特性　焊接电源输出电压与输出电流之间的关系，称为焊接电源的外特性。焊条电弧焊时，为了保证电弧的稳定燃烧和引弧容易，焊接电源的外特性曲线必须是下降的，如图4-6所示。图中U_0为电焊机的空载电压，I_0为短路电流。呈下降趋势的外特性不但能保证电弧稳定燃烧，而且能保证在短路时不会产生过大的电流，从而起到保护电焊机不被烧坏的作用。

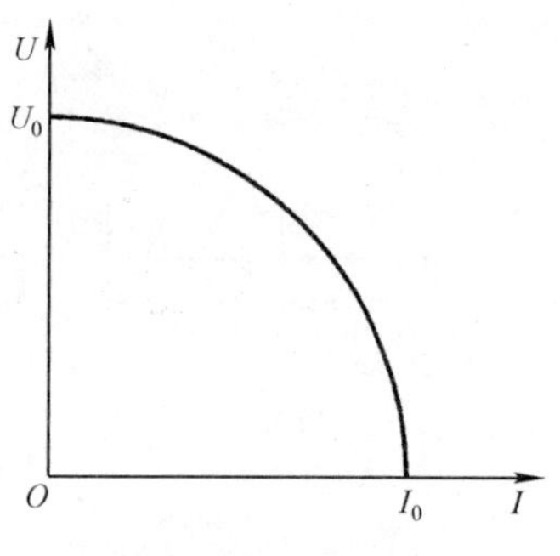

图4-6　焊接电源的下降外特性曲线

（2）适当的空载电压　从容易引燃电弧和电弧稳定燃烧的角度考虑，要求电焊机的空载电压越高越好，但过高的空载电压将危及焊工的安全。因此，从安全角度考虑，又必须限制电焊机的空载电压。我国生产的电焊机，直流的空载电压不高于90V，交流的空载电压不高于85V。

（3）良好的动特性　焊接时，为了适应各种不同的工件和各种焊接位置，有时要变化电弧的长短，为了不使电弧因拉长而熄灭，则要求焊接电流和电压也要随着电弧的长短变化而变化，这就是弧焊电源的动特性。动特性良好的电焊机，引弧容易，电弧燃烧稳定，电弧突然拉长也不易熄灭，飞溅物也少。

（4）可以灵活地调节焊接参数　为了适应各种焊接工作的需要，焊接电源的输出电流应能在较宽范围中调节，一般最大输出电流应为最小输出电流的4~5倍以上。电流的调节应方便灵活。

2. 弧焊电源

焊条电弧焊所使用的弧焊电源有交流和直流两大类。

（1）交流弧焊电源　交流弧焊电源是一种特殊的降压变压器。该弧焊机具有以下特性：引弧后，随着电流的增加，电压急剧下降；而当焊条与工件短路时，短路电流不会过大（一般不大于工作电流的1.5倍）。它能提供很大的焊接电流，并可根据需要进行调节。空载时，弧焊机的电压为60~70V；当电弧稳定时，电压会下降到正常的工作电压范围内，即20~30V。

弧焊变压器的焊接电流调节分粗调和细调两种。粗调是通过改变线圈的抽头接法来调节的；细调是通过转动调节手柄来实现的。

弧焊变压器具有结构简单、制造和维修方便、噪声小、价格低等优点，应用相当普遍；但缺点是电弧不够稳定。弧焊变压器有各种型号，如BX1-160、BX3-500等。其中，1和3分别表示动铁心式和动圈式，160和500分别表示弧焊机的额定电流（A）。

（2）直流弧焊电源　直流弧焊机分为弧焊发电机、弧焊整流器和弧焊逆变器三种。

1）弧焊发电机实际上是一种直流发电机，在电动机或柴油机的驱动下，直接发出焊接所需的直流电。弧焊发电机结构复杂、效率低、能耗高、噪声大，目前已逐渐淘汰。

2）弧焊整流器是一种通过整流元件（如硅整流器或晶闸管桥等）将交流电变为直流电的弧焊电源。弧焊整流器具有结构简单、坚固耐用、工作可靠、噪声小、维修方便和效率高等优点，已被大量应用。常用的弧焊整流器的型号有ZX3-160、ZX5-250等。其中，3和5分别表示动圈式和晶闸管式，160和250表示额定电流（A）。

3）弧焊逆变器是一种新型、高效、节能的直流焊接电源，它是将交流电整流后，又将直流电变成中频交流电，再经整流后，输出所需的焊接电流和电压。弧焊逆变器具有电流波动小、电弧稳定、重量轻、体积小、能耗低等优点，得到了越来越广泛的应用。它不仅可用于焊条电弧焊，还可用于各种气体保护焊、等离子弧焊、埋弧焊等多种弧焊方法。弧焊逆变器有 ZX7－315 等型号。其中，7 表示逆变式，315 表示额定电流（A）。

3. 焊条电弧焊工具

焊条电弧焊工具主要有焊钳、面罩、护目玻璃等。焊钳用来夹紧焊条和传导电流；护目玻璃用来保护眼睛，避免强光及有害紫外线的损害。辅助工具有尖头锤、钢丝刷、代号钢印等。

（二）焊条

焊条电弧焊使用的焊条是由焊芯和药皮两部分组成的，如图 4-7 所示。焊芯是一根金属棒，它既作为焊接电极，又作为填充焊缝的金属，药皮则用于保证焊接顺利进行并使焊缝具有一定的化学成分和力学性能。

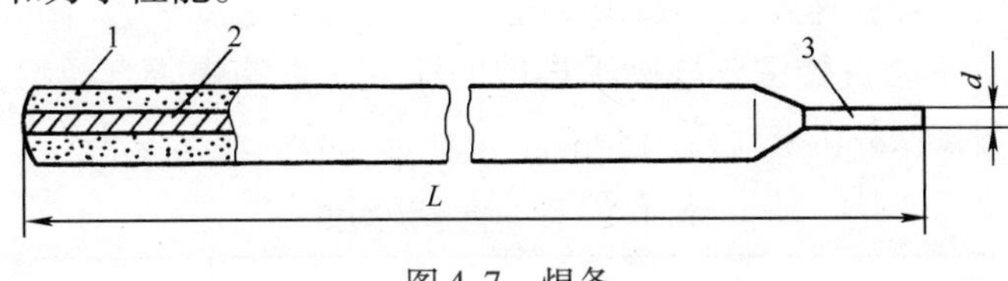

图 4-7　焊条

1—药皮　2—焊芯　3—焊条夹持部分

（1）焊芯　焊芯是组成焊缝金属的主要材料，它的化学成分和非金属夹杂物的多少将直接影响焊缝的质量。焊芯的直径即称为焊条直径，最小为 1.6mm，最大为 8mm，常用焊条的直径和长度规格见表 4-1。

表 4-1　常用焊条的直径和长度规格

焊条直径/mm	2.0～2.5	3.2～4.0	5.0～5.8
焊条长度/mm	250～300	350～400	400～450

（2）药皮　焊芯的外部涂有药皮，它是由矿物质、有机物、铁合金等的粉末和水玻璃（黏结剂）按照一定比例配制而成的，其作用是便于引弧及稳定电弧，保护熔池内的金属不被氧化及弥补被烧损的合金元素以提高焊缝的力学性能。药皮黏涂在焊芯上经烘干后使用。

（3）焊条的种类及型号　按照药皮类型不同，电焊条可分为酸性焊条和碱性焊条两类。药皮成分以酸性氧化物（SiO_2、TiO_2、Fe_2O_3）为主的焊条，称为酸性焊条，常用的酸性焊条有钛钙型焊条等。使用酸性焊条时，电弧较稳定，适应性强，适用于交、直流焊机，但是焊缝的力学性能一般，抗裂性较差。药皮以碱性氧化物（CaO、FeO、MnO、Na_2O）为主的焊条，称为碱性焊条，常用的碱性焊条其药皮是以碳酸盐和氟石为主的低氢型焊条。碱性焊条引弧困难，电弧不够稳定，适应性较差，仅适用于直流焊机；但是焊缝的力学性能和抗裂性能较好，适用于较重要或力学性能要求较高的工件的焊接。另外，根据被焊金属的不同，电焊条还可分为碳钢焊条、不锈钢焊条、铸铁焊条、铜及铜合金焊条、铝及铝合金焊条等。

根据 GB/T 5117—2012 的规定，非合金钢焊条的型号由五个部分组成：第一部分用字母“E”表示焊条；第二部分为字母“E”后紧邻的两位数字，表示熔敷金属的最小抗拉强度；

第三部分为字母“E”后面的第三和第四两位数字，表示药皮类型、焊接位置和电流类型（例如，第三位数字若为“0”或“1”表示焊条适用于全位置焊，若为“2”表示焊条适用于平焊；第四位数字若为“3”表示焊条为钛型药皮，交、直流两用，若为“5”表示焊条为碱性药皮，直流反接）；第四部分为熔敷金属化学成分分类代号，可为“无标记”或短划“-”后的字母、数字或字母与数字组合；第五部分为熔敷金属化学成分代号之后的焊后状态代号，其中“无标记”表示焊态，“P”表示热处理状态，“AP”表示焊态或焊后热处理两种状态均可。例如E4303，其符号和数字的含义如下：

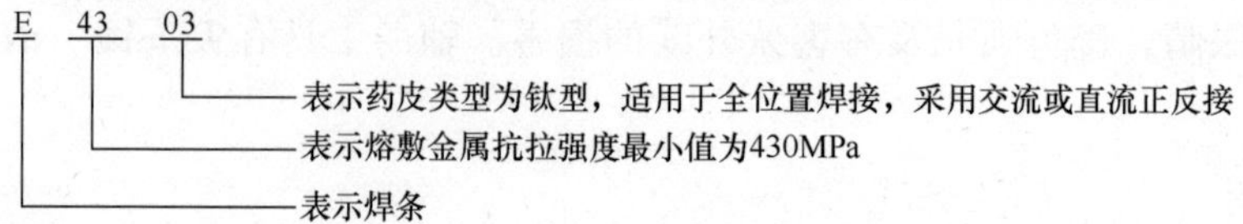

（三）焊接工艺

为了获得质量优良的焊接接头，必须选择合理的焊接参数。焊条电弧焊的焊接参数包括焊条直径、焊接电流、焊接速度、电弧长度等。

（1）焊条直径　焊条直径主要取决于焊件的厚度。影响焊条直径的其他因素还有接头形式、焊接位置和焊接层数等。平焊对接时，焊条直径的选择见表4-2。

表4-2　焊条直径的选择

焊件厚度/mm	<4	4～12	>12
焊条直径/mm	2～3.2	3.2～4	>4

（2）焊接电流　应根据焊条的直径来选择焊接电流。在焊接低碳钢时，焊接电流和焊条直径的关系可由下列经验公式确定

$$I = (30 \sim 55)d$$

式中　I——焊接电流（A）；

d——焊条直径（mm）。

实际工作时，还要根据工件厚度、焊条种类、焊接位置等因素来调整焊接电流的大小。焊接电流过大时，熔宽和熔深增大，飞溅增多，焊条发红发热，使药皮失效，易造成气孔、焊瘤和烧穿等缺陷；焊接电流过小时，电弧不稳定，熔宽和熔深均减小，易造成未熔合、未焊透及夹渣等缺陷。选择焊接电流的原则：在保证焊接质量的前提下，尽量采用较大的焊接电流，并配以较大的焊接速度，以提高生产率。焊接电流初步确定后，要经过试焊，检查焊缝质量和缺陷，才能最终确定。

（3）焊接速度　焊接速度指焊条沿焊接方向移动的速度，它直接关系到焊接的生产率。为了获得最大的焊接速度，应该在保证质量的前提下，采用较大的焊条直径和焊接电流。初学者要注意避免焊接速度太快。

（4）电弧长度　电弧长度指焊芯端部与熔池之间的距离。电弧过长时，燃烧不稳定，熔深减小，并且容易产生缺陷。因此，操作时须采用短电弧，一般要求电弧长度不超过焊条直径。

（四）焊条电弧焊操作技术

1. 引弧

焊条电弧焊常用的引弧方法有两种，如图4-8所示。敲击法：不会损坏焊件表面，是生

产中常用的引弧方法，但是引弧的成功率较低。摩擦法：操作方便，引弧成功率高，但是容易损坏焊件表面，故较少采用。引弧时，若发生焊条与焊件粘在一起，可将焊条左右摇动后拉开。焊条的端部如果存有药皮时，会妨碍导电，因此在引弧前应将其敲掉。

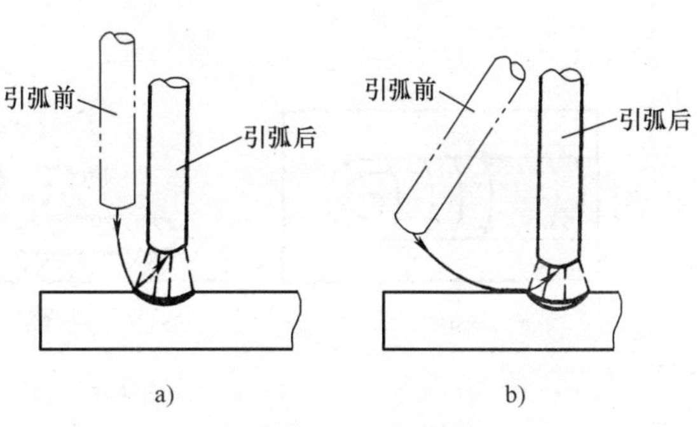

图 4-8 引弧方法
a）敲击法 b）摩擦法

2. 焊条角度与运条方法

焊接操作中，必须掌握好焊条的角度和运条的基本动作，如图 4-9 和图 4-10 所示。

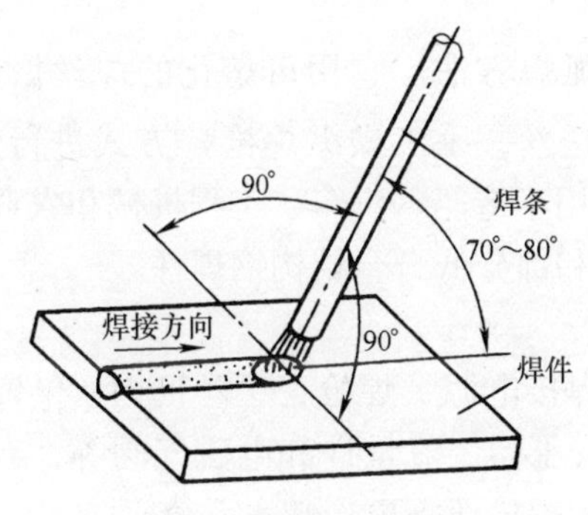

图 4-9 平焊的焊条角度

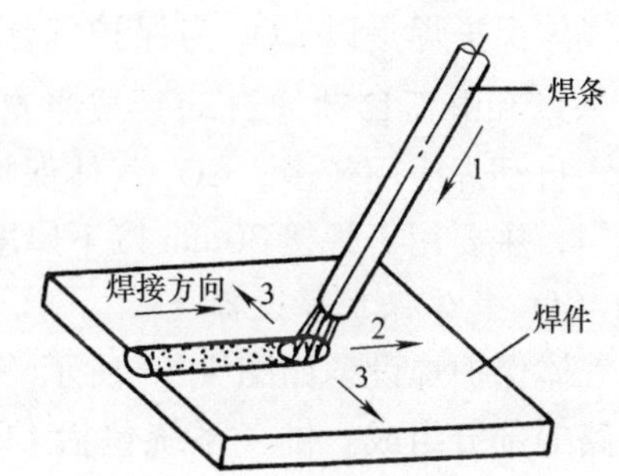

图 4-10 运条的基本动作
1—向下送进 2—沿焊接方向移动 3—横向移动

运条时，焊条有图 4-10 所示 1、2、3 三个基本动作，这三个动作可组成各种运条方法，如图 4-11 所示。实际操作时，可不限于这些图形，而要根据熔池形状和大小灵活地调整运条动作。焊薄板时，焊条可做直线移动；焊厚板时，焊条除做直线移动外，还要有横向移动，以保证得到一定的熔宽和熔深。

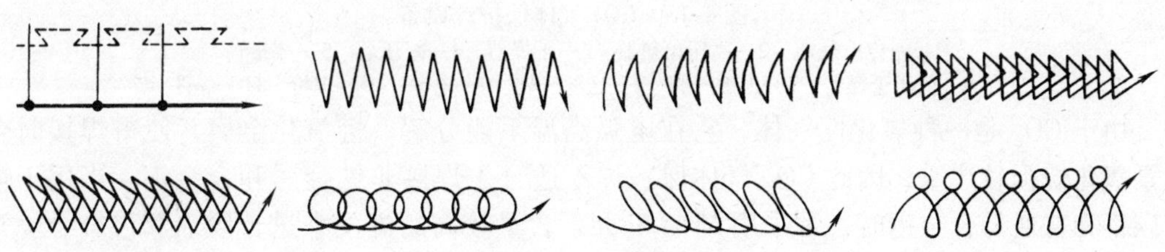

图 4-11 运条方法

3. 焊缝的收尾

焊缝收尾时，焊缝末尾的弧坑应当填满。通常是将焊条压近弧坑，在其上方停留片刻，将弧坑填满后，再逐渐抬高电弧，使熔池逐渐缩小，最后拉断电弧。其他常见的焊缝收尾方法如图 4-12 所示。

（1）划圈收尾法 利用手腕动作做圆周运动，直到弧坑填满后再拉断电弧。

（2）反复断弧收尾法 在弧坑处，连续反复地熄弧和引弧，直到填满弧坑为止。

（3）回焊收尾法 当焊条移到收尾处，即停止移动，但不熄弧，仅适当地改变焊条的

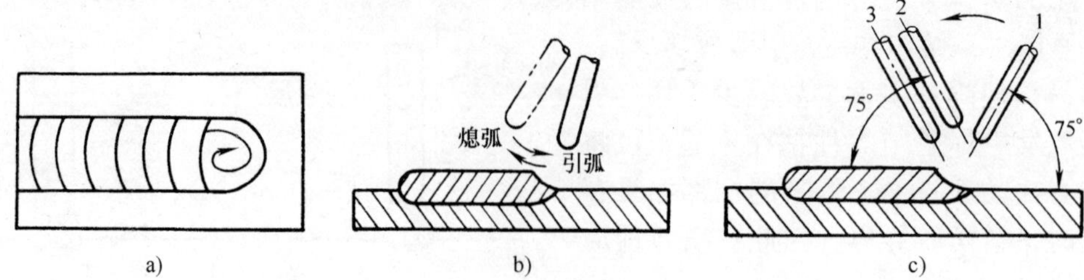

图4-12 焊缝收尾方法
a）划圈收尾法 b）反复断弧收尾法 c）回焊收尾法

角度，待弧坑填满后，再拉断电弧。

四、CO_2 气体保护焊

CO_2 气体保护焊是以 CO_2 为保护气体的一种电弧焊方法。它用可熔化的焊丝做电极，以自动（送丝和电弧移动均自动）或半自动（自动送丝，手工操纵焊枪）方式进行焊接。目前，以半自动焊应用较多。CO_2 气体保护焊已广泛用于造船、汽车、工程机械和农业机械等生产部门，主要用于焊接30mm以下厚度的低碳钢和部分低合金结构钢焊件。

（一）CO_2 气体保护焊设备

CO_2 气体保护焊设备如图4-13所示。它主要由焊接电源、焊枪、送丝机构、供气系统和控制电路等部分组成。供气系统包括 CO_2 气瓶、减压器、流量计和电磁气阀等，有时还需要高压预热器、干燥器。用于焊接电流300A以上的焊枪还需要冷却水系统。

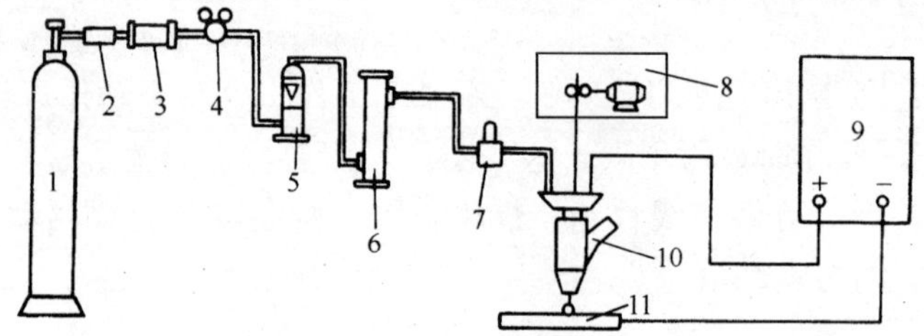

图4-13 CO_2 气体保护焊设备
1—CO_2 气瓶 2—高压预热器 3—干燥器 4—减压器 5—流量计
6—低压干燥器 7—电磁气阀 8—送丝机构 9—电源 10—焊枪 11—焊件

由于 CO_2 是一种氧化性气体，它在电弧高温下能分解，会氧化金属，使得焊接时合金元素氧化烧损较严重，因此 CO_2 气体保护焊不适合于焊接非铁金属和合金钢。当用于焊接低碳钢和普通低合金钢时，常采用Mn、Si元素含量较高的焊丝来进行脱氧和渗合金。常用的焊丝牌号如H08Mn2SiA。

（二）CO_2 气体保护焊工艺与操作

CO_2 气体保护焊工艺过程包括焊前准备、焊接参数选择和焊接操作等。

1. 焊前准备

（1）检查焊接电流　在等速送丝下使用直流电源，极性采用直流反接。

（2）检查焊枪　检查导电嘴是否磨损（若磨损超标则须更换），出气孔是否出气通畅。

（3）检查供气系统　预热器、干燥器、减压器及流量计状态是否正常，电磁气阀是否灵活可靠。

（4）检查焊材 检查焊丝，确保外表光洁，无锈迹、油污和磨损。检查 CO_2 气体纯度（CO_2 体积分数应大于 99.5%，水和氮体积分数均不超过 0.1%），气体压力降至 0.98MPa 时，禁止使用。

（5）检查施焊环境 确保施焊位置周围风速小于 2.0m/s。

（6）清理工件表面 焊前清除焊缝两侧 100mm 范围以内的油污、水分、锈蚀等，重要部位要求直至露出金属光泽。

2. 焊接参数选择

（1）焊丝直径 应根据焊件厚度、焊接位置及生产率要求综合考虑焊丝直径。焊薄板采用直径 1.2mm 以下的焊丝，焊中厚板采用直径 1.2mm 以上的焊丝。

（2）焊接电流 应根据焊件厚度、坡口形式、焊丝直径及所需的熔滴过渡形式选择焊接电流。一般有短路过渡和颗粒过渡两种熔滴过渡形式。短路过渡时焊接电流选择范围为 50 ~ 240A，颗粒过渡时焊接电流选择范围为 250 ~ 500A。

（3）焊接电压 短路过渡焊接电压在 16 ~ 24V 范围内选择，颗粒过渡焊接电压在 25 ~ 36V 范围内选择，并且电流增大时电压也相应增大。

（4）焊丝伸出长度 一般约为焊丝直径的 10 倍，且不超过 15mm。

（5）CO_2 气体流量 细丝焊（焊丝直径在 1.6mm 以下）时取 8 ~ 15L/min，粗丝焊时取 15 ~ 25L/min。

（6）回路电感 通常随焊丝直径增大而调大，但原则上应力求使焊接过程稳定，飞溅小，可通过试焊确定。

3. 焊接操作

1）引弧前先点动送出一段焊丝，且焊丝端部不能有球滴。

2）采用直接短路法接触引弧。引弧时将焊枪保持合适的倾角，使焊丝端部与焊件保持 2 ~ 4mm 的距离，起动开关，焊丝下送。电弧引燃时焊枪有自动顶起的倾向，故要稍用力下压焊枪。

3）焊接过程中须保持焊枪合适的倾角和喷嘴高度，沿焊缝方向均匀移动。必要时，焊枪还要做横向摆动。焊缝接头连接采用退焊法。

4）熄弧时禁止突然切断电源，在弧坑处必须稍作停留待填满弧坑后收弧以防止裂纹和气孔。

5）焊后关闭设备电源，用钢丝刷清理焊缝表面，检查焊缝外观成形质量及是否存在表面缺陷等。

4. CO_2 气体保护焊的工艺特点

1）在 CO_2 气体的保护下，电弧的穿透力强，熔深大，焊丝的熔化率高，焊接速度快，其生产率可比焊条电弧焊高 1 ~ 3 倍。

2）CO_2 气体保护焊是明弧焊，操作中可以清楚地看到焊接过程，和焊条电弧焊一样灵活，适合各种位置的焊接，同时易于实现机械化、自动化。

3）CO_2 气体保护焊焊缝氢含量低，且采用合金钢焊丝，易保证焊缝性能，因此焊缝裂纹倾向小。此外，这种焊接方法的焊接变形小。

CO_2 气体保护焊的缺点：CO_2 气体有氧化作用，焊接时熔滴飞溅较为严重，焊缝成形不够光滑美观；另外，焊接设备比焊条电弧焊机复杂，维修不便。

五、氩弧焊

氩弧焊是用氩气作为保护气体的一种气体保护电弧焊。氩气是惰性气体，甚至在高温下也不会与金属发生化学反应，同时氩气不溶于液态金属，因此氩气是一种比较理想的保护气体。氩气电离势高，故引弧比较困难。但是氩气的热导率较小，而且是单原子气体，不会因为气体分解而消耗能量，降低电弧温度。目前，氩弧焊广泛用于飞机制造、石油化工及纺织等工业中。

氩弧焊又分为非熔化极氩弧焊（钨极氩弧焊）和熔化极氩弧焊两种。

（一）氩弧焊的特点及设备

非熔化极氩弧焊是用钨-铈合金棒作为电极，又称钨极氩弧焊，如图4-14所示。在钨极氩弧焊中，电极不熔化，需另用焊丝作为填充金属。钨极氩弧焊的焊接过程稳定，由于氩气的保护效果好，钨极氩弧焊更适用于易氧化金属、不锈钢、高温合金、钛及钛合金以及难熔金属（如钼、铌、锆等）材料的焊接。

钨极氩弧焊的设备配置主要有焊接电源、焊炬、供气系统、焊接控制装置等部分。当冷却不充分而需要水冷时，还可备有供水系统。氩弧焊机按照电源的性质不同，有直流氩弧焊机、交流氩弧焊机和脉冲氩弧焊机三种类型。由于钨极的载流能力有限，电弧的功率受到一定的限制，因此焊缝的熔深较小、焊接速度较慢，钨极氩弧焊一般仅适用于焊接厚度小于6mm的焊件。

为了适应厚件的焊接，在钨极氩弧焊的基础上发展了熔化极氩弧焊，如图4-15所示。在熔化极氩弧焊中，焊丝既是电极，又是填充金属。熔化极氩弧焊允许采用大电流，因而焊件熔深较大，焊接速度快，生产率高，变形小。它可用于铝及铝合金、铜及铜合金、不锈钢、高合金钢等材料的焊接。

熔化极氩弧焊机除了焊接电源、焊枪、焊接控制装置外，还有送丝机构。熔化极氩弧焊的焊接电流超过一定的临界值之后，熔滴呈细颗粒喷射状态过渡到熔池。熔化极氩弧焊通常的焊接电流较大，适用于焊接厚度比较厚的工件，如8mm以上的铝板。熔化极氩弧焊的焊丝和钨极氩弧焊的焊丝成分一致。为了使电弧稳定，通常采用直流反接。

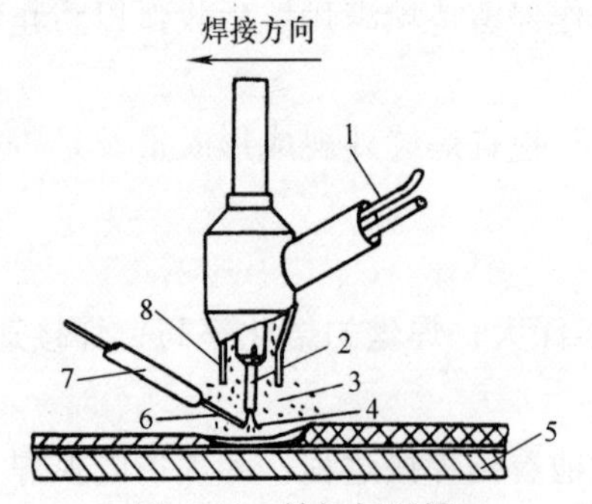

图4-14　钨极氩弧焊

1—电流导体　2—非熔化钨极　3—保护气体　4—电弧　5—铜垫板　6—焊接填充丝　7—焊接填充丝导管　8—气体喷嘴

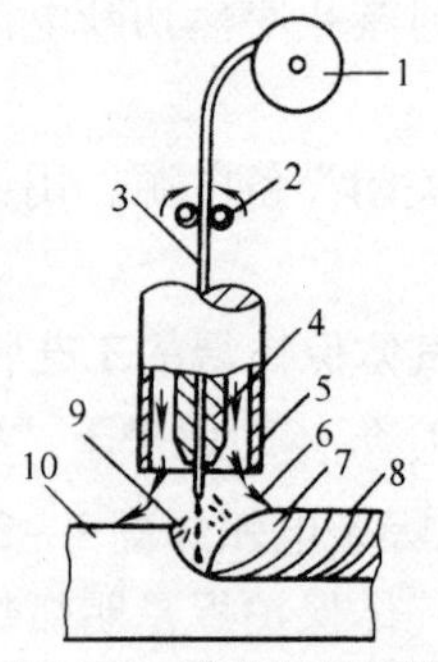

图4-15　熔化极氩弧焊

1—焊丝盘　2—送丝滚轮　3—焊丝　4—导电嘴　5—保护气体喷嘴　6—保护气体　7—熔池　8—焊缝金属　9—电弧　10—母材

（二）钨极氩弧焊工艺与操作

1. 焊前准备

1）检查焊炬是否正常，地线是否可靠。

2）检查水路、气路是否通畅，设备仪表是否完好。

3）检查高频引弧系统、焊接系统是否正常，导线、电缆接头是否可靠。

4）根据工件的材质选择极性，接好焊接回路。一般材质多用直流正接法，铝及铝合金采用直流反接法或交流电源。

5）检查焊接坡口是否合格，坡口表面不得有油污、铁锈等，对焊缝两侧200mm范围内的油污锈蚀等也要清理干净。

2. 焊接参数选择

1）根据工艺要求或实际情况选用电极，一般常用铈钨极；电极大小要考虑电流和板厚，一般电极直径应尽可能小。

2）钨极伸出长度一般为5~10mm，焊对接焊缝时，钨极伸出长度以5~6mm为宜。钨极端部要磨光，端部形状随电源变化，交流用圆柱形，直流用锥台形，锥度取决于电流，电流越小，锥度越大。

3）根据焊件材质、厚度、焊接位置和弧长确定焊接电流与电压。根据喷嘴直径确定气体流量。对于直径为12~20mm的喷嘴，气体流量一般为12~15L/min。

3. 焊接操作

1）引弧一般采用引弧器引弧。引弧器有高频振荡器和高频脉冲发生器两种，可在钨极与焊件不接触的情况下引燃电弧。没有引弧器时采用接触引弧。引弧前，应提前5~10s送气。

2）手工操作焊炬时喷嘴离工件的距离应尽可能减小，填充焊丝应位于钨极前方，边熔化边送丝，要求均匀准确，不可扰乱氩气气流。

3）焊接过程中必须保持一定高度的电弧，焊炬均匀移动。

4）焊接时应注意观察焊缝表面的颜色，以判断氩气的保护效果。对于不锈钢，以银白、金黄色最好，颜色变深、变灰黑都不好。

5）熄弧后焊炬应在焊缝上保持3~5s，直到熔池区冷却后再移走焊炬，关闭氩气。

4. 钨极氩弧焊工艺特点

1）电弧稳定，即使在很小的焊接电流（<10A）下仍可稳定地燃烧，特别适合于薄板、超薄板材料的焊接。

2）电弧可见，可以全方位焊接，同时易于实现机械化、自动化。

3）由于填充焊丝熔滴不通过电弧，故不会产生飞溅，焊缝成形美观。

钨极氩弧焊的缺点：钨极承载电流的能力较差，过大的电流会引起钨极熔化和蒸发，其微粒有可能进入熔池，造成夹钨缺陷；焊缝熔深小，熔敷速度小，产生率较低；焊接设备比焊条电弧焊机复杂，维修不便。

六、埋弧焊

埋弧焊是一种电弧在焊剂层下燃烧进行焊接的方法，如图4-16所示，它以连续送进的焊丝代替焊条电弧焊的焊芯，以焊剂代替焊条药皮。当电弧被引燃以后，电弧热将焊件、焊丝和焊剂熔化，并使部分金属和焊剂蒸发而形成一个气泡，在气泡上部有一层熔化了的熔剂（熔渣）覆盖，它不仅将电弧和熔池与空气有效地隔离开，还可阻挡电弧光散射出来。

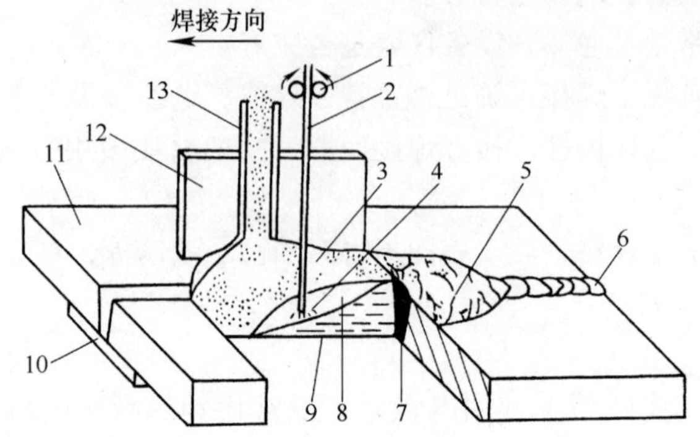

图4-16　埋弧焊焊接过程

1—送丝滚轮　2—焊丝　3—焊剂　4—电弧　5—渣壳　6—焊缝　7—焊缝金属
8—熔渣　9—熔融金属　10—焊接衬板　11—焊件　12—焊剂挡板　13—送焊剂管

埋弧焊有半自动焊和自动焊两大类，通常所说的埋弧焊多指后者。埋弧自动焊的焊接参数可以自动调节，是一种高效率的焊接方法。它可以采用大的焊接电流，熔深大，不开坡口一次可焊透20~25mm的钢板，而且焊缝接头质量高，成形美观，力学性能好，很适合于中、厚板的焊接，但不适于薄板焊接，在造船、锅炉、化工设备、桥梁及重型机械制造中获得广泛应用。它可焊接的钢种包括碳素结构钢、低合金钢、不锈钢、耐热钢及复合钢材等。但是，埋弧焊只适于平焊位置对接和角接的平、直、长焊缝或较大直径的环焊缝。

第三节　气焊与气割

气焊是利用气体火焰作为热源，并使用焊丝来充当填充金属的焊接方法。气焊通常使用的气体是乙炔（可燃气体）和氧气（助燃气体），乙炔在纯氧中的燃烧温度可达3150℃，其他可燃气体还有丙烷（液化石油气）等。

与电弧焊相比，气焊热源的温度较低，热量分散，焊接热影响区宽度约为电弧焊的3倍，焊接变形较大，接头质量不高，生产率低。但是气焊火焰温度易于控制，操作简便，灵活性强，不需要电能。气焊适宜于焊接厚度在3mm以下的低碳钢薄板，铸铁，铜、铝等非铁金属及其合金等。

一、气焊设备

气焊所用设备主要有乙炔发生器或乙炔瓶、氧气瓶、减压器、回火防止器和焊炬等，如图4-17所示。

（1）乙炔瓶和乙炔发生器　乙炔瓶是用于储存和运输乙炔气的容器，其工作压力为1.5MPa，容积为40L。乙炔瓶的外表漆成白色，并用红漆写上“乙炔”和“火不可近”等字样。乙炔瓶内装有浸满丙酮的多孔性填料，利用乙炔能熔解于丙酮的特性，将乙炔储存在

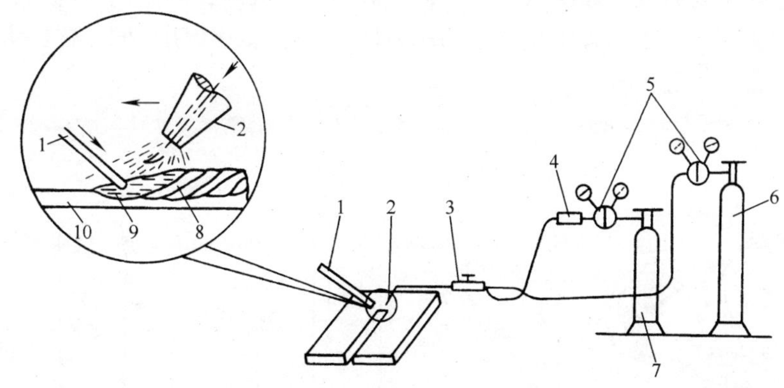

图 4-17 气焊原理及设备连接示意图

1—焊丝 2—焊嘴 3—焊炬 4—回火防止器 5—减压器
6—氧气瓶 7—乙炔瓶 8—焊缝 9—熔池 10—焊件

钢瓶中。乙炔瓶在搬运、装卸和使用时，应保持直立和平稳，与明火之间的距离不得小于10m。瓶中的乙炔气不能全部用完，其剩余气压一般控制在0.1～0.3MPa。使用乙炔瓶经济安全、无污染，而且便于运输，应用越来越普遍。

乙炔发生器是制造和储存乙炔气的设备。使用时，将盛有电石的电石篮放入水中，电石与水作用产生乙炔。乙炔是易燃易爆气体，遵守乙炔发生器的使用安全规程十分重要，否则会引起严重的后果。设备必须由专人保管和使用，与明火之间的距离不得小于10m，禁止敲击和碰撞乙炔发生器，夏天要防止曝晒，冬天应防止冻结，要定期清洗和检查。

（2）氧气瓶 氧气瓶是用于储存和运输氧气的高压容器，如图4-18所示。氧气瓶的工作压力为15MPa，容积为40L，在15MPa的压力下可储存6m^{3}的氧气，瓶身漆成蓝色，并用黑漆写上“氧气”字样。氧气瓶的安放必须平稳可靠，不得与其他气瓶混在一起，与气焊工作地点以及其他火源的距离应保持在5m以上。另外，氧气瓶要禁止撞击和接触油脂，夏天要防止曝晒，冬天阀门冻结时，严禁用火烤，应当用热水解冻。

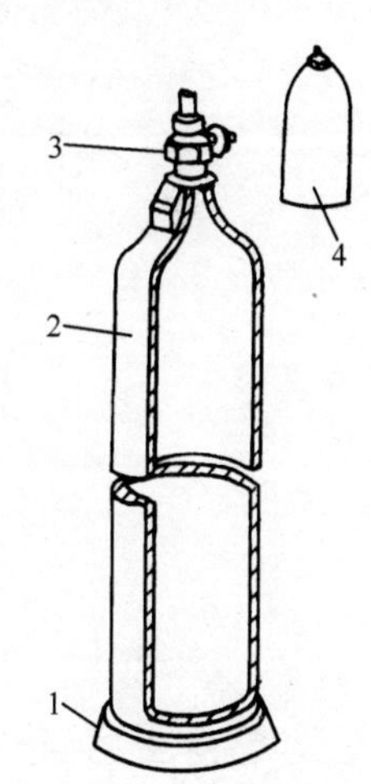

图 4-18 氧气瓶

1—瓶座 2—瓶体
3—瓶阀 4—瓶帽

（3）减压器 减压器是将氧气瓶和乙炔瓶内的高压气体变成低压气体的装置，通常又称为氧气表或乙炔表。减压器同时还具有调节压力与稳定压力的功能。常用的如QD－1型单级反作用式减压器（图4-19），其高压表反映气瓶内的压力，低压表反映气焊的工作压力，调压螺母用于调节工作压力。

（4）回火防止器 在正常的情况下，氧乙炔焰应在焊嘴外燃烧。如果供气不足或管路、焊嘴发生堵塞时，焊嘴外面的火焰会突然熄灭，并在管内向气源方向燃烧，这就是回火现象。回火气体温度高、压力大。如果回火蔓延到乙炔瓶，就将引起爆炸。回火防止器的作用就是截住回火气体，防止乙炔瓶爆炸。

中压水封式回火防止器的工作情况如图4-20所示。使用前，先将水加到水位阀的高度，正常工作时，乙炔进入后推开球阀从出气管输往焊炬；回火时，高温高压的回火气体从出气管倒流入回火防止器，由于回火防止器中的压力增大，使球阀关闭，同时使回火防止器上部的防爆膜破裂，将回火气体排入大气。

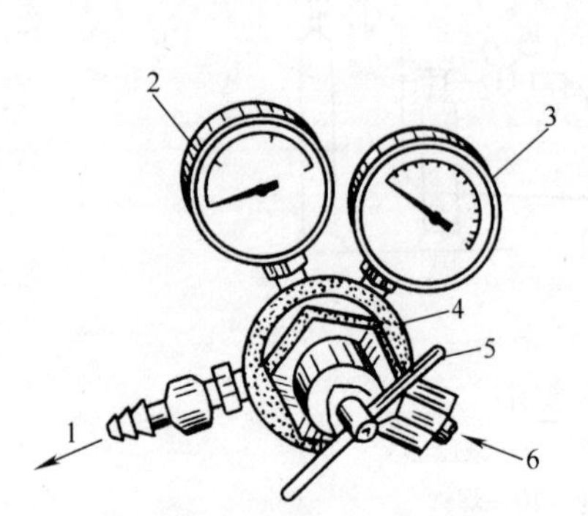

图4-19 QD-1型单级反作用式减压器
1—出气接头 2—低压表 3—高压表
4—外壳 5—调压螺母 6—进气接头

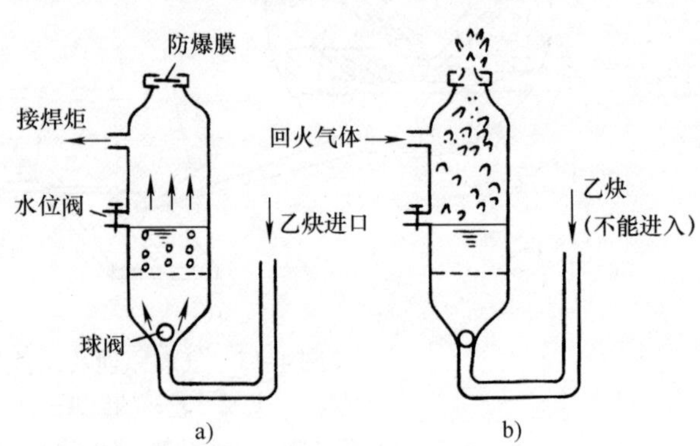

图4-20 中压水封式回火防止器的工作情况
a）正常工作时 b）回火时

（5）焊炬 焊炬是气焊的主要工具之一。焊炬的作用是将氧气和乙炔气按比例均匀混合，然后从焊嘴喷出，点火后形成氧乙炔焰。各种型号的焊炬均备有3~5个不同规格的焊嘴，以便焊接不同厚度工件时进行更换。按照气体混合方式不同，焊炬分为射吸式焊炬和等压式焊炬两种。其中，射吸式焊炬应用较为广泛，如图4-21所示。

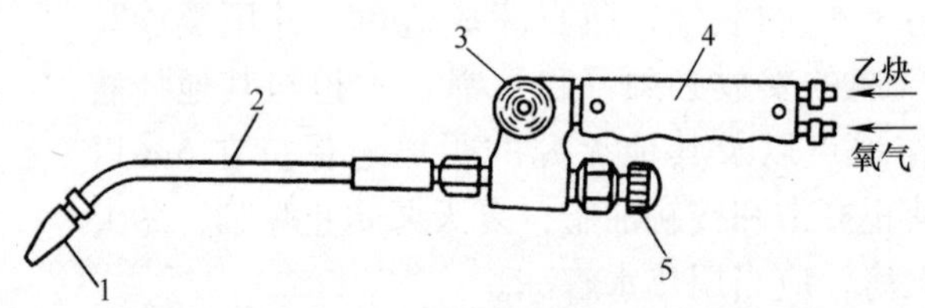

图4-21 射吸式焊炬
1—焊嘴 2—混合管 3—乙炔阀门 4—手柄 5—氧气阀门

二、气焊工艺与操作

1. 气焊火焰

气焊火焰由三个部分组成，即焰心、内焰和外焰。控制氧气和乙炔气的体积比（其体积以 $V_{氧}$ 与 $V_{乙炔}$ 表示）可得到以下三种不同性质的火焰，如图4-22所示。

（1）中性焰（$V_{氧}/V_{乙炔}=1.1\sim1.2$） 中性焰又称正常焰。中性焰的温度分布如图4-23所示，其内焰的温度达3000~3150℃。因此，焊接时熔池和焊丝的端部应位于焰心前2~4mm。中性焰适用于低碳钢、中碳钢、合金钢纯铜及铝合金的焊接。

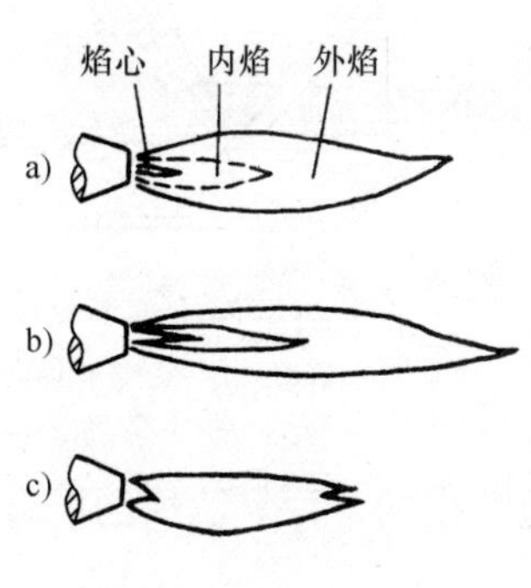

图 4-22 气焊火焰

a）中性焰 b）碳化焰 c）氧化焰

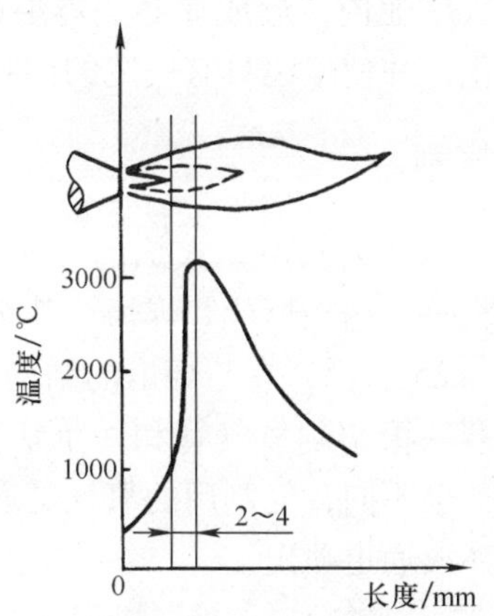

图 4-23 中性焰的温度分布

（2）碳化焰（$V_{氧}/V_{乙炔}<1.0$） 碳化焰中氧气偏少而乙炔气过多，故燃烧不完全。碳化焰的火焰长度大于中性焰，温度稍低，最高温度为3000℃。碳化焰的内焰中有过多的一氧化碳，具有一定的还原作用。碳化焰适用于高碳钢、铸铁和硬质合金等材料的焊接。焊接其他材料时，会使焊缝金属增碳，变得硬而脆。

（3）氧化焰（$V_{氧}/V_{乙炔}>1.2$） 氧化焰中氧气较多，燃烧较为剧烈。氧化焰的火焰长度较短，但温度可达3100～3300℃。氧化焰对熔池有氧化作用，一般不采用，仅适于黄铜的焊接。

2. 焊丝和焊剂

气焊时，使用不带涂层的焊丝作为焊缝的填充金属，并根据焊件的厚度来选择焊丝直径，根据不同的焊件分别选择低碳钢、铸铁、铜、铝等焊丝。焊接时，焊丝在气体燃烧的火焰作用下熔化成滴状，过渡到焊接熔池中，形成焊缝金属。气焊对焊丝有以下要求：保证焊缝金属的化学成分和性能与母材金属相当，因此有时就直接从母材上切下条料作为焊丝；焊丝表面光洁，无油脂、锈斑和油漆等污物；具有良好的工艺性能，流动性适中，飞溅小。

气焊有时还需加焊剂。焊剂相当于电焊条的药皮，用来溶解和清除焊件上的氧化膜，并在熔池表面形成一层熔渣，保护熔池不被氧化，排出熔池中的气体、氧化物及其他杂质，改善熔池金属的流动性等，从而获得优质接头。

3. 气焊操作方法

（1）点火、调节火焰与熄火 点火前，先微开氧气阀门，再打开乙炔阀门，然后点燃火焰。开始时的火焰应该是碳化焰，然后逐步打开氧气阀门，将碳化焰调节成中性焰。熄火时，应先关乙炔阀门，后关氧气阀门。

（2）平焊的操作 气焊时，一般用左手拿焊丝，右手拿焊炬，两手动作应协调，沿焊缝向左或向右焊接。焊嘴轴线的投影应与焊缝重合，同时要注意掌握好焊炬与焊件的夹角α，如图 4-24 所示。焊件越厚，α越大。在焊接开始时，为了较快地加热工件和迅速形成熔池，α应大些；正常焊接时，一般保持α在30°～50°范围内；当焊接结束时，α应适当减小，以保证更好地填满弧坑和避免焊穿。

焊接时，应先将焊件熔化形成熔池，然后再将焊丝适量地熔入熔池内，形成焊缝。焊炬移动的速度以能保证焊件熔化，并使熔池具有一定的形状为准。

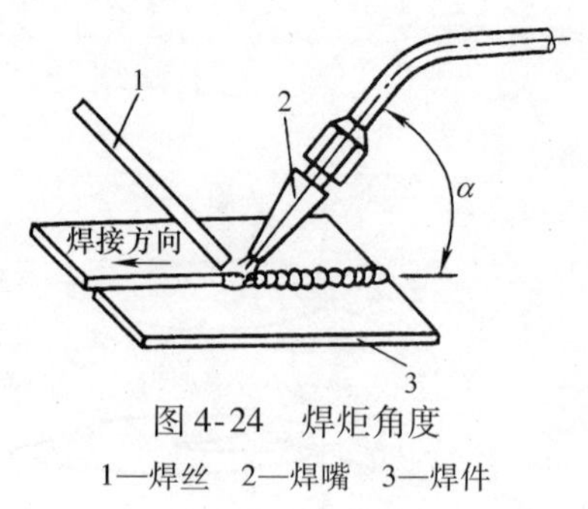

图 4-24 焊炬角度

1—焊丝 2—焊嘴 3—焊件

三、气割

利用气体（氧乙炔）火焰的热能进行工件切割称为气割。气割时，用割炬代替焊炬，其余设备与气焊相同。割炬如图 4-25 所示，它与焊炬的结构有所不同的是，割炬比焊炬多一根切割氧气管和一个切割氧气阀。割嘴的结构与焊嘴也不同，气割用的氧气是通过割嘴的中心通道喷出的，而氧乙炔的混合气体则通过割嘴的环形通道喷出。

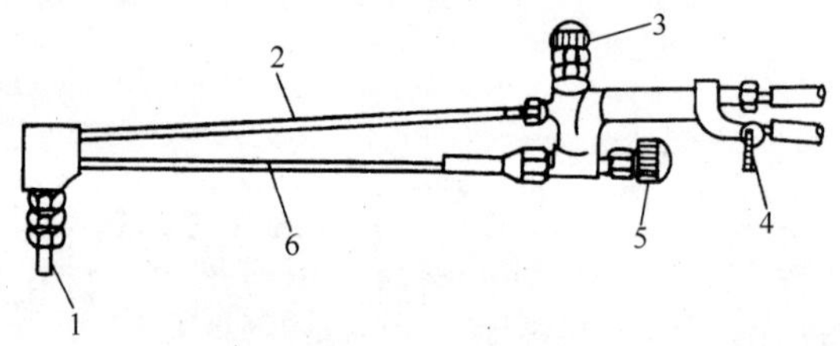

图 4-25 割炬

1—割嘴 2—切割氧气管 3—切割氧气阀 4—乙炔阀 5—预热氧阀 6—预热焰混合气体管

1. 氧气切割过程

气割过程实际上是被切割金属在纯氧中的燃烧过程，而不是熔化过程。氧气切割过程如图 4-26 所示。先用氧乙炔焰将割口始端处的金属预热至燃点，然后打开切割氧气阀，送出氧气，将高温金属燃烧成氧化渣；与此同时，氧化渣被切割氧气流吹走，从而形成割口。金属燃烧时，产生的热量以及氧乙炔焰同时又将割口下层的金属预热至燃点，切割氧气又使其燃烧，生成的氧化渣又被切割氧气流吹走，这样割炬连续不断地沿切割方向以一定的速度移动，即可形成所需的割口。

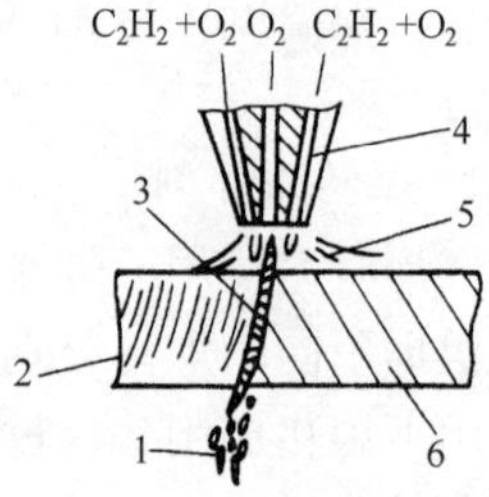

图 4-26 气割过程

1—氧化渣 2—割口 3—氧气流 4—割嘴 5—预热火焰 6—待切割金属

2. 氧气切割的条件

金属材料只有满足下列条件，才能采用氧气切割：

1）金属材料的燃点必须低于其熔点，这是保证氧气切割在燃烧过程中进行的基本条件。否则，切割时金属先熔化，变为熔割过程，使割口过宽，而且不整齐。

2）燃烧生成的金属氧化物的熔点，应低于金属本身的熔点，同时流动性要好。否则，就会在割口表面形成固态氧化物，阻碍氧气流与下层金属的接触，使气割过程不能正常进行。

3）金属燃烧时，能放出大量的热，而金属本身的导热性要低。这是为了保证下层金属有足够的预热温度，使气割过程能连续进行。

常用材料中，低碳钢、中碳钢及低合金高强度结构钢都符合气割的条件，而 $w_C > 0.7\%$ 的高碳钢、铸铁和非铁金属及其合金则不能进行氧气切割。

第四节 电 阻 焊

一、电阻焊的分类及应用

电阻焊是利用强电流通过焊件接头的接触面及邻近区域产生的电阻热把焊件加热到塑性状态或局部熔化状态，再在压力作用下形成牢固接头的一种压焊方法。这种焊接方法是电阻热起着最主要的作用，故称电阻焊。根据焊接接头的形式可将其分为点焊、缝焊和对焊三种基本形式，如图 4-27 所示。

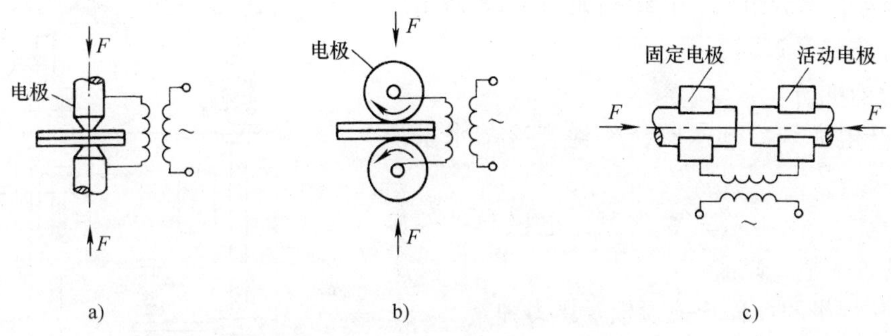

图 4-27 电阻焊的基本形式

a）点焊 b）缝焊 c）对焊

1. 点焊

点焊是利用两个柱状电极加压并通电，在焊件接触处因电阻热的作用形成一个熔核，结晶后即形成一个焊点。由多个焊点将焊件连接在一起。点焊适用于制造接头处不要求密封的搭接结构和厚度小于 3mm 的冲压、轧制的薄板构件。它广泛用于低碳钢产品的焊接，如汽车驾驶室、车厢等低碳钢薄板构件。

2. 缝焊

缝焊是用一对滚轮电极代替点焊的柱状电极，当它与焊件做相对运动时，经通电、加压，在接缝处形成一个一个相互重叠的熔核，结晶冷却后即成密封的连续焊缝。缝焊用于焊接油桶、罐头、暖气片、飞机和汽车油箱等有密封要求的薄板焊件。

3. 对焊

对焊是将两个工件的端面相互接触，经通电和加压后，使其整个接触面焊合在一起。对焊有电阻对焊和闪光对焊两种类型，主要区别在于它们的加压和通电的方式不同。对焊用于石油、天然气输送管道、钢轨、锅炉钢管、自行车和摩托车轮圈、锚链及各种刀具等，也可用于各种部件的组合及异种金属的焊接。

二、电阻焊的特点

电阻焊的优点：由于加热时间短，热量集中，故热影响区较小，焊接应力与变形也小，焊接后不再需要校正和热处理；电阻焊不需要焊丝、焊条等填充金属，不用另加保护措施，焊接成本低；操作简单，由于焊接电压很低，焊接电流很大，可在很短时间（0.01s 至数秒）内获得焊接接头，因此生产率很高；噪声小，无弧光，烟尘及有害气体很少，劳动条件好，易于实现机械化、自动化。但电阻焊也有缺点：设备功率大，一次性投资较大；目前尚无可靠的无损检测方法，只能依靠工艺试样或破坏性试验来检验；电阻点焊、缝焊采用搭接接头，增加了焊件的自重，接头的强度较低。

三、电阻点焊

1. 电阻点焊设备

金工实习中比较常见的电阻点焊设备是脚踏式点焊机，它主要由机身、电极、变压器、加压机构和控制系统等几部分组成，其结构如图4-28所示。

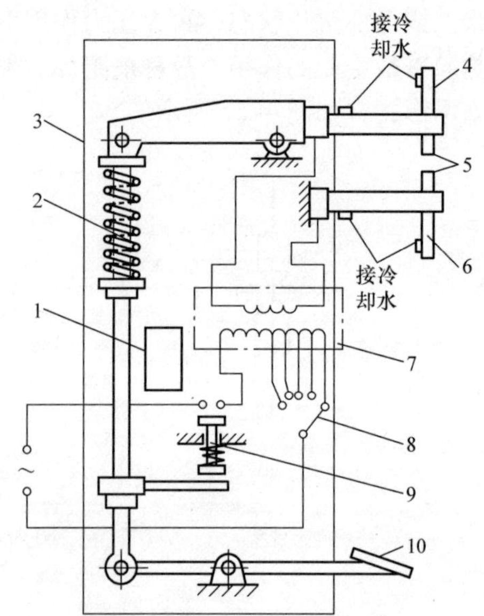

图4-28 脚踏式点焊机结构示意图

1—控制器 2—加压弹簧 3—机身 4—上电极杆 5—电极头 6—下电极杆 7—变压器 8—换挡开关 9—行程开关 10—脚踏板

2. 操作方法及过程

（1）焊前准备

1）打开电源和冷却水阀，并检查冷却水系统是否通畅。

2）检查上、下电极是否夹紧，电极与工件接触的端面是否平整、光洁。

3）调整焊机的行程开关顶板及压力弹簧。

4）清除工件表面的锈蚀和油污等。

（2）操作步骤

1）设定参数。根据焊件的材料、厚度调整焊机控制器的参数，如焊接电流、通电时间等。可根据有关技术资料（如焊机的说明书）中给出的参考数据来确定参数；也可以先焊一个工件，观察其焊点的质量，据此再调整焊接参数。

2）预压。打开电源开关。将工件上的待焊部位搭接后置于两个电极之间，踩下焊机的脚踏板，通过弹簧的作用使上电极下行与工件接触并加压。预压阶段尚未通电，只是对被焊金属施加压力（图4-29a）。

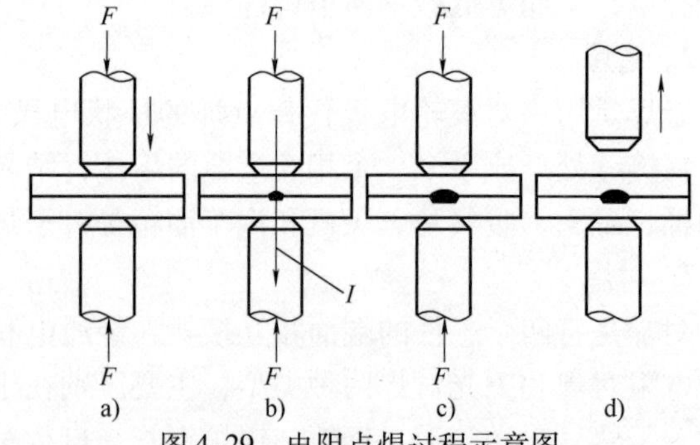

图4-29 电阻点焊过程示意图

a）加压 b）通电形成熔核 c）断电保持 d）卸压

3）焊接。继续压下脚踏板，顶板推动行程开关，使电源触头开关接通，变压器开始工作，焊接回路通电。在一定的压力下，焊接电流（一般为几千到上万安培）通过上、下电极之间的工件上的接触面时产生电阻热，将此处金属加热到高温塑性状态，使接触面上的物理接触点逐渐扩大，并产生熔化形成熔核（图4-29b）；通电（通电时间大多只有零点几秒）停止后，电极压力仍然保持，金属熔核在压力下冷凝结晶形成焊点，从而获得焊接接头（图4-29c）。

4）结束。松开脚踏板，上电极上升，压力减小、消除，焊点逐渐冷却（图4-29d）。

焊接完成后，应关闭电源和冷却水源，并清理电极头和工作区。

3. 常见问题与产生原因

1）踩下脚踏板后焊机不工作，电源指示灯不亮。原因：①电源电压不正常，焊机控制系统不正常；②脚踏板开关触头、交流接触器触头、分头换挡开关接触不良或烧损。

2）电源指示灯亮，工件压紧，但不焊接。原因：①脚踏板行程未到位，行程开关接触不良；②压力杆弹簧螺钉调整不当。

3）焊接时发生不应有的飞溅。原因：①电极氧化严重；②工件表面严重锈蚀，与电极接触不良；③调节开关挡位过高；④电极压力太小；⑤焊接程序不正确。

4）焊点压痕严重并有挤出物。原因：①电流过大；②工件表面凹凸不平；③电极压力过大，电极头形状、截面不合适。

5）焊接接头强度不足。原因：①电极压力不合适，电极柱未紧固好；②由于焊点接触不良或电极头截面因磨损而增大，导致焊接热输入较小。

焊接操作时如果遇到上述问题，应在查找确认原因后采取应对措施加以解决。

第五节　其他焊接方法

一、等离子弧焊接与切割

不受外界条件约束的电弧称为自由电弧，如焊条电弧焊机产生的电弧。自由电弧在压缩喷嘴的作用下，弧柱区的横截面受到压缩，成为细小的等离子体，即形成等离子弧。与自由电弧相比，等离子弧的能量密度和温度显著增大，弧柱中心温度可达18000～24000K，能量密度可达10^5～10^6W/cm^2，因而等离子弧用作材料焊接与切割时的热源就具有一些特殊的优势。

等离子弧焊具有焊接速度快、生产率高、热影响区小、焊接变形小、焊接质量高等优点，适用于高熔点、易氧化的合金钢、不锈钢、镍和镍合金、钛及钛合金等零件的焊接。

但目前在工业生产中，等离子弧更多的是用于材料的切割，几乎所有金属材料及非金属材料都能被等离子弧熔化，因而它的适用范围比传统的氧气切割要大得多。等离子弧切割利用高温、高速和高能量的等离子弧来加热和熔化被切割材料，并借助高速的气流将熔化的材料吹除，形成一条狭窄的切口。可见，等离子弧切割与氧气切割的原理不同，它不是依靠氧化反应，而是依靠熔化来实现材料切割的。

等离子弧切割速度快，生产率高，切口窄而平整，产生的热影响区和变形都比较小，切割后一般可直接焊接而无需对切口再进行清理。等离子弧切割适用于碳钢、不锈钢、铸铁、钛及钛合金、铝及铝合金、铜及铜合金、钼和钨合金等金属材料，也可用于切割非金属材料，如花岗石和碳化硅等。

等离子弧切割常用的气体有氩气、氮气、氩－氢混合气、氮－氢混合气、压缩空气等。其中，利用压缩空气作为工作气体的等离子弧切割称为空气等离子弧切割，它具有气体来源方便、成本低、切割速度快、切口质量好等优点，在生产中得到较广泛的应用。

空气等离子弧切割按照操作过程分为接触式空气等离子弧切割和非接触式空气等离子弧切割两种。接触式空气等离子弧切割就是在切割时割炬的压缩喷嘴与工件直接接触或紧贴在工件表面，一般只适用于切割薄板；非接触式空气等离子弧切割则是切割时割炬喷嘴与工件之间保持3～6mm的距离（图4-30），这种方式较为多用。空气等离子弧切割机主要由电源及控制系统、空气压缩机、气路系统等组成，电源有三相整流式、晶闸管式和逆变式，其空载电压为220～330V，工作电压为80～180V，常用切割电流一般在200A以下。例如，切割板厚10～25mm的碳钢时，其工艺参数：切割电压120V，切割电流60A，空气压力0.4～0.6MPa，气体流量7800L/min，切割速度48～9m/min（随板厚增大而减慢）。

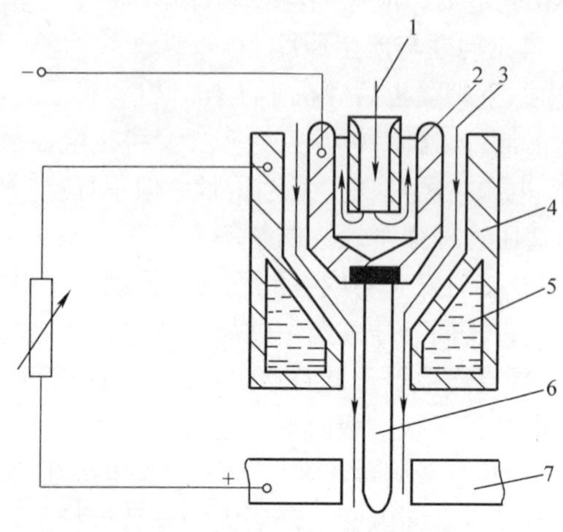

图4-30 空气等离子弧切割原理示意图
1—电极冷却水 2—电极 3—压缩空气 4—压缩喷嘴
5—压缩喷嘴冷却水 6—等离子弧柱 7—工件

二、真空电子束焊接

真空电子束焊接如图4-31所示。电子枪、焊件及夹具全部装在真空室内。电子枪由加热灯丝、阴极、阳极及聚焦透镜等组成。当阴极被灯丝加热到2600K时，能发出大量电子。这些电子在阴极与阳极（焊件）间的高压作用下，经电磁透镜聚焦成电子束，以极大的速度（可达到1.6×10^{8}m/s）射向焊件表面，使电子的动能转变为热能，其能量密度（$10^{6}\sim10^{8}$W/cm²）比普通电弧大1000倍，故可使焊件金属迅速熔化，甚至汽化。根据焊件的熔化程度，适当移动焊件，即得到要求的焊接接头。

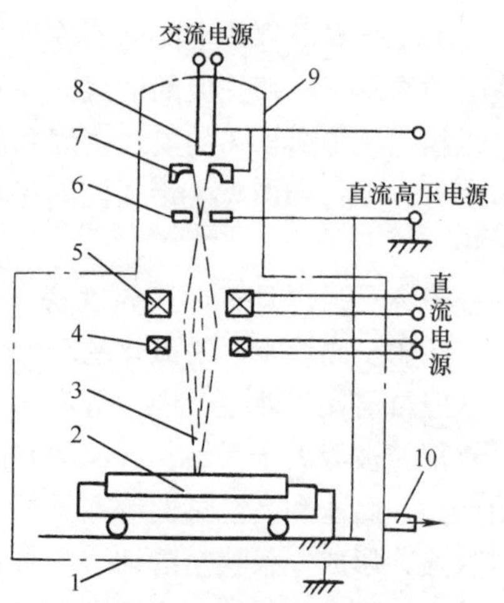

图4-31 真空电子束焊接
1—真空室 2—焊件 3—电子束
4—偏转线圈 5—聚焦透镜
6—阳极 7—阴极 8—灯丝
9—电子枪 10—排气装置

真空电子束焊接的优点：由于在真空中焊接，焊件金属无氧化、氮化，无金属电极沾污，从而保证了焊缝金属的高纯度；热源能量密度大，熔深大，速度快，焊缝深而窄（焊缝宽深比可达1∶20），能单道焊厚件；焊接热影响区很小，基本上不产生焊接变形，可对精加工后的零件进行焊接；厚件不必开坡口，焊接时，一般不必另填金属，但接头要加工得平整洁净，装配紧，不留间隙；电子束参数可在较宽范围内调节，而且焊接过程的控制灵活、适应性强。真空电子束焊接的缺点：设备复杂、造价高、使用与维护技术要求高，焊件尺寸受真空室限制，对焊件的清整与装配要求严格，因而其应用也受到一定限制。

目前，真空电子束焊接的应用范围正日益扩大，从微型电子线路组件、真空膜盒、钼箔蜂窝结构、原子能燃料元件到大型导弹壳体都已采用电子束焊接。此外，熔点、导热性、溶解度相差很大的异种金属构件，真空中使用的器件和内部要求真空的密封器件等，用真空电子束焊接也能得到良好的焊接接头。

三、激光焊接

激光是指利用原子受激辐射原理，使物质受激而产生的波长均一、方向一致和强度很高的光束。它具有单色性好、方向性好以及能量密度大（可达 $10^5 \sim 10^{13}$ W/cm^2）等特点，因此被成功地用于金属或非金属材料的焊接、穿孔和切割。

激光焊接基本原理：利用激光器受激产生的激光束，通过聚焦系统可聚集到十分微小的焦点（光斑）上，其能量密度大于 10^5W/cm^2。当调焦到焊件接缝时，光能转换为热能，使金属熔化，形成焊接接头。

激光焊接的特点：焊接过程极其迅速（如定位焊过程只有几毫秒），这不仅提高了生产率，而且被焊材料不易氧化，因此，可以在大气中进行焊接，不需要气体保护或真空环境；激光焊接的能量密度很高，热量集中，作用时间很短，因此，焊接热影响区极小，焊接不变形，特别适用于热敏感材料的焊接；激光束可用反射镜或偏转棱镜将其在任何方向弯曲或聚集，还可以通过透明材料壁进行聚集，可以用光导纤维将其引到难以接近的部位，因此，可以焊接一般焊法难以接近或无法安置的焊点；激光可对绝缘材料直接焊接，焊接异种金属材料也比较容易，甚至能把金属材料与非金属材料焊在一起。

激光焊接特别适合微型、精密、排列非常密集和热敏感材料的焊件及微电子元件的焊接，如集成电路、微型继电器、电容器、石英晶体的管壳封焊以及仪表游丝的焊接等，但激光焊接设备的功率较小，可焊接的厚度受到一定限制，而且操作与维护的技术要求较高。

四、摩擦焊

摩擦焊是使焊件连接表面之间或焊件连接表面与工具之间相互压紧并发生相对运动，利用其所产生的摩擦热作为热源将焊件连接表面加热到塑性状态，并施加一定的压力，使之形成焊接接头的一种压焊方法。

1. 旋转摩擦焊

传统的摩擦焊主要分为旋转摩擦焊和轨道式摩擦焊两种。本书主要介绍旋转摩擦焊。焊接时，一个焊件以选定的转速旋转，另一个焊件向旋转焊件靠拢直至互相接触，并施加轴向挤压力，开始摩擦加热。待接头处被加热到焊接所需温度时，使焊件停转，同时对接头施加更大的轴向顶锻压力，使接头在其作用下产生一定的塑性变形而焊合在一起，卸压后完成焊接。此方法多用于焊接圆形截面的棒料或管子，或者将棒料、管子焊接在平板上。

旋转摩擦焊的特点：无需填充金属和另加保护措施，加工成本低；焊接金属范围广，可焊同种金属或异种金属；焊接变形小，焊接接头质量好且稳定；操作简单，易于实现机械化和自动化，生产率高。但旋转摩擦焊对非圆断面工件的焊接很困难，摩擦因数特别小的和易碎的材料也难以进行摩擦焊；摩擦焊的一次性投资较大，主要适合于大批量生产。

2. 搅拌摩擦焊

相对于传统的摩擦焊而言，搅拌摩擦焊是一种创新性的焊接方法，它在焊接时需要借助一种称为搅拌头的工具，其焊接原理如图 4-32 所示。焊接时，由轴肩和搅拌针构成的搅拌头高速旋转进入两块板状工件的待接合部位，在耐磨、耐高温的搅拌针与被焊材料之间产生大量摩擦热，使周围的被焊材料软化而达到塑性状态；该塑性软化区中的金属受到搅拌头的搅拌与挤压作用，且随着搅拌头的旋转而向其后侧流动，并在搅拌头离开后迅速冷却而形成焊缝。可见，搅拌摩擦焊是在非耗损的搅拌头的摩擦热和机械挤压的联合作用下形成接头的。

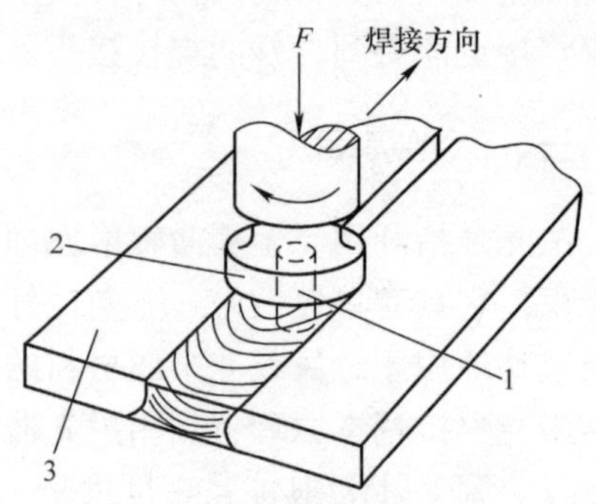

图 4-32 搅拌摩擦焊原理

1—搅拌针 2—轴肩 3—焊件

搅拌摩擦焊的优点：避免了熔焊中熔池凝固时容易产生裂纹、气孔等问题，因而可以焊接一些采用普通熔焊方法难以焊接的材料，特别适用于各种非铁金属或异种金属的焊接；便于机械化、自动化操作，焊接质量较稳定；不用填充材料，也不用焊剂或保护气体，焊接成本较低；焊接温度较低，焊件变形很小；适用于多种焊接接头形式，焊前及焊后处理简单；操作方便、安全，对环境无污染。搅拌摩擦焊主要用于焊接铝合金、镁合金、铜合金、钛合金和铝基复合材料等。

五、钎焊

钎焊是采用熔点比焊件低的钎料作为填充金属，加热时钎料熔化而将焊件连接起来的焊接方法。钎焊的过程：将表面清理好的焊件以搭接形式装配在一起，把钎料放在接头间隙附近或接头间隙之间。当焊件与钎料被加热到稍高于钎料熔点的温度后，钎料熔化（此时焊件不熔化），借助毛细作用钎料被吸入并充满固态工件间隙，液态钎料与焊件金属相互扩散溶解，冷凝后即形成钎焊接头。根据钎料熔点的不同，钎焊可分为硬钎焊与软钎焊两类。钎料熔点在450℃以上、接头强度在200MPa以上的称为硬钎焊。属于这类的钎料有铜基钎料、银基钎料和镍基钎料等。钎料熔点在450℃以下、接头强度较低的钎焊称为软钎焊。软钎焊只用于焊接受力不大、工作温度较低的焊件。软钎焊常用的钎料是锡铅合金，所以通称锡钎焊。

在钎焊过程中，一般都需要使用熔剂，即钎剂。其作用：清除被焊金属表面的氧化膜及其他杂质，改善钎料流入间隙的性能（即润湿性），保护钎料及焊件不被氧化。因此，它对钎焊质量影响很大。软钎焊时，常用的钎剂为松香或氯化锌溶液。硬钎焊钎剂的种类较多，主要由硼砂、硼酸、氟化物、氯化物等组成，应根据钎料种类选择使用。

钎焊的加热方法有烙铁加热、火焰加热、电阻加热、感应加热、盐浴加热等，可根据钎料种类、焊件形状及尺寸、接头数量、质量要求与生产批量等综合考虑选择。

与一般熔焊相比，钎焊的特点：焊件加热温度较低，组织和力学性能变化很小，变形也小；接头光滑平整，焊件尺寸精确；可焊接性能差异很大的异种金属，对焊件厚度的差别也没有严格限制；对焊件整体进行钎焊时，可同时钎焊多条（甚至上千条）接缝组成的复杂形状构件，生产率很高；设备简单，投资费用少。但是钎焊的接头强度较低，允许的工作温度不高；焊前清整要求严格，而且钎料价格较贵。因此，它不适合于一般钢结构件及重载、动载零件的焊接。钎焊主要用于制造精密仪表、电气部件、异种金属构件、某些复杂薄板结构（如夹层结构、蜂窝结构等）、各类导线及硬质合金刀具等的焊接。

第六节 焊接生产的质量控制与经济性分析

一、焊接缺陷

1. 对焊接质量的要求

焊接质量一般包括焊缝的外形尺寸、焊缝的连续性和接头性能三个方面。

一般对焊缝外形和尺寸的要求：焊缝与母材金属之间应平滑过渡，以减少应力集中；没有烧穿、未焊透等缺陷；焊缝的余高为0～3mm，不应太大；焊缝的宽度、余高等尺寸都要符合国家标准或图样的技术要求。

焊缝的连续性是指焊缝中是否有裂纹、气孔与缩孔、夹渣、未熔合与未焊透等缺陷。

接头性能是指焊接接头的力学性能及其他性能(如耐蚀性等)，应符合图样的技术要求。

2. 常见的焊接缺陷

焊接缺陷的种类很多，常见的有夹渣、气孔、裂纹和未焊透等。常见焊接缺陷的类型、产生原因及预防措施见表4-3。

表4-3 常见焊接缺陷的类型、产生原因及预防措施

缺陷类型	特征	产生原因	预防措施
夹渣	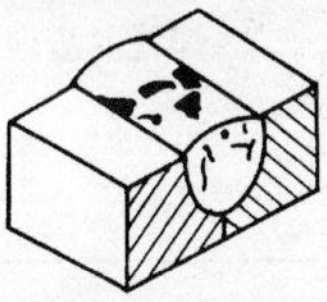 呈点状或条状分布	1. 前道焊缝除渣不干净 2. 焊条摆动幅度过大 3. 焊条前进速度不均匀 4. 焊条倾角过大	1. 应彻底除锈、除渣 2. 限制焊条摆动的宽度 3. 采用均匀一致的焊速 4. 减小焊条倾角
气孔	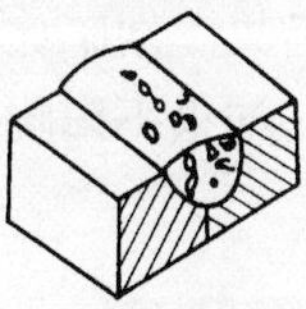 呈圆球状或条虫状分布	1. 焊件表面受锈、油、水分或脏物污染 2. 焊条药皮中水分过多 3. 电弧拉得过长 4. 焊接电流太大 5. 焊接速度过快	1. 清除焊件表面及坡口内侧的污染 2. 在焊前烘干焊条 3. 尽量采用短电弧 4. 采用适当的焊接电流 5. 降低焊接速度
裂纹	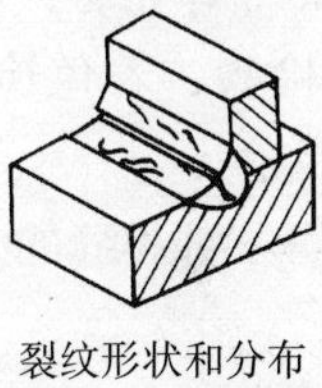 裂纹形状和分布很复杂，有表面裂纹、内部裂纹等	1. 熔池中含有较多的C、S、P等有害元素 2. 熔池中含有较多的氢 3. 焊件结构刚性大 4. 接头冷却速度太快	1. 限制原材料中C、S、P的含量 2. 尽量降低熔池中氢的含量 3. 采用合理的焊接顺序和方向 4. 采用合理的冷却速度
未焊透	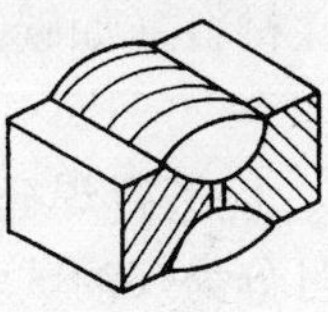 接头根部未完全熔化	1. 焊接电流过小，焊接速度太快 2. 坡口钝边过厚 3. 装配间隙过小，焊接电流过小	1. 正确选择焊接电流和焊接速度 2. 正确选用坡口尺寸 3. 采用合理的装配间隙和焊接电流

（续）

缺陷类型	特　征	产生原因	预防措施
烧穿	焊缝出现穿孔	1. 焊接电流过大，焊接速度过小 2. 操作不当	1. 选择合理的焊接参数 2. 操作方法正确、合理
咬边	母材上被烧熔而形成凹陷或沟槽	1. 焊接电流过大 2. 电弧过长 3. 焊条角度不当 4. 运条不合理	1. 选用合适的电流，避免电流过大 2. 操作时，电弧不要拉得过长 3. 焊条角度适当 4. 运条时，坡口中间的速度稍快，而边缘的速度要慢些
未熔合	母材与焊缝或焊缝金属之间未完全熔化结合	1. 焊接电流过小，焊接速度过快 2. 热量不够 3. 焊缝处有锈蚀	1. 选用合适的电流，放慢焊速 2. 选择合理的焊接参数 3. 焊缝要清理干净

焊接缺陷必然要影响接头的力学性能和其他使用上的要求，如密封性、耐蚀性等。对于重要的接头，上述缺陷一经发现必须修补，否则会产生严重的后果。缺陷如果不能修补，会造成产品的报废。对于不太重要的接头，若存在个别的小缺陷，如果不影响使用，可以不必修补。但在任何情况下，裂纹和烧穿都是不允许的。

二、焊接接头的检验方法

对焊接接头进行必要的检验是保证焊接质量的重要措施。焊件焊完后，应根据产品技术要求进行相应的检验。生产中常用的焊接接头检验方法有外观检验、着色检验、无损检测、致密性检验、力学性能和其他性能试验等。

（1）外观检验　用肉眼或低倍放大镜观察焊缝表面有无缺陷。对焊缝的外形尺寸还可采用样板测量。

（2）着色检验　利用流动性和渗透性好的着色剂来显示焊缝表层中的微小缺陷。

（3）无损检测　用专门的仪器检验焊缝内部或浅表层有无缺陷。常用来检验焊缝内部缺陷的方法有X射线检测、γ射线检测和超声波检测等。对铁磁性材料（如碳钢及某些合金钢等）焊件浅表层的缺陷，可采用磁力检测的方法。

（4）致密性检验　对于要求密封和承受压力的容器或管道，应进行焊缝的致密性检验。根据焊接结构负荷的特点和结构强度的不同要求，致密性检验可分为煤油试验、气压试验和水压试验三种。水压试验时，检验压力应是工作压力的1.2～1.5倍。

另一类是破坏性试验，它根据设计要求将焊接接头制成试样，进行拉伸、弯曲、冲击等力学性能试验和其他性能试验，如金相检验、断口检验和耐压试验等。

三、焊接生产的技术经济分析

焊接生产的技术经济分析就是对焊接生产从技术上和经济上进行综合分析：技术上，要求结构新颖，工艺先进，使用安全可靠；经济上，能节约资源，减少费用，也就是要求所设计的产品或工艺能获得最大的经济效益。焊接生产的技术经济分析的主要任务：通过对不同焊接技术方案的比较，正确选择与确定最优的技术方案；计算新焊接技术方案能获得的经济效益；指导技术创新的方向，促进焊接技术的正确发展。

通过对焊接生产的技术经济分析，我们很容易理解为什么一方面在不断提高焊接生产的机械化、自动化程度，对许多重要产品建立了自动生产线，另一方面传统的焊条电弧焊、气焊、埋弧焊等方法仍大量应用于生产第一线，且能很好地保证质量。这些都是我们进行工艺分析时应予以考虑和重视的。

下面对一个热推力系统中使用的薄壁球形钛瓶焊接工艺进行技术经济分析。钛瓶壁厚0.8mm，极限工作压力2.5MPa，由两个半球组装后，焊接一条环缝而成。薄壁钛瓶的焊接以前一般采用钨极氩弧焊，其优点是工艺简单，焊缝成形及接头性能好，缺点是易产生气孔和未焊透。现在选用等离子弧焊，与钨极氩弧焊相比，能量集中，穿透力强，焊缝窄，焊接变形小；最重要的是弧长变化对焊接参数的影响小，熔深均匀，操作容易；并且钨极离工件远，焊缝不会产生夹钨，焊接气孔大大减少。等离子弧焊与钨极氩弧焊和电子束焊的技术经济指标对比见表4-4。由此可见，等离子弧焊具有较高的技术经济性。

表4-4 几种焊接方法经济技术指标的比较

焊接方法	焊缝正面成形	焊缝背面成形	焊缝宽度	热影响区宽度	热影响区晶粒	气孔数量	夹钨可能性	设备成本	生产率
氩弧焊	好	中	宽	宽	粗	较多	可能	低	中
等离子弧焊	好	好	中	中	中	少	不可能	低	高
电子束焊	中	差	窄	窄	细	较多	不可能	高	中

【扩展阅读】

焊接生产的智能化

1. 以机器人焊接为代表的智能焊接技术

焊接是工业机器人应用的一个主要领域。其中，点焊机器人已在汽车制造中得到普遍应用，而且从过去较为简单的运动控制向精确控制轨迹的多自由度发展。电弧焊是连续轨迹操作，焊件形状各异，焊缝的曲线及长短都不相同，因而要求焊接轨迹和焊接参数的控制具有柔性。焊接机器人有示教型和智能型两种。示教型机器人通过示教，记忆焊接轨迹及焊接参数，并严格按照示教程序完成产品的焊接。此类机器人对环境变化的应变能力较差，适用于在生产流水线的固定工位上操作。智能型机器人可以根据相应的控制指令自动确定焊接的起始位置、空间轨迹及焊接参数，能根据实际情况自动跟踪焊缝轨迹，调整焊枪或焊炬姿态，对多层、多道焊缝进行在线规划，对焊接过程各参数及过程质量进行记录、分析与实时控制，并在焊接后完成对焊缝外观的质量检测。通过网络通信技术还能够实现多台焊接机器人之间的数据传送和协同作业。智能型焊接机器人的应用，是焊接过程高度自动化的重要标志，使多品种、小批量生产的自动化成为可能。

2. 智能焊接系统

智能焊接系统集成了现代焊接技术、智能机器人、智能网络和智能传感技术等，可以完成焊缝坡口自动传感、焊接轨迹自动生成、焊接工艺自动编制、焊接过程智能适应、焊件质量智能评价等工作。智能焊接系统的发展完善将能实现以下功能：

1）多种传感手段的集成。在焊接加工现场部署多种传感器，对焊接过程的前后信息进行在线检测，这些信息包括加工过程相关参数、加工环境信息、操作者状态以及机器运行状态。

2）过程数据的管理与共享。针对不同来源、多种数据的管理与分析，可以有效地提高关键信息的可靠性和准确性。另外，通过数据共享，与“大数据”“云计算”等信息技术相结合，可快速制订焊接加工方案，并实现焊接加工的遥控操作及监督控制。

3）焊接设备智能化。依托计算机技术、信息技术等的发展，将焊接知识和经验进行规则化，转化为机器可以理解的语言，使得机器具有理解焊接加工问题的能力；在此基础上，制订合适的推理规则和算法，使得机器具有对简单问题决策的能力。

4）人机交互能力的提升。智能焊接系统通过有效方式与操作者进行相互交流，使得人和机器各自发挥所长，促进人与机器之间的合作，从而提高焊接系统解决复杂问题的能力。

5）实现柔性化、个性化的服务。通过灵活的焊接系统集成方案，为用户提供个性化的焊接加工服务。同时，发展信息安全防护技术，防止用户的相关信息和企业加工关键技术的泄露。

复习思考题

4-1 常用焊条电弧焊机有哪几种？说明你在实习中使用的焊条电弧焊机的主要参数。

4-2 画出焊条电弧焊操作时焊接设备的线路连接示意图，说明各组成部分的名称。

4-3 焊条分为几个部分？各部分有何作用？

4-4 焊条电弧焊的工艺规范包括哪些内容？应怎样选择？

4-5 画简图表示气焊操作时所用设备及其连接情况，说明所用设备的名称和作用。

4-6 气焊火焰分哪几种？怎样区别？怎样获得？各种火焰分别适合于何种材料？

4-7 简述氧气切割过程和金属气割条件。

4-8 焊炬和割炬的构造有何不同？

4-9 钎焊时，钎料和钎剂的作用是什么？

4-10 常见的焊接缺陷有哪些？有哪些方法可以检查焊缝的缺陷？

4-11 比较电弧焊、气焊、电阻焊和钎焊有哪些不同。

4-12 为了避免大气的不良影响，能否在真空环境中进行电弧焊？为什么？激光焊和电子束焊能否在真空条件下进行？为什么？

4-13 气体保护焊的主要特点是什么？常用的保护气体有哪些？

4-14 钨极氩弧焊工艺有何特点？其应用范围如何？

4-15 CO_2 气体保护焊有何优缺点？其应用范围如何？

4-16 埋弧焊与焊条电弧焊相比有哪些优点？应用上有何限制？为什么？

4-17 电阻焊可分为哪几类？它们各有何特点？

4-18　电阻点焊时的常见问题有哪些？如何解决？

4-19　请为以下焊接件选择合适的焊接方法：壁厚16mm的低碳钢锅炉筒体焊接；采用4mm的角钢（低碳钢）焊接的厂房屋架；自行车车架的焊接；高铁列车铝合金车厢的焊接；硬质合金铣刀头与45钢刀体的焊接；电子元件在印制电路板上的焊接。

4-20　焊接时开坡口的作用是什么？在什么情况下需要开坡口？

4-21　常见的焊接接头形式有哪些？常见的焊接坡口形式有哪几种？

4-22　常见的焊接位置有哪几种？哪一种焊接位置最好焊？

4-23　等离子弧切割与气割相比有哪些优点？

4-24　相对于传统的摩擦焊而言，搅拌摩擦焊的创新性表现在哪里？

4-25　焊接机器人的应用将给焊接生产带来哪些改变？

4-26　简述焊接和气割的安全操作技术要求。

5 第五章 3D打印与塑料注射成型加工

目的和要求

1）了解3D打印技术的特点和应用。
2）了解3D打印技术的原理和方法。
3）了解3D打印设备的基本结构和操作。
4）了解塑料注射成型加工的特点和应用。
5）了解塑料注射成型工艺过程和注射模的结构。
6）了解塑料注射成型设备（注射机）的结构和工作原理。
7）了解塑料注射成型制品的常见缺陷及其产生的原因。
8）了解塑料注射成型加工生产安全技术。

3D打印与塑料注射成型加工实习安全技术

1）3D打印成型过程中，不要打开设备成型室的门。
2）完成3D打印操作后，应清理工作台，关闭电源。
3）注射机工作时，不要接触机器的移动部件。
4）在清理模具和调节注射机机械部件时应关闭注射机电源。
5）在注射机进行注射和储料时必须关上喷嘴防护罩。
6）当注射机抽芯或顶出塑件时，不要将手伸至锁模区。
7）操作注射机之前应检查模具是否安装稳固。

第一节 概 述

除了金属，塑料是机械制造工程领域中应用最多的非金属材料。塑料是以合成树脂为基础，适当加入添加剂（有些塑料也可不加），并经塑制成型的高分子合成材料。塑料具有质轻、耐蚀性好、电绝缘性和隔热性好、减摩和耐磨性好、成型方便等优点，因此广泛地应用于工农业生产、高科技产业和人们日常生活的众多领域。适用面广、产量大的塑料品种称为通用塑料，如聚乙烯、聚氯乙烯、聚苯乙烯、聚丙烯、酚醛塑料等，可用于农用薄膜、包装材料、建筑材料、化工材料、生活日用品等的生产中；而力学性能较高、可用作工程结构材料的塑料品种则称为工程塑料，如ABS塑料、聚酰胺（尼龙）、聚甲醛等，它们可用于制作某些机械构件，如齿轮、轴承、叶片等。

塑料制品的生产主要包括选配树脂品种和添加剂成分、成型加工、后续加工等工序。成型加工是塑料制品生产中最重要的基本工序，它是指将原料（树脂及各种添加剂）在一定温度和压力下塑制成一定形状制品的工艺过程。塑料的常用成型加工方法有注射成型、挤出成型、模压成型、压注成型、压延成型、吹塑成型等。

近年来，一种极具创新性的材料成型技术在塑料制品的生产中获得了引人注目的应用，这就是3D打印技术。

3D打印技术，又称为快速成型技术（RPT）、快速原型制造（RPM）或增材制造等，它是由CAD模型直接驱动的快速制造复杂形状三维实体零件的技术方法的总称，是当代材料成型加工技术的一项重大进展。3D打印技术是集CAD/CAM技术、激光技术、数控技术以及材料科学技术等于一体的集成技术，它能够依照设计人员在计算机上设计出的产品三维模型，自动、快速地制作出实物，而无需采用传统的机械加工或借助模具成型的方法，从而大大缩短了产品的研发及生产周期，增强了企业的市场竞争能力。

采用3D打印技术可以直接制造形状复杂的单件零件，特别适合于多品种、小批量、个性化产品和复杂形状零件的直接制造，如家电产品和汽车上的塑料零件，枪械和飞机上的粉末冶金零件，生物材料制成的人造骨骼和软组织器官，树脂、陶瓷或金属材料制成的艺术品等。也可以利用3D打印技术获得的三维实体原型作为模样，通过铸造等方法间接制造出零件。例如，3D打印技术制作的树脂原型可作为砂型铸造的模样用于造型，3D打印技术制作的泡沫塑料原型可作为消失模铸造的模样。

3D打印技术还可以用于模具的快速制造，同样也有直接法和间接法两种。直接法就是通过3D打印系统直接按模具CAD的结果把模具制造出来，这种方法不需要3D打印技术制作的原型作为样件，也不依赖传统的模具制造工艺，主要用于制作工作温度低、受力较小的塑料模具等。间接法则是利用3D打印技术制作的原型作为样件，再通过精密铸造或砂型铸造等方法翻制出模具。与传统的以切削加工和特种加工为主的模具制造方法相比，用3D打印技术制造模具可使生产周期大大缩短，而且模具的复杂程度越高，其效益就越显著。

3D打印所用的材料可以是金属，也可以是非金属，甚至可以是生物材料。但就目前的发展来看，技术最成熟、应用最广泛的还是3D打印塑料制品。

第二节 3D打印的原理与方法

一、3D打印技术的原理

3D打印技术的原理不同于传统制造技术的去除成型和变形成型，而是一种分层制造的累积成型方法。设计者首先在计算机中建立所要生产零件的三维几何模型，该模型可以是设计者的原创模型，也可以是对已有零件实物复制及修改后转化而来（称为反求）；再根据工艺要求，将其按照一定厚度进行分层，取得三维模型在各个分层截面上的二维平面信息；再将各层的平面信息进行一定的数据处理，加入工艺参数，生成数控代码；最后由数控加工系统以平面加工的方式有序地加工出每个薄层并使它们自动黏合成型。

3D打印技术充分体现出设计制造一体化的特点，具有高度的柔性，它不需要专用工具或模具，可以制造出任意复杂形状的零件。采用3D打印技术，从零件的CAD设计到实物的加工完成只需几小时至几十小时，比传统的成型方法要快得多，并可对零件的设计及时进行评价和修改。迄今为止，3D 打印技术的实现方式主要分为两类：一类是基于高能束的成型技术，其中以激光束应用最多，如光固化成型、选择性激光烧结成型等，电子束、等离子束也有一定应用；另一类是基于喷涂/喷射的成型技术，如熔融沉积成型等。3D 打印技术所适用的材料范围也较广，包括塑料、光敏树脂、金属、纸、石蜡、陶瓷等。

二、3D 打印的工艺方法

目前，3D 打印的方法已有十几种，并且还在继续发展，其中比较常用的有以下几种。

1. 立体光固化成型（SLA）

立体光固化成型是一种光致聚合反应生长型制造工艺，其成型原理是光敏树脂在激光束有选择的照射下能够迅速局部固化。它的成型过程：将液态光敏树脂盛入专用的容器内，利用激光束在液态光敏树脂内沿确定的平面运动轨迹进行面扫描，使被扫描区的树脂薄层产生聚合反应，很快由液态转变为固态而形成零件的一个薄层截面。当一层固化完毕，升降工作台下降一个层片厚度的距离，使已固化的树脂表面又覆盖上一层新的液态树脂。如此重复扫描固化，新固化的一层牢固地黏结在前一层上，最终完成零件的立体制造。这种方法适用于制作小型件，材料利用率高，能直接得到塑料制品，且塑件表面质量好，尺寸精度较高。但由于目前液态树脂价格比较昂贵，因此加工成本较高。

2. 选择性激光烧结（SLS）

选择性激光烧结技术以激光束为热源，烧结对象为塑料、石蜡、陶瓷、金属或其复合物等的粉末材料。先将粉末材料铺一薄层在工作台上，激光束在计算机控制下以一定的速度和能量密度按照分层面的二维数据进行面扫描。激光束扫到之处，粉末烧结成一定厚度的实体片层，未扫到的地方粉末仍保持松散状。工作台下降一定距离，再次铺粉后又进行新一层的扫描烧结，烧结后不仅能够获得新一层的烧结层，而且还将新层与前一层牢固地烧结在一起。如此反复，逐层扫描所有层面，最后去除未烧结的粉末，即得到所需要的实体零件。SLS 工艺获得制品的精度主要取决于所用材料粉末颗粒的尺寸。为了防止氧化，烧结过程必须在惰性气体保护中进行。

3. 分层实体制造（LOM）

分层实体制造采用单面涂有热熔胶的薄片材料（如纸、塑料薄膜、金属箔等），由供料机构将其一段段地送至工作台上方，通过计算机控制的切割器（如激光束或切割刀具）按照三维模型每个分层截面的轮廓形状对它们进行切割，切割下的片材逐层堆积，经热压后黏结成所需要的三维实体。可升降的工作台支承正在成型的零件，并在每一层切割、黏结完毕后，下降一层厚度的距离，以便对新一层材料进行送进、切割和黏结，如图 5-1 所示。由于加工时切割器只需要沿模型内外轮廓线移动，不需要扫描整个模型截面，因此 LOM 工艺的成型速率较高，其加工时间主要取决于制品的尺寸及复杂程度。

4. 熔融沉积成型（FDM）

熔融沉积成型是采用加热器将热熔性材料（如塑料、石蜡等，一般为丝状材料）加热到半熔化状态，由计算机根据 CAD 三维模型的分层截面生成对应的成型喷嘴移动轨迹的二维几何信息，成型喷嘴在计算机控制下沿此轨迹运动并同时挤出半熔化的材料，涂覆并迅速固化形成相应的零件薄层，并与下层材料黏结在一起，如此层层堆积和黏结而得到零件的三

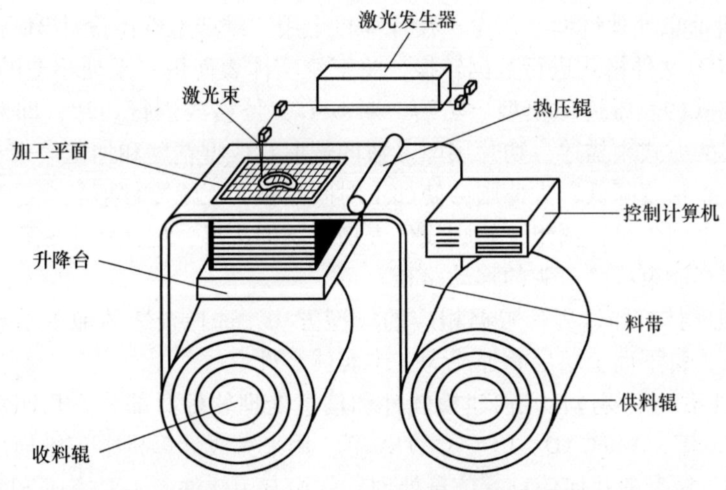

图 5-1 分层实体制造原理示意图

维实体。图 5-2 所示为其成型原理。FDM 工艺不使用激光，设备维护简单，成型速度较快，生产成本较低，且环保性较好。

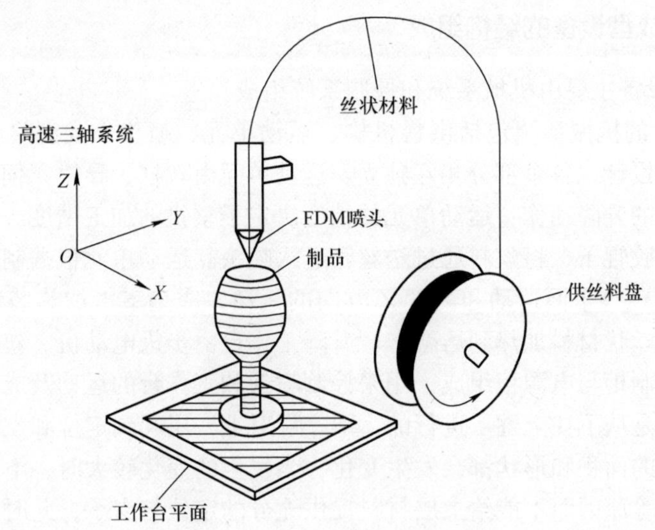

图 5-2 熔融沉积成型原理示意图

第三节 3D 打印成型设备及操作

FDM 和 LOM 的成型设备相对而言结构比较简单（有不使用激光的小型化桌面打印系统），操作较方便，所需的购置费用也不太高，并且所用的原料耗材价廉易得，因此目前金工实习中所用的 3D 打印方法多属于这两类。以下主要针对这两种方法加以介绍。

一、3D 打印成型的基本过程及应用软件

3D 打印成型的基本过程主要由计算机信息处理过程和成型机实体打印过程组成。

（1）计算机信息处理过程　首先，在计算机上用三维造型软件设计3D打印零件的三维CAD模型，用STL文件格式进行数据转换，将三维实体表面用一系列相连的小三角形逼近，得到STL文件格式的三维近似模型。然后，对STL文件格式进行切片，即对三维模型的数据信息以切片层的方式来描述。切片层厚参数的选取对成型精度和加工效率有直接影响，切片层太厚将使成型精度降低，太薄则会使加工时间延长。无论零件形状多么复杂，对每一层来说都是简单的平面矢量扫描组，轮廓线代表切片层的边界，据此将生成每一切片层的加工轨迹，用以控制高能束或喷射头的移动路径。

（2）成型机实体打印过程　根据相应的成型方法，选择合适的加工参数，用三维成型机打印出每一层，自下而上层层叠加成为三维实体零件。

3D打印软件系统主要包括几何建模软件和信息处理软件两部分。几何建模软件一般为通用软件，如Pro/E、AutoCAD、UG、CATIA等，用来完成计算机中三维模型的构建，并以STL文件格式输出模型的几何信息。信息处理软件为专用软件，主要完成STL文件处理（如侦错与修补等）、截面层文件生成、加工轨迹与参数计算、数控代码生成和对成型系统的控制。此类专用软件一般由3D打印设备制造商开发和提供，如Aurora（中国）、3D Manage（美国）、EOSpace（德国）、SDView（以色列）等。

二、3D打印成型设备的结构组成

3D打印成型设备主要由机械系统和控制系统组成。

FDM成型设备的机械系统包括供料机构、运动单元、喷头、成型室、升降工作台等部分，多采用模块化设计，各个部分相互独立。运动单元由丝杠、导轨、伺服电动机组成，负责完成扫描和喷头的升降动作，运动单元的精度决定了整机的加工精度。供料机构的电动机驱动其中的一对橡胶辊子，将丝料通过送丝管送入喷头。运动单元根据制品零件的截面轮廓信息，驱动喷头做$X-Y$平面运动和高度Z方向的运动。成型室由加热装置、测温传感器和风扇组成，用来把丝状材料加热到熔融态。升降工作台由步进电动机、丝杠、光杠和台架组成。控制系统由控制柜与电源柜组成，用来控制喷头和工作台的运动及成型室的温度。

由于沉积过程是从下往上逐层进行的，下一层对上一层起到定位和支承作用，随着高度的增加，层片轮廓的面积和形状都会发生变化，当发生的变化较大时，下层材料因轮廓截面积较小或位置偏移等原因而不能给上层材料提供充分的定位与支承，此时就需要设计一些辅助结构（称为“支撑”）来起定位和支承作用，以保证成型过程的顺利进行。新型的FDM成型设备采用双喷头，一个喷头用于沉积制品的材料，另一个喷头用于沉积支撑的材料，从而降低材料成本，提高成型效率。

LOM成型设备的机械系统由供料机构、运动单元、切割器、涂胶与解胶装置（若采用已涂胶材料则无需涂胶装置）、热压辊、成型室、升降工作台等部分组成。成型室和升降工作台的结构及作用与FDM成型设备相似。供料机构由驱动装置和料辊组成，有双辊机构（包括供料辊和收料辊，如图5-1所示）和单辊机构（只有供料辊）两种。运动单元按照控制计算机给出的所需切割的轮廓线信息，驱动切割器做$X-Y$平面运动，将工作台上最上层的薄层材料切割出轮廓线。LOM成型设备的切割器大多是激光发射头（需配置激光发生器，如图5-1所示），也有一些小型LOM成型机采用切割刀。涂胶与解胶装置包括胶水舱、涂胶器和解胶笔等。解胶笔的作用是将解胶剂涂布到材料上切割轮廓线以外的区域，消除其上涂胶的黏结作用，以利于制品成型后可以比较方便地逐层剥离其周围的废料。

LOM 工艺不需要设计和构建支撑结构，成型过程结束后会形成由多余材料的废料块包围着的三维零件，去除周边废料后方可获得最终制品。由于去除内部的废料比较困难，因此该方法不宜用于制作内部结构复杂的零件。

除了 3D 打印设备以外，还需要配备相应的计算机（按规定要求与成型机相连接）和专用软件，以及用于对制品进行清理和后处理的工具（如铲子、镊子、锉刀、砂纸等），才能完成 3D 打印工作。

三、3D 打印成型工艺操作

3D 打印成型（FDM 或 LOM）工艺操作主要有以下几个步骤。

（1）初始化　即对 3D 打印设备进行回零操作，如使工作台处于零高度位置，喷头（或切割头）回到初始位置，工作台与喷头的对高操作等。

（2）导入 3D 模型　将模型的 STL 数据文件导入专用软件系统中进行读取和显示。

（3）3D 模型的定位、校验与形状处理　选择、调整 3D 模型的空间方位，确定合适的成型方向；测试、修复模型上的小错误，对模型进行合并、分解及变形等处理，得到理想的曲面模型。

（4）分层切片与参数设置　对 STL 数据文件进行分层切片，片层的厚度通常为 50 ~ 500μm。根据每一层的加工路径，设置相应的加工参数。

如果根据 STL 数据文件判断出成型过程需要支撑的话，将先由计算机设计出支撑结构并生成支撑，其后再进行切片与参数设置。

（5）打印 3D 实物制品　若以上处理过程未出现异常，就可以单击打印模型的按钮，将加工信息传输给成型机控制系统，驱动成型设备自动进行打印。

（6）制品的后处理　3D 打印成型完毕后，从成型室中取出制品，将制品本体与支撑材料或周围废料加以剥离，根据实际情况和工艺要求采取拼接、修补、打磨、精整和表面喷涂等方法进行处理，从而得到最终制品。

第四节　塑料成型加工方法

塑料的主要成分是树脂，根据需要可加入用于改善性能的某些添加剂，如填充剂、增塑剂、稳定剂、固化剂、润滑剂、着色剂、发泡剂等。其中，增塑剂和润滑剂等可改善塑料的成型性能。增塑剂可提高树脂的可塑性和柔软性，使其便于塑制成型；润滑剂可防止塑料在成型过程中黏结在模具或其他设备上，并可使塑料制件表面光亮美观。

按照树脂在加热和冷却时表现的性质，可将塑料分为热塑性塑料和热固性塑料两类。热塑性塑料的特点：它受热后会软化并熔融成黏流态，通常在此状态下将其塑制成型，冷却后则变硬；再次受热后又可软化重塑，冷却后又变硬，如此可反复多次，而保持其基本性能不变。这类塑料的成型工艺一般较简便，并且可采用多种多样的成型方法来成型（如注射成型、挤出成型、吹塑成型等），生产率高。热固性塑料的工艺特点：在一定条件（如加热、加压或加入固化剂）下进行固化成型，并且在固化成型过程中发生树脂内部分子结构的变化。固化后的热固性塑料性质稳定，不再溶于任何溶液，也不能通过加热使它再次软化熔融（温度过高时则被分解破坏）。这类塑料所适用的成型方法较少，常用的是模压法和层压法等，同时成型工艺较复杂，生产率低；但近年来发展的压注成型和反应注射成型，会使生产率明显提高。

一、注射成型

注射成型是利用专门的注射机将熔融的塑料以较大的压力快速注入闭合模具型腔，经保压、冷却、定型、脱模，即可得到所需形状和尺寸的塑料制品。其原理和工艺详见本章第五节。

注射成型具有生产率高、制品尺寸精确、易于实现自动化等优点，可以生产形状复杂、壁薄和带有金属嵌件的塑料制品。

二、挤出成型

挤出成型又称挤塑。它是在挤出机中对塑料加热、加压，使粉状或粒状塑料以熔融流动状态通过口模连续地挤出，以获得各种形状的型材（如管、棒、条、带、板及各种异型断面型材），也可制作电线电缆的包覆物等。图5-3所示是塑料管材的挤出成型示意图。

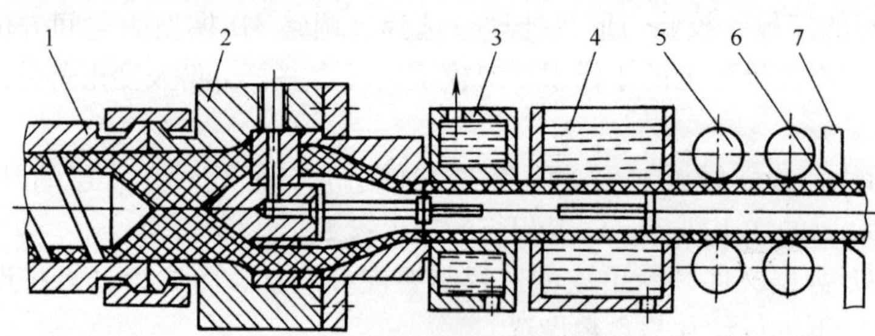

图5-3　塑料管材的挤出成型示意图

1—机筒　2—挤出机机头　3—定径装置　4—冷却装置　5—牵引装置　6—塑料管　7—切割装置

挤出成型生产是连续进行的，生产率高，操作简便，产品质量稳定。此法主要用于热塑性塑料制品的生产，其制品占热塑性塑料制品的40%～50%。

三、压制成型

根据成型工艺特点，压制成型有模压成型、压注成型和层压成型等方法。

1. 模压成型

模压成型又称压缩成型。它是将粉状（或粒状、碎片状、纤维状）的塑料放入凹模型腔中，合上凸模后，在压力机的压力作用下加压并加热，使塑料软化并充满型腔，经固化后脱模，即获得与模具型腔形状相同的塑料制品，如图5-4所示。

模压成型所需设备和模具较简单，操作方便，但生产率较低，难以制作形状复杂、薄壁的塑料件。此法适于生产热固性塑料制品，也用于流动性很差的热塑性塑料制品的成型。

2. 压注成型

压注成型也称传递成型，它是为了改进模压成型方法的缺点而发展起来的一种热固性塑料成型方法。压注成型时，先将热固性塑料加热熔融，再在压力作用下，使塑料熔体通过模具浇口高速进入型腔，固化定型后，开模取出塑件，如图5-5所示。

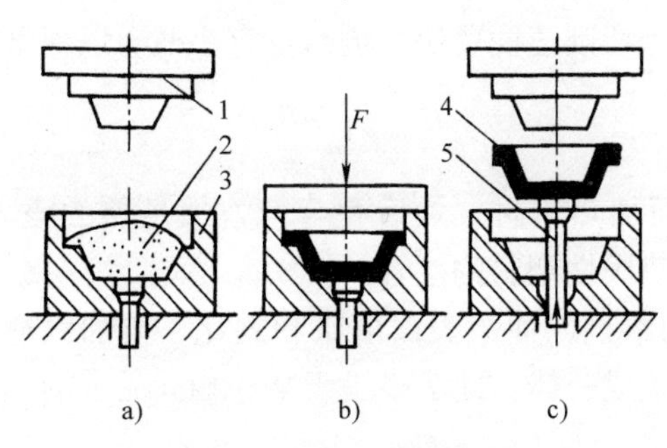

图5-4 模压成型示意图

a）装料 b）压制 c）脱模

1—凸模 2—原料 3—凹模 4—制品 5—出件顶杆

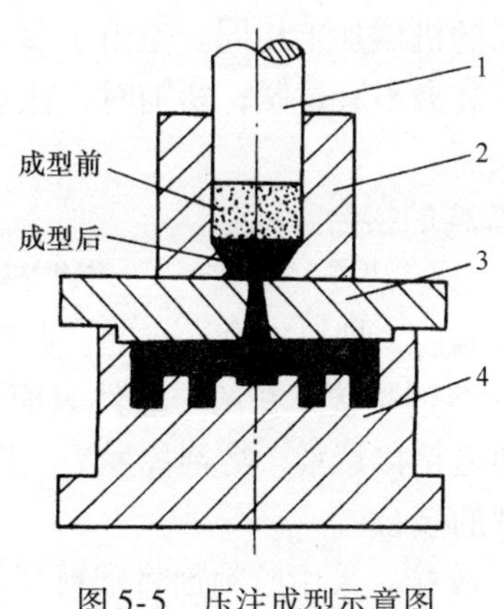

图5-5 压注成型示意图

1—柱塞 2—加料室

3—凸模 4—凹模

与模压成型相比，压注成型提高了生产率，塑件的内在和外观质量也有所提高，能生产出形状复杂或带有精细嵌件的塑料制品；但压注成型所用的模具结构要复杂些，因为有浇注系统，塑料浪费较多，塑件修整工作量也增大。

四、塑料成型的其他方法

（1）吹塑成型 常用方法有中空吹塑成型和薄膜吹塑成型等。中空吹塑成型是用挤出成型或注射成型的空心塑料型坯，趁热于半熔融状态时，将其放入吹塑模具的型腔中，再将压缩空气通入型坯中，使其被吹胀并紧贴模具型腔的内壁而成型，冷却脱模后即获得中空塑料制品。吹塑成型一般只用于热塑性塑料的成型，可生产各种包装容器和薄膜制品等。

（2）浇注成型 浇注成型工艺类似于金属的铸造。它是将液态的树脂与适量添加的固化剂或催化剂，浇入模具型腔中，在适当的温度与压力条件下，固化或冷却凝固成型而得到塑料制品。此法的特点是可制作大型塑件，所用的设备和模具较简单，操作方便；但生产周期长，塑料的收缩率较大。

（3）压延成型 压延成型是将黏流状态的塑料通过一系列相向旋转的水平辊筒间隙，使塑料承受挤压和延展而成为连续的片状制品的成型方法。压延成型适用于热塑性塑料，是生产塑料薄膜（厚度 <0.25mm）和片材（厚度 >0.25mm）的主要方法。

（4）发泡成型 发泡成型是在成型过程中通过某种物理、化学或机械的发泡方法，使塑料内部形成大量微小气孔，从而制得泡沫塑料制品的成型方法。

此外，还有真空成型、冷压烧结成型、熔融挤出堆积成型（MEM）等方法。其中，MEM是一种高技术含量的无模具快速成型方法。

五、塑料的加工

塑料加工是指将成型后的塑料制品再经后续加工（如切削、焊接、表面涂覆等），以达到某些要求的工艺过程。

1. 塑料的机械加工

塑料可以进行车、铣、刨、磨、镗、锉、锯、钻、铰、攻螺纹等加工，其加工工艺和设备与金属的机械加工相同。但由于塑料具有导热性差、易变形等特点，因此应采用刃口锋利的刀具，装夹不宜过紧；切削时，注意充分冷却，切削速度要快，进给量宜小些，以保证获得光洁表面。

2. 塑料的接合

（1）热熔粘接（焊接） 将塑料件的接合面加热熔融，然后叠合，施加足够的压力，待冷却凝固后，即可接合在一起。此法不能用于热固性塑料的接合。

（2）溶剂粘接 在两个塑件表面涂以适当的溶剂，使该表面溶胀和软化，再加以适当的压力使之粘接贴紧，溶剂挥发后，两塑件便粘接成一体。此法多用于某些相同品种的热塑性塑料件的接合。

（3）胶接 采用胶粘剂将塑料件或塑料与其他材料粘接起来。

3. 塑料制品的表面处理

塑料制品的表面处理方法有抛光、浸渍、涂料涂装和镀金属等。

第五节 塑料注射成型工艺与设备

注射成型是热塑性塑料的主要成型方法之一，几乎所有的热塑性塑料（除氟塑料外）都可以采用这种方法成型，此外也可用于一些热固性塑料的成型，因而获得了广泛的应用。

一、注射成型的原理与工艺

1. 注射成型原理

如图5-6所示，将粒状或粉状塑料从注射机的料斗送入加热的料筒中，经加热熔化至黏流态后，在柱塞或螺杆的推动下，向前移动，并通过料筒端部的喷嘴，以很高的速度注入温度较低的闭合模腔中，充满模腔的塑料熔体在压力作用下发生冷却固化，形成与模腔形状相同的塑料件。

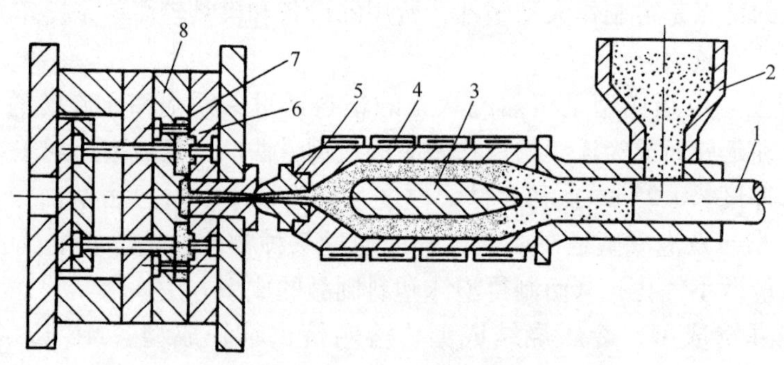

图5-6 注射成型原理图

1—柱塞 2—料斗 3—分流梭 4—加热器 5—喷嘴 6—定模板 7—塑料制品 8—动模板

2. 注射成型工艺

注射成型工艺的全过程包括成型前的准备、成型过程、塑件的后处理等，如图5-7所示。

（1）成型前的准备 成型前，应做一些必要的准备工作，主要有原料的外观检验和工

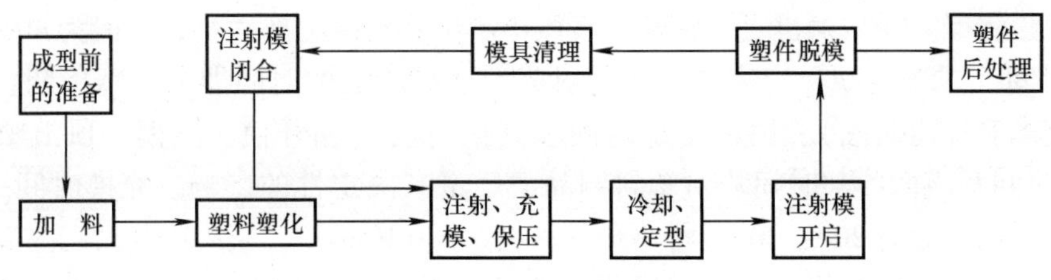

图 5-7　注射成型工艺过程

艺性能测定，原料的染色和对粉料的造粒，对于易吸湿的塑料原料进行预热和干燥，清洗料筒，试模等。

（2）成型过程　一般包括加料、塑化、注射和脱模等几个步骤。由于注射成型是一个间歇过程，因而必须定量（定容）加料，以保证操作稳定，使塑料塑化均匀，最终获得成型良好的塑件。加入的塑料在料筒中加热后，由固体颗粒转变为黏流态，从而具有可塑性，这一过程称为塑化。塑化好的熔体被柱塞或螺杆推挤至料筒前端，即开始进入注射的过程。注射过程可分为充模、保压、冷却等几个阶段。熔体经过喷嘴和模具的浇注系统进入并填满模腔，这一阶段称为充模。充模的熔体在模具中冷却收缩时，柱塞或螺杆继续保持施压状态，以迫使浇口附近的熔体能够不断补充进入模具中，以保证模腔中的塑料能成型出形状完整而致密的塑件，这就是保压阶段。当浇注系统的塑料已冻结后，可结束保压，柱塞或螺杆后退，模腔中压力卸除；同时利用冷却系统（如通入冷却水、油等冷却介质）加快模具的冷却，这个阶段称为冷却。但如果浇口尚未冻结就将柱塞或螺杆退回，则会发生模腔中熔料向浇注系统倒流的现象，使塑件产生收缩、变形和质地疏松等缺陷，故应避免发生这种情况。待塑件冷却到一定的温度即可开模，并由推出机构将塑件推出模外而实现脱模。

（3）塑件的后处理　成型后的塑料制品常需进行适当的后处理，以消除存在的内应力，改善其性能和尺寸稳定性。常用的方法是退火和调湿处理。退火是将塑件放在一定温度（常比塑料的使用温度高 10～20℃）的加热液体介质（如热水、热油等）或热空气循环烘箱中静置一段时间，然后缓慢冷却。调湿处理则是为了稳定聚酰胺类塑料制品的性能和尺寸。

3. 注射成型的工艺参数

（1）温度　注射成型过程中，需要控制的温度有料筒温度、喷嘴温度和模具温度等。前两种温度主要影响塑料的塑化和流动，模具温度主要影响塑料在模腔内的流动和冷却。料筒最合适的温度范围应在塑料的黏流态温度 T_f（或熔点 T_m）与热分解温度 T_d 之间，且从料斗处（后端）至喷嘴处（前端）温度是逐渐升高的，以使塑料的温度平稳地上升到塑化温度。喷嘴温度一般略低于料筒最高温度。模具温度应保持基本恒定，一般在 40～60℃范围内。对于注射压力较低、壁厚较小的塑件，应选择较高的料筒温度和模具温度。

（2）压力　注射成型过程中，需要控制的压力有塑化压力和注射压力两种。塑化压力又称背压，是指采用螺杆式注射机时，螺杆头部熔料在螺杆转动后退时所受到的压力（在塑料熔体的充模和保压阶段，螺杆向前运动但不转动；在模内的塑料冷却时，螺杆开始转动，将料斗加入的塑料塑化并输送至料筒前端，当螺杆头部积存的熔体压力达到一定值时，螺杆在转动的同时后退，使料筒前端的熔体不断增多而达到规定的注射量）。塑化压力的大小可以通过液压系统中的溢流阀来调整。注射压力是指柱塞或螺杆头部对塑料熔体所施加的压力，其作用是克服塑料熔体从料筒流向型腔的流动阻力，使熔体具有所需的充型速率以及对熔体进行压实等。在注射机上，常常用表压指示出注射压力的大小，一般为40~130MPa。

（3）时间（成型周期） 完成一次注射成型过程所需的时间即为成型周期，它包括注射时间（充模和保压时间）、模内冷却时间和其他时间（如开模、闭模、顶出塑件等的时间）。注射时间和模内冷却时间均对塑料制品的质量有决定性的影响。充模时间一般在10s以内，保压时间一般为20~120s（特厚塑件可高达5~10min）。模内冷却时间主要取决于塑件厚度、模具温度和塑料的热性能和凝固性能等因素，一般为30~120s，并注意在保证塑件脱模时不变形的前提下，应尽可能缩短冷却时间。

二、注射机

注射机是塑料注射成型的专用设备，有柱塞式和螺杆式两种型式。其中，螺杆式注射机由于具有加热均匀、塑化良好、注射量大等优点，在生产中正逐步占据主要地位，尤其对于流动性差的塑料以及大、中型塑料制品的生产多选用螺杆式注射机。注射机按其外形结构特征，又可分为卧式注射机、立式注射机、角式注射机和旋转式注射机四种。应用较多的是卧式注射机（图5-8）。常用的卧式注射机型号有XS－ZY－30、XS－ZY－60、XS－ZY－125、XS－ZY－500、XS－ZY－1000等。型号中的“XS”代表塑料成型机，“Z”代表注射机，“Y”代表螺杆式，末尾的数字代表注射机的最大注射量（g）。

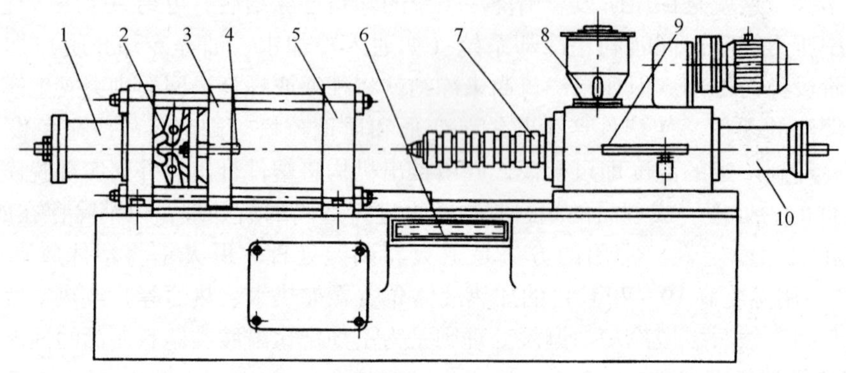

图5-8 卧式注射机

1—合模液压缸 2—合模机构 3—移动模板 4—顶杆 5—固定模板
6—控制台 7—料筒及加热器 8—料斗 9—定量供料装置 10—注射液压缸

注射机的主要组成部分是注射系统与合模系统。注射系统的作用就是加热塑料，使之塑化，并对其施加压力，使之射入和充满模腔，它包括了注射机上直接与物料和熔体接触的零部件，如加料装置、料筒、螺杆（螺杆式注射机）或柱塞及分流梭（柱塞式注射机）、喷嘴等。合模系统是注射机实现开、闭模具动作的一整套机构装置，它必须能根据不同塑件的要求和模具的厚度方便地调节模板的间距、行程和运动速度，且要求开启灵活、闭锁紧密。最常见的合模系统是带有曲臂的机械-液压式的装置（图5-8）。

三、注射模

注射模是塑料注射成型的主要工艺装备。注射模的种类很多，但其基本结构都是由动模和定模两大部分组成的，如图5-9所示。定模部分安装在注射机的固定模板上，动模部分安装在注射机的移动模板上，并在注射成型过程中随着注射机上的合模系统运动。注射成型时，动模与定模由导向系统导向而闭合，塑料熔体从注射机喷嘴经模具浇注系统进入模腔。塑料冷却定型后开模，通常情况下，塑件留在动模上而与定模分离，然后由推出机构将其推出模外。

典型的注射模大多包括以下这样一些零部件。

（1）成型零部件　成型零部件是用于直接成型塑件的，它们组成了模具的模腔，如凸模（用于成型塑件内表面）、凹模（用于成型塑件外表面）以及型芯、镶块等。图 5-9 所示的模具中，模腔是由动模板 1、定模板 2（相当于凹模和凸模）等组成的。

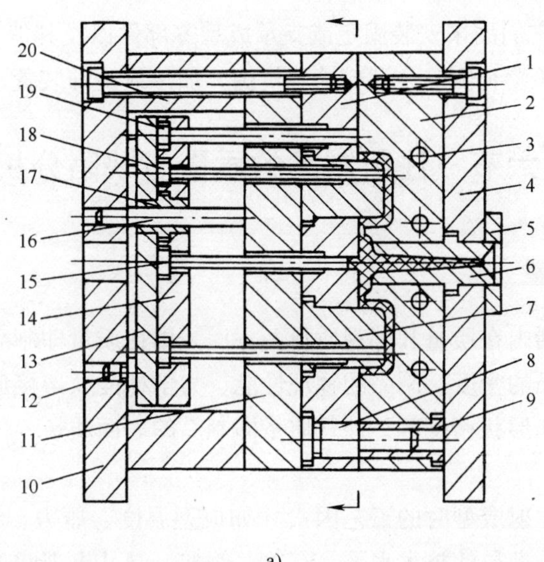

a)

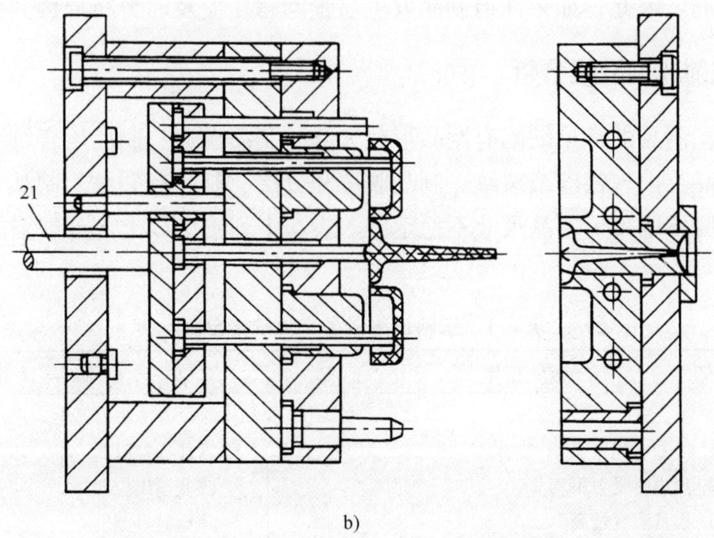

b)

图 5-9　注射模

1—动模板　2—定模板　3—冷却水道　4—定模座板　5—定位圈　6—浇口套　7—凸模　8—导柱　9—导套　10—动模座板　11—支承板　12—支承柱　13—推板　14—推杆固定板　15—拉料杆　16—推板导柱　17—推板导套　18—推杆　19—复位杆　20—垫块　21—注射机顶杆

(2) 合模导向机构　合模导向机构是用于实现动模板和定模板在合模时准确对合，以保证塑件形状和尺寸的精确性，并避免模具中其他零部件发生碰撞和干涉。常见的合模导向机构是导柱和导套（图5-9中8、9）。

(3) 浇注系统　浇注系统包括主流道、分流道、浇口和冷料穴等，它们构成了熔融塑料从注射机喷嘴进入模腔所流经的通道。

(4) 推出机构　它是用于开模后将塑件从模具中推出的装置，也称脱模机构。图5-9中模具的推出机构是由推板13、推杆固定板14、拉料杆15、推板导柱16、推板导套17、推杆18和复位杆19等组成的。

(5) 支承零部件　它们用来安装固定或支承成型零部件以及其他各部分机构。

此外，有些模具上还设有侧向分型与抽芯机构、加热或冷却装置、排气系统等。

第六节　注射制品的质量与缺陷分析

一、注射制品的质量

注射制品的质量包括内在质量和外观质量两方面。内在质量即制品的性能质量，包括制品内部的组织结构，制品的密度，制品的物理性能、力学性能及熔接痕强度，以及与塑料收缩特性有关的制品尺寸和形状精度等；外观质量即制品的表面质量，包括制品的表面粗糙度及表面缺陷状况等。

注射制品的质量与注射成型时的工艺因素（如成型温度、压力、时间等）、设备和模具条件、原材料质量、操作人员的技术水平等有关。例如，制品出现凹陷或缩孔往往是塑料内部收缩不均造成的。因此，如果注射制品发生质量问题，应及时分析原因并找到解决方法。

二、塑料注射成型缺陷分析

塑料注射成型制品的常见缺陷有制品形状欠缺、制品溢边、制品熔合纹明显、制品上有黑点及条纹、制品上出现银丝或斑纹、制品脱皮和分层、制品有裂纹、制品表面有波纹、制品脆性大、制品脱模困难、制品尺寸不稳定等。表5-1列出了以上部分缺陷的产生原因与解决措施。

表5-1　塑料注射成型常见缺陷分析

序号	成型缺陷	产生原因	解决措施
1	制品变形	1. 冷却时间短 2. 顶出时受力不均 3. 模具温度过高 4. 制品内应力太大 5. 模具冷却不均匀 6. 制品厚薄不均	1. 增加冷却时间 2. 改变顶出位置 3. 降低模具温度 4. 减小或消除内应力 5. 改善模具冷却系统（如改变冷却水路） 6. 修改制品和模具设计

（续）

序号	成型缺陷	产 生 原 因	解 决 措 施
2	裂纹	1. 模具温度过低 2. 冷却时间太长 3. 顶出装置倾斜或不平衡，顶出截面面积小 4. 制品脱膜斜度不够，脱模困难	1. 调整模具温度 2. 减少冷却时间 3. 调整顶出装置，合理安排顶杆数量 4. 正确设计脱模斜度
3	制品溢边	1. 注射压力过大 2. 锁模力过小或单向受力 3. 模具碰损或磨损 4. 模具闭合面间落入杂物 5. 塑料温度太高 6. 模具变形或分型面不平	1. 降低注射压力 2. 调整锁模力 3. 修理模具 4. 清除落入物，擦净模具 5. 降低料温 6. 调整模具或磨平分型面
4	制品形状欠缺	1. 机筒及喷嘴温度偏低 2. 模具温度过低 3. 加料量不足 4. 注射压力偏低 5. 进料速度慢 6. 锁模力不够 7. 注射时间太短，柱塞或螺杆回退时间过早 8. 杂物堵塞喷嘴	1. 提高机筒和喷嘴温度 2. 提高模具温度 3. 增加加料量 4. 提高注射压力 5. 调节进料速度 6. 增加锁模力 7. 增加注射时间 8. 清理喷嘴
5	制品尺寸不稳定	1. 注射机柱塞或螺杆动作不稳定 2. 成型周期不一致 3. 某些工艺参数发生波动 4. 塑料原料颗粒不均匀 5. 回用料与新塑料混合比例不均 6. 加料不均	1. 修理注射机电路或油路系统 2. 控制成型周期，使之一致 3. 调控相关的工艺参数，使之稳定 4. 使用颗粒均匀的塑料 5. 控制混合比例，使其均匀 6. 控制加料的均匀性
6	制品脱模困难	1. 模具顶出装置结构不良 2. 模腔脱模斜度不够 3. 模腔温度不合适 4. 模腔有接缝或余料 5. 成型周期太短或太长 6. 模芯无进气孔	1. 改进顶出装置 2. 正确设计脱模斜度 3. 调整模腔温度 4. 清理模具 5. 适当调控成型周期 6. 修改模具

【扩展阅读】

科技创新催生材料成型新工艺

1. 3D 打印技术的发展动态

3D 打印作为科技发展和工业生产的前沿技术，受到了产业界的广泛关注，这项技术也越来越深入到生产和生活的方方面面。但是关于 3D 打印技术的地位和发展趋势，现在仍然存在一些不同的观点。较流行的观点认为，3D 打印将带来一次新的工业革命；但也有人认为 3D 打印并不重要，主要原因是 3D 打印不能量产，因此不能成为占主导地位的制造方法。

此外，3D 打印的原材料目前还有很多局限性，这也限制了 3D 打印技术的推广。总的来说，3D 打印要实现更强大的功能，目前主要有几个要解决的技术难题：①成本的进一步下降；②工艺水平的进一步提高；③打印材料的突破。

三个技术难题中，最为关键的是打印材料。目前，3D 打印使用最多的还是塑料，塑料打印被商用了将近 30 年。而金属打印、生物打印的发展时间还很短。塑料打印因其精度和应用范围的问题而存在较大的局限性，而未来打印材料的发展重点将集中在金属材料和生物材料方面。

（1）金属材料　与塑料件相比，金属制件的力学性能和耐高温性能等明显提高，其应用也更为广泛。然而此前的金属制件的 3D 打印主要采用的是基于粉末冶金原理的选择性激光烧结（SLS）方法，由于粉末烧结后通常得到的是多孔性材料，故 SLS 法打印的金属件在强度和致密性等方面与金属铸件和锻压件等相比还有一定的差距，其用途也有限。

随着大功率激光器、专用金属细粉、高精度铺粉技术等的开发成功，目前已初步实现了以选择性激光融化（SLM）方法来打印 3D 金属件。采用 SLM 法打印时，由于激光功率大，产生的温度高，可以使每一薄层金属粉发生熔化，并与其下一层金属之间形成牢固致密的冶金结合，从而获得其性能可与铸件甚至锻压件相媲美的金属 3D 打印制件。

（2）生物材料　医疗健康领域是 3D 打印的热点和重点。3D 打印在临床上的应用基本可以分为生物打印和非生物打印。生物打印是有生物活性组织或器官的打印，非生物打印是只实现外观功能的打印。两者最大的区别就是生物打印有细胞的参与，能实现更高级的甚至贴近人体正常组织器官的生命活动。

生物打印主要以生物材料支架打印为主。生物材料支架为细胞提供了类似体内环境的场所。支架由可降解吸收的生物材料打印而成，然后与相应的细胞混合成体外组织或器官模型，放置于培养箱或试验动物体内培养，最终得到理想的打印产物。这种支架打印技术可应用于血管打印、骨组织修复等。目前也出现了不借助支架，而直接打印细胞的技术，其难点在于如何提高打印后细胞的成活率，以及如何促进打印细胞的生长、分化。

2. 金属粉末注射成型

塑料注射成型是大批量生产形状复杂、精密的中小型塑料件的主要方法，那么这种方法也能被用于制造金属零件吗？是的，将这种方法与粉末冶金技术相结合，就形成了一种被称为金属粉末注射成型（MIM）的先进的金属制件生产方法。其主要工艺过程：先将金属粉末与有机黏结剂（树脂粉末）均匀混合并制成粒状喂料，在加热状态下用注射机将喂料以类似于黏流态塑料的流体形式注入模具型腔内，冷凝成型后，取出成型坯，再采用化学溶剂溶解或加热分解的方法将其中的黏结剂（树脂）脱除，最后经烧结致密化得到最终制品。由于借助于熔融的树脂黏结剂作为载体，使得金属粉末能在良好的流动状态下均匀填充型腔成型，因而可以获得组织均匀、力学性能优异的高精度近净成型零部件。金属粉末注射成型可用于制造碳钢、低合金钢、不锈钢、工具钢、钨基合金、钛合金、硬质合金、磁性材料和形状记忆合金等的制品，特别适合于大批量生产小型、复杂形状以及具有特殊要求的金属零件，其典型产品及应用领域包括汽车零件、钟表零件、医疗器械、计算机及外设零件、电子封装零件、电动工具和家电零件、枪械零件、航空航天发动机零件等。

复习思考题

5-1 3D 打印成型的原理与传统的材料成型加工原理有什么不同?

5-2 3D 打印成型的方法有哪些?分析这些方法的优缺点。

5-3 分析 LOM 和 FDM 在成型机理和设备的结构组成方面有哪些异同点。

5-4 除了直接用于生产产品和快速制造模具以外,3D 打印技术还有哪些应用?

5-5 热塑性塑料和热固性塑料的性能及成型特点有何不同?

5-6 塑料的常用成型方法有哪些?各主要适用于哪一类塑料?

5-7 试指出以下的塑料制品宜采用哪一种成型方法:塑料饭盒、饮料瓶、农用塑料薄膜、塑料落水管、电风扇叶片、仪表壳体、电线包皮、塑料贴面装饰板。

5-8 塑料注射成型工艺的整个过程包括哪几个步骤?

5-9 塑料注射模由哪些主要部件构成?请针对实习中所用模具进行注射模结构分析。

5-10 与塑料制件相比,金属制件的 3D 打印在技术上存在怎样的难点?

5-11 将塑料注射成型技术引入金属零件制造领域需要哪些技术上的创新?

5-12 金属 3D 打印与金属粉末注射成型在技术上和应用上各自具有哪些特点?

6 第六章 热处理与表面处理

目的和要求

1）了解钢的热处理原理、作用及常用热处理方法。

2）了解常用热处理设备的种类和结构。

3）了解材料表面处理的作用及常用方法。

4）了解钢铁材料的种类、牌号和性能特点（参见第一章第二节）。

热处理与表面处理实习安全技术

1）按照有关规定穿戴好防护用品。

2）操作前，应熟悉零件的工艺要求及相关设备的使用方法，严格按照工艺规程操作。

3）使用电阻炉加热时，应在切断电源的情况下进行工件的进炉或出炉操作。使用盐浴炉加热时，工件和工具都应事先烘干。

4）所用加热炉在使用时，一律不允许超过额定的使用范围。

5）不要触摸出炉后尚在高温的热处理工件，以防烫伤。

6）不要随意触摸或乱动车间内的化学药品、油类和处理液等。

第一节 概　　述

通过生产实践和科学研究发现，将钢铁材料在固态下加热到某一适当的温度，保温后以一定的冷却速度将其冷至室温，就可以使其内部的组织结构和性能发生变化；如果改变加热和冷却的条件，则钢铁材料的性能也可以随之发生改变。这种利用加热和冷却的方法来使钢铁材料获得所需性能的工艺过程，就是钢铁材料的热处理。除了钢铁材料之外，还有不少金属材料也能通过热处理来改变其性能。由此可见，热处理与铸造、锻压、焊接和切削加工等生产不同，它的目的在于改变工件材料的性能，而不会改变工件的形状和尺寸。

热处理是机械产品制造中的重要工艺。例如，车床尾座上的顶尖必须具有高的硬度和耐磨性，才能保证其顺利工作和具有较高的使用寿命，这只有通过正确选用材料并进行合适的热处理才能达到。但是，在加工制作顶尖零件时，其材料的硬度却应该低一些，以具有较好的可加工性，这也必须通过适当的热处理来实现。因此，许多的机器零件和工、模具在制造过程中，往往需要安排多次热处理。在冷、热加工工序之间进行的热处理通常称为预备热处理，其目的是消除上道工序所产生的缺陷，为下道工序的进行创造良好条件。在工件的加工成形基本完成之后再进行的热处理通常称为最终热处理，它赋予工件在使用条件下所应具备的性能。因此，热处理对于发挥材料的性能潜力，改善加工条件，提高产品的质量和经济效益，起着积极的作用。

热处理的工艺方法很多，按照国家标准，可以将它们分为三大类：

（1）整体热处理　如退火、正火、淬火、回火等。

（2）表面热处理　如表面淬火、表面气相沉积等。

（3）化学热处理　如渗碳、渗氮、氮碳共渗等。

其中，表面热处理和化学热处理都是仅对工件表层进行的热处理，其作用主要是强化零件的表面。一方面，这是因为有不少机械零件如齿轮、冲头等，它们在工作时表面要承受与心部不同类型载荷的作用，或者表面比心部受到更多破坏性因素的影响，因而就要求其表面必须具有与心部不同的特殊性能。另一方面，生产实践和科学研究也表明，机械产品和工程结构在使用过程中所发生的破坏或失效，大多并非由于材料整体或内部的破坏，而是来自于材料的表面损伤，如磨损、腐蚀和表面疲劳裂纹等。由此可见，如何有效地改善材料的表面性能或为材料表面提供有效的保护，这对于更好地提高产品的使用性能，显著延长其使用寿命有着极大的意义。材料表面处理技术就是因此而发展起来的。

材料表面处理就是在不改变基体材料的成分和性能的条件下，通过某些方法（如机械、物理或化学方法）使材料表面具有某种或某些特殊性能，以满足产品的使用要求。采用表面处理技术，可以大大增强材料抵抗表面损伤的能力，如耐磨性、耐蚀性和抗疲劳性能等。同时，表面处理技术还为修复因磨损或腐蚀而损坏的工件提供了一定的手段。由于表面处理具有低成本、高效益的优异效果，它在机械制造业和其他行业中的应用已越来越多。

按照表面处理的用途，可将其分为三类，即表面强化处理、表面防护处理和表面装饰加工。常见的表面强化处理方法除了表面热处理和化学热处理之外，还有表面形变强化处理、表面复合强化处理等。表面防护处理主要是采用各种镀层、化学转化膜或涂料涂装等来保护材料本身不受外界的有害作用或侵蚀等。而表面装饰加工是通过表面抛光、金属着色、装饰性镀层或涂装等方法来达到表面装饰美观的目的。

第二节　钢的热处理工艺

钢的热处理是建立在纯铁在固态下能够产生同素异构转变的基础之上的。纯铁的同素异构转变（即在一定的温度下其晶体结构会发生改变）将导致铁碳合金在加热或冷却过程中内部的组织结构发生变化。对于碳素钢来说，在加热时，开始发生这种组织结构变化的温度（称为临界温度或相变温度）约为727℃，称为 Ac_1 温度。如果把加热到 Ac_1 以上适当温度的钢件保温一段时间后，以不同的冷却速度冷至室温，则会使其组织结构和性能发生不同的变化。因此，根据加热温度和冷却速度的不同，构成了不同的热处理工艺。

不同的热处理工艺适用于不同的条件和目的，因此，在制订热处理工艺和进行操作之前，必须对所要热处理的工件的材料和性能要求等心中有数。有关常用钢材的牌号、化学成分、性能特点和用途方面的知识，请参阅第一章第二节。

一、钢的整体热处理

整体热处理是指通过加热使工件在达到加热温度时里外透热，经冷却后实现改善工件整体组织和性能的目的。常用的钢的整体热处理包括退火、正火、淬火和回火等。

1. 退火

退火是将工件加热到适当温度，保温一定时间，然后缓慢冷却的热处理工艺。退火主要用于铸、锻、焊件等毛坯或半成品零件，一般作为预备热处理。从性能上来看，退火使钢软化，硬度降低，这通常会有利于切削加工。另外，退火还可以消除工件中存在的内应力；使毛坯件晶粒细化，组织均匀。常用的退火工艺有以下几种。

（1）完全退火　主要用于低碳钢和中碳钢工件。一般是把工件加热到750～900℃（随钢中碳含量降低而加热温度升高，如图6-1所示），保温一段时间后，随炉缓慢冷却到室温，也可随炉冷却到500℃以下出炉空冷。

（2）球化退火　对于 $w_C \geqslant 0.8\%$ 的高碳钢，采用完全退火难以获得比较理想的均匀组织，硬度也往往偏高，不利于切削加工。因此，对它们要采用球化退火，其方法是将工件加热到 Ac_1 以上20～30℃，适当保温后随炉缓慢冷却下来。球化退火后的钢一般处于最软化的状态，组织也比较均匀。高碳工具钢经球化退火后，也有较好的可加工性。

（3）去应力退火　其目的只是为了消除工件中的内应力。它是将工件加热到500～600℃，保温一定时间，然后随炉冷却。去应力退火时的加热温度是各种退火工艺中最低的，故又称低温退火。

2. 正火

正火的工艺是将工件加热并保温后，在空气中冷却。碳素钢正火的加热温度为760～920℃，具体钢种的正火温度与钢中的碳含量有关，如图6-1所示。

正火的作用与退火相似，所不同的是正火的冷却速度较快，因而得到的组织结构较细，力学性能也有所提高。另外，正火比退火的生产周期短，设备利用率高，能耗小，成本低。因此，正火是一种方便且经济的热处理方法。低碳钢工件由于退火后硬度偏低，可加工性反而不好，因此通常用正火而不用退火。中碳钢工件的预备热处理采用正火或退火均可，一般在满足工件性能要求的情况下，宜优先选用正火。对于力学性能要求不高的零件，也可用正火作为最终热处理。

碳素钢退火和正火的加热温度范围如图6-1所示。

3. 淬火

淬火是将工件加热到 Ac_1 以上的适当温度，保温后快速冷却的热处理工艺，最常见的有水冷淬火、油冷淬火等。淬火的目的是使钢强化，以显著提高工件的硬度，增强耐磨性；但同时也伴有塑性、韧性的下降。通常，各种工具如刀具、模具和量具，以及许多机械零件都需要进行淬火处理。

淬火的加热温度对工件淬火后的组织和性能有很大影响，它主要取决于钢的化学成分。对于 $w_C < 0.8\%$ 的碳素钢来说，含碳量越低，其淬火加热温度越高。例如，30钢的淬火温度为860℃，45钢的淬火温度为840℃，55钢的淬火温度为820℃。$w_C \geqslant 0.8\%$ 的高碳钢，其淬火加热温度为 $Ac_1 + (30 \sim 50)$℃，即为760～780℃。

淬火用的淬火冷却介质也称为冷却介质。碳素钢工件的淬火，大多采用水作为淬火冷却介质，因为水最便宜而且冷却能力较强。合金钢工件淬火时，一般选用冷却能力较低的油作为淬火冷却介质。

淬火操作时，还应注意工件浸入淬火冷却介质的方式。若浸入方式不当，有可能导致工件淬火后局部硬度不足，或者使工件产生内应力而引起变形甚至开裂。工件浸入淬火冷却介质的正确方法（图6-2）：细长状的工件（如钻头、轴等），应垂直淬入淬火冷却介质中；薄壁环状工件（如圆筒、套圈等），应轴向垂直淬入；薄片状工件（如圆盘等），应立放淬入；厚薄不均的工件，厚的部分应先进入淬火介质；带有型腔或不通孔的工件，应将型腔中不通孔朝上淬入淬火冷却介质（以利于型腔或不通孔内气泡的排除）。工件在淬火冷却介质中，还应按照一定的移动方向做上下左右移动，以使工件上的各个部位尽可能均匀冷却。

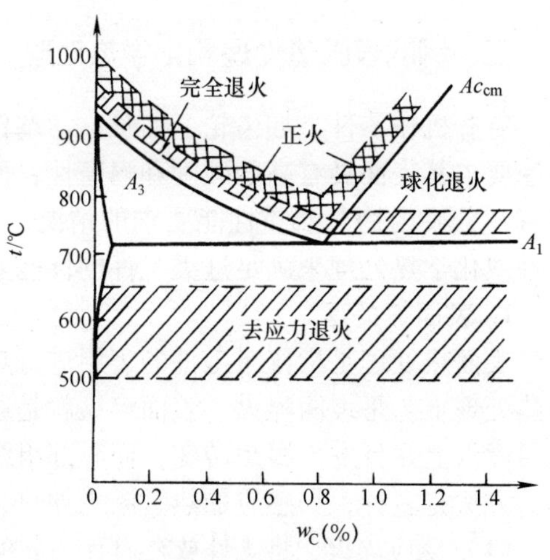

图6-1 碳素钢退火和正火的加热温度范围

淬火是钢的一种重要的强化方法，但通常还不是最终决定工件性能的工序，工件淬火后一般还必须紧接着进行回火。

4. 回火

回火是将淬火后的工件再加热到 Ac_1 以下某一温度，保温一段时间，然后冷却至室温的热处理工艺。淬火钢回火的主要目的：减少或消除因淬火产生的内应力，防止工件变形与开裂；调整工件的力学性能，以满足使用要求；稳定工件的尺寸。

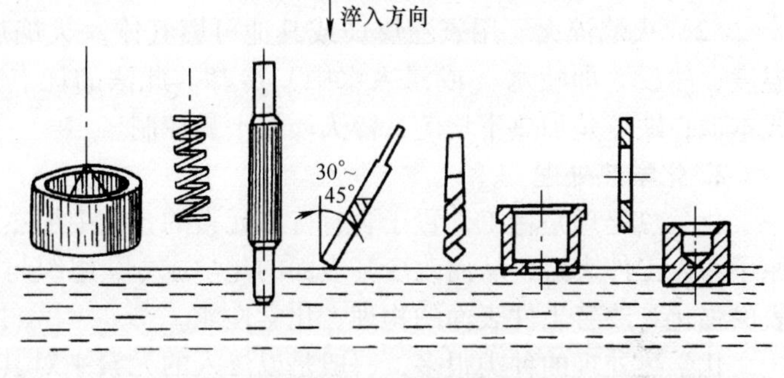

图6-2 工件浸入淬火冷却介质的正确方法

工件回火后的性能主要取决于回火温度的高低，因此，回火操作主要是控制回火温度。回火后的冷却通常采用在空气中冷却，少数情况下，须用油冷或水冷。随着回火温度的升高，钢件力学性能变化的基本趋势是强度、硬度下降，塑性、韧性提高，同时内应力减小。根据回火温度的不同，可将回火分为下列三类：

（1）低温回火　回火温度为150～250℃，其目的是减小工件淬火后的内应力和脆性，但仍然使之保持高的硬度（56～64HRC）。低温回火主要用于刀具、量具、冷作模具、滚动轴承、经表面淬火或渗碳的工件等。

（2）中温回火　回火温度为350～500℃，可使工件具有高的弹性极限、屈服强度以及一定的韧性，硬度为35～50HRC。中温回火主要用于各种弹簧和热锻模等。

（3）高温回火　回火温度为500～650℃，工件可获得强度、塑性和韧性都较好的综合力学性能，硬度为200～300HBW。通常将淬火和高温回火两道热处理工序合称为调质处理，主要用于重要的机械零件，如轴、齿轮、连杆、高强度螺栓等。

二、钢的表面热处理和化学热处理

有些机械零件，如齿轮、曲轴、活塞销等，以及许多工模具，由于使用条件的特殊性，往往要求其表面具有高的硬度和耐磨性，而心部要有较好的塑性和韧性。对于这种同一零件具有“外硬内韧”双重性能要求的情况，光靠整体热处理显然无法做到，一般采用表面热处理或化学热处理来满足这类工件的性能要求。

1. 表面热处理

表面热处理是指仅对工件的表层进行热处理，以改变其组织和性能。目前应用较多的表面热处理工艺是表面淬火。表面淬火就是通过对工件表面的快速加热，仅使其表层升温至临界温度以上并且发生组织转变，而心部组织并未发生变化，然后快速冷却进行淬火。表面加热的方法有多种，如感应加热、激光加热、电子束加热等。

（1）感应淬火　将工件放在通有一定频率交流电的感应线圈内，感应线圈周围的同频率交变磁场将使工件内部产生自成闭合回路的感应电流（涡流）。涡流在工件截面上分布不均匀，主要集中在工件表层，这一现象称为集肤效应，从而使工件表层迅速加热到淬火温度而心部仍接近室温，随后喷水冷却，使工件表层淬火硬化。感应电流频率越高，涡流越向表层集中，加热层也越薄，淬火硬化层深度越小。一般高频（200～300kHz）感应加热淬硬层深度为0.5～2mm。

（2）火焰淬火　用氧乙炔（或其他可燃气体）火焰加热工件表面，使其迅速达到淬火温度，然后立即喷水（或浸入水中）冷却。此法的优点是加热方法简单，无需特殊设备，成本低；缺点是加热不均匀，淬火质量不易控制。

2. 化学热处理

化学热处理是将工件置于含有待渗元素的介质中加热和保温，使这种或这些元素的活性原子渗入工件表层，从而改变其表面的化学成分、组织与性能的热处理方法。其目的主要是表面强化和改善工件表面的物理、化学性能。

化学热处理的种类很多，一般是以渗入的元素来对其命名的。最常用的是渗碳和渗氮。渗碳是将低碳钢工件置于富碳的介质中，加热到高温（900～950℃），使碳原子渗入工件表层，获得 w_C 为1%左右的渗碳层，再经淬火和低温回火后，可使工件表层具有高的硬度、耐磨性和抗疲劳性能，而心部仍保持较高的塑性、韧性和一定的强度。渗氮是将钢件置于渗氮介质中，加热至500～600℃并保温，氮原子渗入工件表层后直接形成坚硬、耐蚀、抗疲劳的渗氮层，无需再进行其他热处理。常用的渗碳和渗氮方法是气体渗碳和气体渗氮。

在进行热处理操作实习或参观实习时，应注意了解所接触到的各类热处理零件的名称、材料、热处理的目的、加热温度、冷却方式等，比较工件在热处理前后的硬度变化，同时还要对所用到或见到的热处理设备的名称、型号和用途等加以了解。

第三节　热处理的常用设备

常用的热处理设备主要包括热处理加热设备、冷却设备、辅助设备和质量检验设备等。

一、热处理加热设备

1. 电阻炉

电阻炉的结构一般由炉壳、炉衬、炉门、电热元件、温控部分等组成。布置在炉膛内的电热元件通电后发热，以对流和辐射方式对工件进行加热。

热处理电阻炉按工作温度不同，可分为高温炉（1000℃以上）、中温炉（650～1000℃）和低温炉（600℃以下）三类；按炉型构造不同，可分为箱式炉、井式炉、台车式炉等多种。中温箱式电阻炉的应用最为广泛，可用于碳素钢与合金钢工件的退火、正火和淬火的加热等；高温箱式电阻炉可用于高合金钢中、小件的淬火加热等；低温井式电阻炉一般用于工件的回火、气体渗氮、气体氮碳共渗等；中温井式电阻炉多用于气体渗碳等。

（1）箱式电阻炉　炉体外观为长方体箱形，炉膛用耐火砖砌成，侧面和底面布置有电热元件（铁铬铝或镍铬电阻丝）。热电偶从炉顶或后壁插入炉膛，通过炉温控制仪表显示和控制炉温。图6-3所示为中温箱式电阻炉的结构。这类炉子的最高使用温度为950℃，功率有30kW、45kW、60kW等规格，可根据工件大小和装炉量的多少加以选用。

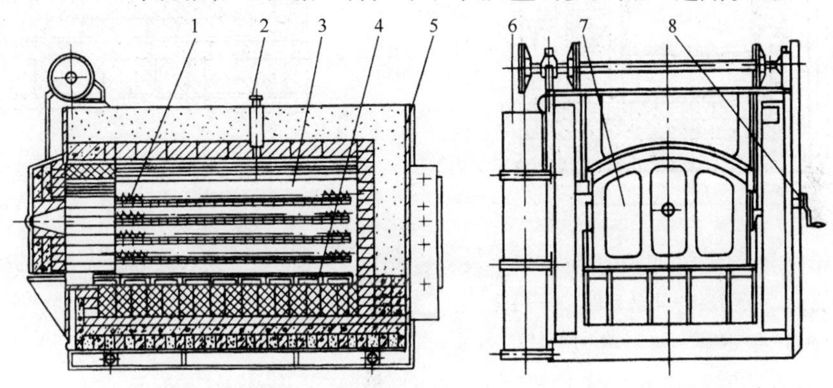

图6-3　中温箱式电阻炉的结构

1—电热元件　2—热电偶孔　3—炉膛　4—炉底板　5—炉壳　6—重锤筒　7—炉门　8—摇把

（2）井式电阻炉　炉体呈圆筒状，炉口向上并安有炉盖。一般将炉体部分或大部分置于地坑中，仅露出地面600～700mm，以方便工件的进炉和出炉。炉顶常装有风扇，以加强炉气的循环，保持炉温均匀。图6-4所示为井式电阻炉的结构。工件可装入料筐或用专用夹具装夹后放于炉内加热，特别适用于长轴类工件的垂直吊挂加热，可防止其弯曲变形，并且可以利用起重机械起吊工件，减轻工人劳动强度。

气体渗碳或渗氮等的井式电阻炉内，有一炉罐用于放置工件，炉盖上安装有渗剂滴入装置。炉罐与炉盖之间等处都有密封装置，以防止漏气。

2. 盐浴炉

盐浴炉是利用熔融的盐作为加热介质的热处理加热设备。最常用的是电极盐浴炉，它是在池状炉膛内插入或在炉壁中埋入电极，通以低电压、大电流的交流电，通过炉内的熔融盐液形成回路，借助熔盐的电阻发热，使熔盐达到要求的温度，从而以对流和传导方式对浸在熔盐中的工件进行加热。图6-5所示为插入式电极盐浴炉的结构。

启动电极盐浴炉时，须用辅助电极将盐熔化，再用主电极进行通电加热。盐浴在使用中还须定期脱氧。盐浴炉的优点是加热迅速均匀，工件不易氧化、脱碳，并且便于局部加热。盐浴炉广泛应用于中、小型零件（尤其是合金钢的工、模具零件）的正火和淬火加热以及多种化学热处理。

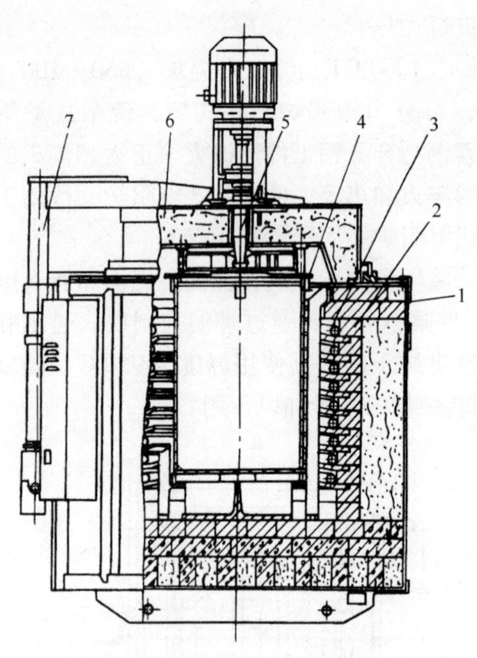

图6-4 井式电阻炉的结构

1—炉壳 2—炉衬 3—电热元件 4—料筐

5—风扇 6—炉盖 7—炉盖升降机构

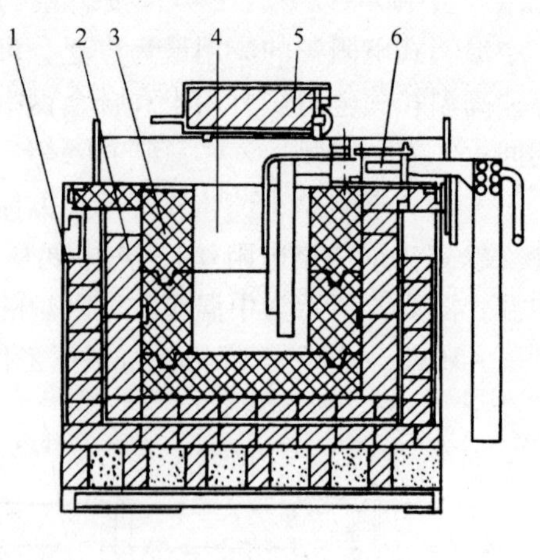

图6-5 插入式电极盐浴炉的结构

1—炉壳 2—保温层 3—炉衬

4—炉膛 5—炉盖 6—电极

3. 其他热处理加热设备

其他热处理加热设备还有燃料炉（如燃煤炉、燃油炉和燃气炉等）、流动粒子炉、可控气氛加热炉、真空热处理炉、高频感应加热设备等。

二、热处理冷却设备及其他设备

1. 冷却设备

由于退火时的工件是随炉冷却，正火和回火的工件一般都是在空气中冷却，因此热处理冷却设备主要是指用于淬火的水槽和油槽等。其结构一般为上口敞开的箱形或圆筒形槽体，内盛水或油等淬火冷却介质，常附有冷却系统或搅拌装置，以保持槽内淬火冷却介质温度的稳定和均匀。

2. 辅助设备

热处理辅助设备主要包括：用于清除工件表面氧化皮的清理设备，如清理滚筒、喷砂机、酸洗槽等；用于清洗工件表面黏附的盐、油等污物的清洗设备，如清洗槽、清洗机等；用于校正热处理工件变形的校正设备，如手动压力机、液压校正机等；用于搬运工件的起重运输设备等。

3. 质量检验设备

热处理质量检验设备通常有检验硬度的硬度试验机、检验裂纹的磁粉无损检测机、检验材料内部组织的金相检验设备等。

第四节　材料表面处理工艺

材料表面处理工艺的种类很多，但从表面处理原理看，主要可归纳为以下三方面的技术：表面组织转变技术（仅改变材料表面组织而不改变其化学成分），如抛光、喷丸处理、滚压、各种表面淬火技术等；表面覆层或覆膜技术，如电镀、化学镀、热喷涂、化学转化膜技术等；表面合金化技术（材料表层的化学成分和组织均发生改变），如喷焊、堆焊、激光合金化、离子注入技术等。随着人们对材料表面处理重视程度的提高和研发力度的加大，现有的表面处理技术的应用会日益广泛，新的表面处理技术也将层出不穷。

一、抛光

抛光的方法有机械、化学、电解等多种。常用方法是抛光轮抛光，它是利用高速旋转的抛光轮对工件表面进行摩擦加工，使之达到光亮整洁的工艺过程。抛光后的工件表面可光洁如镜面。抛光主要用于表面装饰，也可用作其他表面处理工艺（如镀铬、镀镍等）前的预处理。

抛光轮是用棉布、绸、毛毡或皮革等的单独圆片叠合后涂上抛光膏制成的。抛光膏由油脂（如硬脂酸、煤油、石蜡等）和磨料混合而成。抛光钢件时，可用氧化铁粉和刚玉作为磨料；抛光铝、铜工件时，可用氧化铬和金刚砂作为磨料。抛光过程实际上是靠磨料除去工件表面的细微不平处，并且由于抛光轮转速很高，产生的摩擦热很大，工件表面出现极薄的熔流层，对粗糙表面有填平作用。

抛光时，开动抛光机并待其转速均匀稳定后开始抛光操作；用双手持稳工件，轻放在抛光轮面上，逐步加压；均匀移动或转动工件，对需要抛光的表面依次进行抛光。抛光结束后，用软布或纸擦净抛光面。

二、喷丸处理

喷丸处理与滚压等都属于表面形变强化方法，其中喷丸处理的应用目前最为广泛。

喷丸处理是利用一定直径的硬质弹丸高速强烈地冲击工件表面，使之产生塑性变形而造成冷变形强化和残余压应力。一般能在表面造成0.5～1.5mm深的塑性变形层。喷丸处理可提高工件表面层的强度和硬度，尤其能有效改善抗疲劳性能。它广泛用于弹簧、齿轮、链条、叶片等零件的生产中。

喷丸处理设备简单，成本低廉。所用设备有两类，一类为机械离心式喷丸机，另一类是压缩空气式喷丸机。后者适用于小批量、形状复杂、尺寸较小并且喷丸强度要求低的工件。所用弹丸通常有三种：铸铁弹丸、钢弹丸和玻璃弹丸。其中，铸铁弹丸价格便宜，使用较多，但它易破碎，损耗较大，并要注意及时将破碎的弹丸分离排除。一般钢和铸铁工件可用铸铁弹丸、钢弹丸或玻璃丸，非铁金属和不锈钢工件须用不锈钢弹丸或玻璃弹丸。喷丸处理后工件的表面质量与弹丸大小、喷射速度和喷丸持续时间有关。

三、电镀与电刷镀

1. 电镀

电镀是以工件作为阴极，放入盛有特定的金属盐溶液（镀液）的镀槽中，通以直流电，使被镀金属的阳离子在工件表面上沉积下来形成电镀层。镀层的厚度与电流强度及时间成正比。

电镀的镀液由主盐和其他成分组成。主盐是指含有所镀金属元素的盐类或氧化物，它们是镀层金属的来源。电镀的设备主要是电源和镀槽。电源的输出电压应在一定范围内可以调节，并装有安全保护装置和镀层厚度测定装置。镀槽须能耐酸碱，不与镀液发生作用，并有一定的耐热性。为了改善工作环境与防止污染，电镀生产现场应装有抽风装置，并有废水、废气的处理装置。

电镀工艺通常包括镀前预处理、电镀和镀后处理三个部分。为了获得高质量的镀层，须对工件进行镀前预处理，主要是脱脂除锈和活化处理，活化处理是把工件在弱酸中浸蚀一段时间。镀后处理有钝化处理（在一定溶液中进行的化学处理，使电镀层上再形成一层坚固的、致密的、稳定的薄膜）、氧化处理、着色处理、抛光处理等，可根据不同需要选择使用。

电镀镀层可以有多种用途，如防护性镀层、装饰性镀层、修复性镀层、特殊用途镀层（如耐磨镀层、导电镀层）等。

常用的单金属电镀有镀铬、镀镍、镀铜、镀锌、镀锡等，其中以镀铬最为常见。用于表面防护和装饰的镀铬层厚度一般为0.25～2μm，用于表面耐磨的硬镀铬层厚度为5～80μm。表6-1为常用镀铬工艺规范。

表6-1 常用镀铬工艺规范

工艺类型	铬酐/(g/L)	硫酸/(g/L)	三价铬/(g/L)	温度/℃	电流密度/(A/dm²)	电压/V	时间/h
光亮镀铬	300～400	3.5～4.0	3～5	45～55	30～80	4～15	13
耐磨镀铬	200～250	2～2.75	—	45～55	40～50	—	—

除单金属电镀之外，还发展出了合金电镀、复合电镀、电镀非晶态合金等新技术。合金电镀是在一个镀槽中，同时沉积含有两种或两种以上金属的镀层。复合电镀则是将金属与悬浮在电镀液中的固体微粒同时沉积到工件表面形成复合镀层的电镀方法。例如把金刚石粉和金属一起镀到工件表面，可以获得极耐磨的复合镀层。

2. 电刷镀

电刷镀是电镀的一种特殊方式，也是一种金属电沉积过程，基本原理与电镀相同。但电刷镀不用镀槽，它是将工件接电源负极，在不断供应专用镀液的条件下，用一支浸满镀液的镀笔（接电源正极）在工件表面进行擦拭，即可获得电镀层，如图6-6所示。

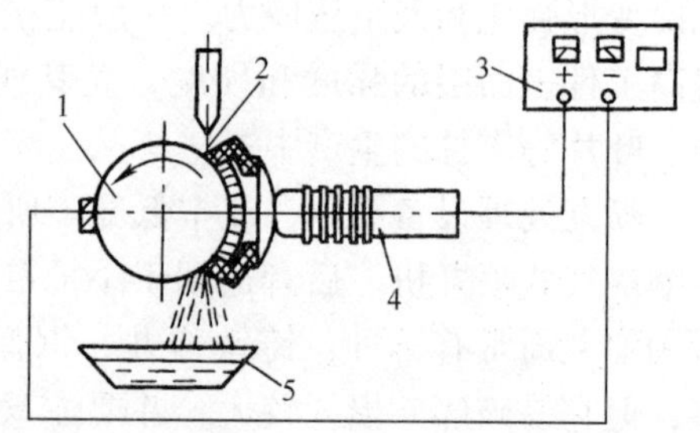

图6-6 电刷镀原理

1—被镀工件 2—镀液 3—电源 4—镀笔 5—集液盘

由于电刷镀没有镀槽，两极距离很近，因此常规电镀的镀液不适合作为电刷镀镀液。电刷镀镀液中金属离子的浓度要高得多，并以有机络合形式存在，故需要配制或采购专门的镀液。电刷镀时，工件的被镀表面不是整体同时发生金属离子的还原沉积，而是工件表面上各点在与镀笔接触时发生瞬时放电沉积。由于镀笔和工件之间有相对运动，因而允许使用比镀槽电镀（槽镀）大几倍到几十倍的电流密度，仍然可得到均匀致密、结合良好的镀层。电刷镀的电流密度最高可达500A/dm^2，通常为300～400A/dm^2，沉积速度比槽镀快5～50倍。

电刷镀前，工件表面也要先进行预处理，包括脱脂去锈、电净（电化学脱脂）和活化处理等。电净处理时，工件接负极，镀笔接正极，用浸有电净液的镀笔在工件上反复擦拭，工件表面析出的氢气撕破油膜，促使其与电净液发生皂化或乳化反应，起到除去油污的作用。活化处理须根据工件基体金属的不同，使用不同的活化剂及相应的工艺规范。为了提高工件镀层与基体金属的结合强度，常常先镀一层很薄的过渡层（打底层），然后再镀工作层至所需厚度。上述各道工序之后一般都要用清水冲洗掉工件上残留的处理液或镀液，以便下道工序的顺利进行。

电刷镀与槽镀相比，其镀层质量和性能良好，沉积速度快，工艺简单，成本较低。电刷镀设备易于携带，便于现场操作，并且不受工件形状的限制，凡镀笔可触及之处，均可镀上。电刷镀特别适于获得小面积、薄厚度、高性能的镀层，包括单金属镀层、合金镀层和复合镀层。

四、化学镀

化学镀是将工件置于镀液中，镀液中的金属离子通过获得由镀液中的化学反应而产生的电子，在工件表面上还原沉积而形成镀层。从本质上说，它是一个无外加电场的电化学过程。化学镀镀液的组成及其相应的工作条件必须使得氧化-还原反应被限制在具有催化作用的工件表面上进行，而溶液本身不应自发地发生这类反应，否则会造成镀液的自然分解而失效。

与电镀相比，化学镀的优点：均镀能力和深镀能力好，具有良好的仿形性（即可在复杂形状的表面上产生均匀厚度的镀层）；沉积厚度可控，镀层与基体结合良好；设备简单，操作方便；可以在金属、非金属（如塑料等）、半导体等各种不同的基体上镀覆。

化学镀可获得单金属镀层，但对镀层金属具有选择性，现已在生产中应用的有化学镀镍、钴、铂、锡、铜、银、金等金属。化学镀也可获得合金镀层、复合镀层和非晶态镀层。现以化学镀铜为例，其镀液是以甲醛为还原剂的碱性溶液，目前主要分为两类：一类镀液用于镀覆印制电路板的导电膜，镀膜厚度为20～30μm，使用温度为60～70℃；另一类镀液用于镀塑料，镀膜厚度$<1\mu m$，使用温度为20～25℃。后一类镀液配方举例：硫酸铜，10g/L；罗谢耳盐（酒石酸钾钠），50g/L；37%甲醛水，10mL/L；氢氧化钠中和，pH值为10。

五、化学转化膜技术

通过化学或电化学手段，使金属表面形成稳定的化合物膜层的方法，称为化学转化膜技术。其工艺原理是使金属与某种特定的腐蚀液相接触，在一定的条件下两者发生化学反应，在金属表面上形成一层附着力良好的、难溶的腐蚀生成物膜层。这些化学转化膜可以起到防锈耐蚀、耐磨减摩、美观装饰等功用，也可作为其他涂镀层的底层。

1. 发蓝处理

（1）钢铁的发蓝处理　钢铁的发蓝处理（化学氧化）是将钢铁工件置于某些氧化性溶液中，使其表面形成厚度为0.5～1.5μm的坚固致密的以Fe_3O_4为主的氧化薄膜，一般呈蓝黑色或黑色。该氧化膜经浸油等处理后，具有较高的耐蚀性和润滑性，并能使工件表面光泽美观。钢铁发蓝处理成本低、效率高、不用电源、工艺稳定、操作方便、设备简单，故应用较广泛。

钢铁化学氧化（碱性法）的一般工艺流程：脱脂→热水清洗→流动冷水清洗→酸洗（硫酸 50 ~ 120g/L，缓蚀剂 0.5 ~ 1g/L，50 ~ 60℃，5 ~ 10min）→流动冷水清洗→氧化→冷水清洗→热水清洗→钝化（肥皂或重铬酸钾 30 ~ 50g/L，80 ~ 90℃，10 ~ 15min）→流动冷水清洗→热水清洗→干燥→检验→浸油（L-AN15 全损耗系统用油，105 ~ 110℃，5 ~ 10min）→停放。其中，氧化所用的溶液成分配方和工艺条件有多种，现举一例：氢氧化钠 500 ~ 600g/L，亚硝酸钠 150 ~ 200g/L，适量的水，135 ~ 145℃，60 ~ 90min。

（2）铝及铝合金的发蓝处理　有化学氧化法和阳极氧化法两种，现简要介绍阳极氧化法。它是将铝或铝合金工件作为阳极放置于适当的电解液中，通电后在工件表面生成硬度高、吸附力强的氧化膜的方法。常用的电解液有 15% ~ 20% 的硫酸，3% ~ 10% 的铬酸或 2% ~ 10% 的草酸。阳极氧化膜经热水煮后，变成含水氧化铝，因体积膨胀而封闭，也可用重铬酸钾溶液处理而封闭。

2. 磷化处理

磷化是将金属工件放入含有磷酸盐的溶液中，使其表面形成一层不溶于水的磷酸盐膜的方法。磷酸盐膜呈灰白或灰黑色的结晶状，厚度一般为 1 ~ 50μm，具有多孔结构。磷酸盐膜与基体金属结合非常牢固，并有较强的耐蚀性、绝缘性和吸附能力等。磷化处理的主要对象是钢铁材料，可用于其耐蚀防护、涂装底层、冷变形加工的润滑、滑动表面的减摩等。

磷化处理的方法主要有三种：浸渍法、喷淋法和浸喷组合法。

一般钢铁件磷化处理的工艺流程：脱脂→热水清洗→冷水清洗→酸洗→冷水清洗→磷化→冷水清洗→磷化后处理→冷水清洗→去离子水洗→干燥。

六、热喷涂

热喷涂是利用各种热源，将涂层材料加热熔化，再以高速气流将其雾化成极细的颗粒，喷射到工件表面形成涂覆层。热喷涂的常用热源有燃气火焰（如氧乙炔焰等）、电弧和等离子弧等。其中火焰喷涂的有效温度在 3000℃以下，粉粒速度可达 150 ~ 200m/s；电弧喷涂的有效温度可达 5000℃，粉粒速度为 150 ~ 200m/s；等离子喷涂的有效温度高达 16000℃，能熔化目前已知的所有工程材料，粉粒速度可达 300 ~ 500m/s。喷涂材料可以是金属线材、金属或非金属粉末等，如图 6-7 所示。

热喷涂涂层是由喷涂材料颗粒在工件表面互相挤嵌堆积而成的，由于这些颗粒撞击工件表面后变形为扁平状，因此涂层内部结构为大体平行的叠层状组织，疏松多孔，并存在一些氧化物和氮化物。工件基体在喷涂过程中受热不多，其组织和性能不发生变化。

由于涂层与工件基体是一种机械结合，为了提高涂层与基体的结合牢度，喷涂表面要求清洁、粗糙，有时还要求预热。因此，喷涂前，工件须进行预处理，如脱脂、清洗、喷砂粗化等。喷涂后，为满足工件的表面尺寸精度和表面粗糙度的要求及使用性能的要求，往往还要进行机械精加工、化学处理和热处理。

热喷涂技术具有操作工艺简便、生产率高、被喷涂工件的大小不受限制、涂层性能种类多等优点，可适用于各类材料的表面强化、表面防护、损伤零件的修复和某些特殊表面功能

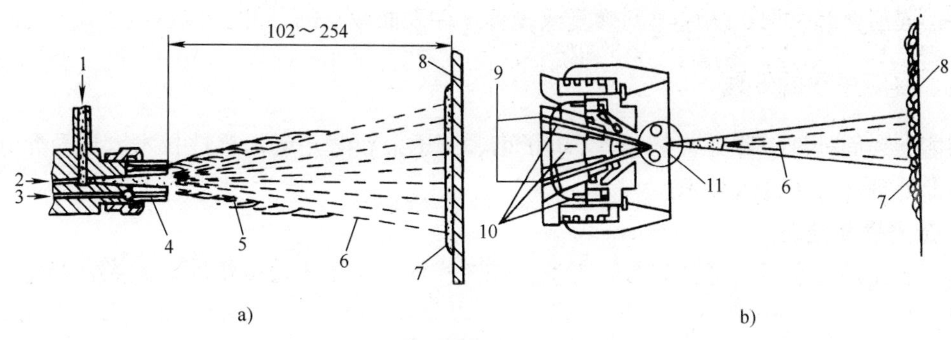

图6-7　热喷涂原理示意

a）粉末燃气火焰喷涂　b）线材电弧喷涂

1—粉末　2—燃料气　3—氧气　4—喷嘴　5—火焰　6—喷涂流束

7—涂层　8—基体　9—线材　10—雾化用压缩空气　11—电弧区

的需要等。

七、涂料涂装

涂装所用的涂料（也称漆）是以有机高分子材料为主的混合物，它一般由四个部分组成，即成膜物质、颜料、溶剂和助剂。涂装所形成的涂膜除了具有表面防护作用外，还可起到美化装饰物体等作用。涂装是工业上应用最广泛的表面处理方法之一。

涂料涂装的方法很多，经常采用的有刷涂、浸涂、喷涂、电泳涂装等。在涂装之前，工件表面要进行预处理，如脱脂、除锈、磷化等；然后涂底漆、批腻子；最后涂面漆，完成涂装工艺。

（1）压缩空气喷涂　它是以洁净的压缩空气通过喷枪将涂料喷成雾状液，在被涂工件表面均匀沉积的一种涂装工艺。其特点是工效高、施工方便、适应性强，可比一般刷涂法提高工效5～10倍，对于大面积表面的涂装更为适用。此法的操作要点：施涂前，应将涂料调至适当的黏度；供给喷枪的压力一般为0.3～0.5MPa；喷嘴与物体表面的距离一般为250～400mm；涂料喷出方向应尽量垂直于物体表面；喷枪移动速度要均匀，各条带边缘应适当重叠。

（2）静电喷涂　它是在高压（85～100kV）静电场中，将被涂工件接正极，当喷枪将涂料雾化喷入静电场后，雾状微粒被感应而带负电，从而被均匀地吸附到工件表面。喷枪中的压力一般为0.5～1atm（$1\text{atm}=1.01\times10^5\text{Pa}$）。静电喷涂的特点是涂料利用率高，可达80%～90%，涂膜均匀完整，附着力好，生产率高，且漆雾飞散少，改善了劳动条件。

八、喷焊与堆焊

喷焊是采用燃气火焰或等离子弧等热源，将固态流动性好的自熔性合金粉末熔化或半熔化后，高速喷射到经预热的工件表面，随即继续加热使合金熔化，经冷却凝固后形成涂层的方法。它与热喷涂的主要差别在于，喷焊的热源不仅熔化合金粉末，而且使工件表面局部熔化，从而使涂层与工件表面之间实现冶金结合。喷焊所用的合金粉末有镍基、钴基和铁基粉末等。

堆焊则是用传统的焊接方法（如气焊、电弧焊等），将合金丝或焊条熔化堆结在工件表面上，形成冶金结合层，从而达到修复或改善工件表面性能的目的。

九、高能束表面处理

高能束表面处理也称为“三束”（电子束、离子束和激光束）改性技术。现简介其中的激光表面处理和离子注入技术。

1. 激光表面处理

利用激光进行表面处理已有多种方法，如激光淬火、激光快速熔凝、激光合金化、激光熔覆等。

采用激光作为淬火加热热源的热处理称为激光淬火。激光是一种方向性极强的高能量密度光源，当激光束照射到工件表面时，其能量被吸收并转化为热，可使工件表面温度迅速升高至淬火温度；然后移开激光束，热量从工件表面向四周及工件心部快速发散，实现自冷淬火。激光淬火的特点：淬硬层晶粒细小，显著提高表面硬度和耐磨性；不受工件形状及部位的限制，可进行局部淬火，特别适宜某些复杂表面的硬化；工件的应力和变形很小，表面光洁；能源利用率高，不用淬火冷却介质，操作简便，无环境污染。

激光快速熔凝是采用高能量密度的激光照射工件表面，使其表面层熔化，停止照射后，靠基体热传导快速冷却凝固的技术。由于加热速度和冷却速度非常快，使表层凝固组织的形成不同于正常的结晶过程，所获得的是超细的晶粒，甚至是非晶态组织，因而使表面具有高硬度、高耐磨性和耐蚀性。

激光合金化是采用激光把工件表层和专门涂覆在其表面上的合金化材料一起熔化后迅速凝固，从而改变工件表层化学成分和组织，使之具有特殊性能的表面处理方法。激光合金化能量密度一般为$10^4 \sim 10^6 W/cm^2$，合金化熔池深度为0.5～2.0mm。合金化材料可以是粉末、薄片或线材等，其加入方法有预先加入和同时加入两种。

2. 离子注入

离子注入技术是将几万到几十万电子伏特的高能离子束注入工件表层，改变工件表层的成分和结构，从而改变其物理、化学和力学性能的表面处理方法。该技术要依靠离子注入装置来进行。首先要在真空中将引入的原子电离成离子作为离子源，从离子源中引出的正离子束流经磁分析器进行筛选，得到所需注入的高纯度离子；用加速系统将选出的正离子加速到所需的能量，以控制注入深度；用聚焦扫描系统将离子束在工件表面上聚焦扫描，有控制地注入工件表面。离子注入时，注入元素的种类、能量、剂量都可以选择。离子注入层与基体结合牢固。

通过离子注入可以显著地提高工件表面的硬度、耐磨性和耐蚀性等。离子注入一般在常温真空中进行，处理后的工件表面无变形、无氧化，可以保持原有的尺寸精度和表面粗糙度，因此非常适于精密零件的表面处理。

复习思考题

6-1 什么是热处理？它在零件制造过程中的作用是什么？

6-2 试比较钢的退火与正火的异同点。

6-3 试举出几种你在实习中遇到的经过淬火的零件或工具，说明它们为什么需要淬火？并由此归纳出淬火的目的。

6-4　淬火后，为什么要回火？回火温度对淬火钢的性能有什么影响？以下工件在淬火后应采用何种回火方法？①手锯条；②弹簧夹头；③机床主轴。

6-5　与电阻炉相比，盐浴炉加热有何特点？

6-6　将两块经过退火的45钢，加热至700℃，保温后，一块随炉冷却，另一块在水中冷却。请问这两块钢冷至室温后性能会有什么变化？为什么？

6-7　试比较电镀与化学镀的异同点。

6-8　试比较钢铁的发蓝处理和磷化处理的工艺过程。

6-9　激光在材料表面处理技术中有哪些应用？

6-10　自行车的车架、车轮钢圈、挡泥板、链条分别采用了何种表面处理？

6-11　为了防止加工的实习件（如锤子）生锈，可采用哪些简便易行的表面处理方法？

6-12　卧式车床的主轴、顶尖、床身分别是用什么材料制造的？又分别采用何种热处理和表面处理？

6-13　在一批60钢的工件材料中混入少量20钢材料，若将它们按60钢进行淬火处理，试问热处理后能否达到性能要求？为什么？

6-14　现有20钢、T12钢和灰铸铁三块材料，能否用比较简单方便的方法将它们区分出来。提示：可参考附录B。

6-15　现有20钢、T12钢和灰铸铁三块材料，若不考虑其心部性能，只要求其表面具有高硬度（大于50HRC），可分别采用哪些热处理方法来实现？

附录 金工实验与实训项目实例

附录 A 金属焊接与铸造应力及变形实验

应力与变形是热加工生产中的常见问题，也是影响焊接件、铸件质量的主要因素之一。因此，在焊接件和铸件的设计和制造中，必须对其给予足够的重视。

一、实验目的

1）对焊接应力和铸造应力进行测定，了解并比较它们的产生原因和分布规律。

2）对焊接变形进行观察和测定，分析其产生原因。

3）了解减小和消除应力与变形的一些常用工艺方法。

二、应力和变形的产生原因及测定原理

在焊接过程中对焊接件进行局部的不均匀加热和冷却，这是产生焊接应力和变形的主要原因。比较明显的焊接变形，通常易于观察和测定；但对于隐身于焊件内部的焊接应力以及很小的焊接变形，则难以直观察觉和测定。本实验主要是通过采用图 A-1 所示的三杆式应力框来显示和测定焊接应力与变形。当对应力框中间杆上的焊缝进行焊接时，中间杆因受热要产生纵向膨胀，但由于受到与之平行而未被加热的两根边杆的刚性约束，因而不能自由伸长，故中间杆要发生一定的压缩变形。冷却时，若中间杆能自由收缩，则冷至室温时应比原

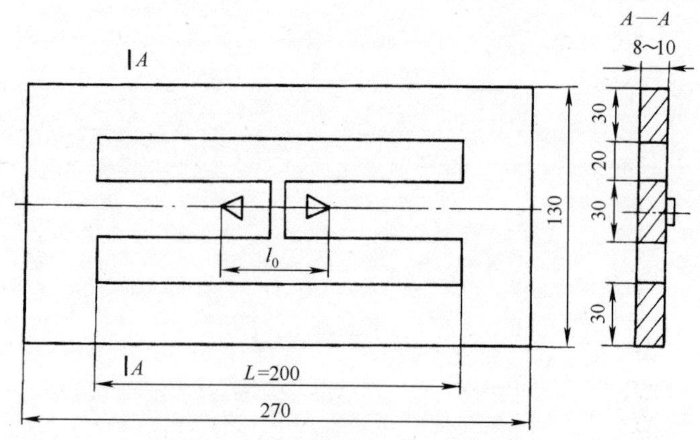

图 A-1 焊接应力框试样

长有所缩短，但此时两边杆的约束作用将阻碍中间杆的收缩，使其产生拉应力，而两边杆则受到压应力。这两种应力相互平衡并保留到室温，且最终应力框的长度也比原长缩短 ΔL，这就是所谓的焊接残余应力和变形（简称焊接应力和变形）。若将应力框的中间杆从焊缝处锯开，应力框内相互平衡的应力被消除，各杆中的弹性变形也将全部消失，从而使中间杆断口之间的间隙增大。通过测量中间杆焊接前后和锯断前后的变形量，即可得知焊接变形的大小，还可近似计算出应力框中各杆内原有的残余应力值。

铸件在凝固结束后从高温冷却至室温的过程中，由于其各部分的冷却速度不一致，导致不同部位的热胀冷缩不同步，铸件上不同部位之间因此发生相互作用，形成应力并在冷却后留下残余应力。铸造应力和焊接应力在形成机理上既有相似性，也各有其特殊性。铸造应力也可以通过浇注应力框试样后锯断其中间杆的方法，按照上述原理进行测定。

三、实验设备及材料

1. 实验设备

焊条电弧焊机及焊钳、气焊气源及焊炬、电阻加热炉、坩埚炉、砂箱及浇注工具、台虎钳、钢锯、锤子、游标卡尺、钢直尺、锉刀等。

2. 实验材料

低碳钢（如 Q235 等）板、电焊条 E4303（直径 ϕ4mm）、铸铝合金（或铸铁）、精炼剂等。

四、实验内容及方法

1. 用焊接应力框测定焊接应力和变形

1）采用低碳钢板，通过气割的方法制出图 A-1 所示的焊接应力框试样。在应力框中间杆的中部将其锯断（或气割割断），断口间隙宽度为 2 ~ 3mm。在断口两侧的杆身上可焊上高 3 ~ 4mm 的三角形凸台，凸台两端距离 l_0 约为 60mm，以便于游标卡尺的测量。

2）用游标卡尺测量出焊接前试样上凸台两端的距离 l_0（±0.02mm）。若试样上未设凸台，则可在断口两边的杆身上垂直于杆长的方向刻划出两道距离为 l_0 的标线，并用游标卡尺测出其间距。

3）在应力框试样中间杆的断口处，用焊条电弧焊进行双面焊接。

4）待焊好的试样冷至室温后，用游标卡尺测出凸台两端的距离（或标线间距）l_1（±0.02mm）。

5）在焊缝处将中间杆锯断，并测出此时其凸台两端的距离（或标线间距）l_2（±0.02mm）。

6）将以上有关的实验数据填入表 A-1 中。

表 A-1 实验数据记录表 （单位：mm）

试样状态	L	l_0	l_1	l_2	$\Delta l = l_2 - l_1$
焊接					

比较焊接前、后应力框试样凸台两端距离（或标线间距）的变化，若 $l_1 < l_0$，则表明焊接后试样发生了收缩变形。

根据焊缝处锯断前、后应力框试样凸台两端距离（或标线间距）的变化，再按照应力计算公式，可算出应力框试样中各杆中的残余应力值。其中，中间杆的应力值 σ_1 的计算公式为

$$\sigma_1 = \frac{E\Delta L}{L\left(1 + \frac{S_1}{2S_2}\right) - l_1}$$

式中 E——钢的弹性模量（MPa），取 $E \approx 210000\text{MPa}$；

S_1——中间杆的截面面积（mm^2）；

S_2——边杆的截面面积（mm^2）。

2. 用铸造应力框测定铸造应力

用图 A-2 所示的铸造应力框试样进行造型并浇注出三杆式铸造应力框试样，冷却后参照上述的步骤2）和步骤4）的方法测量试样中间粗杆上凸台两端的距离 l_0，然后在该凸台中部将粗杆锯断，再测量锯断后凸台两端距离，按照上述步骤6）处理试验数据，用同样的公式可计算出铸造应力框粗杆的应力值（铝合金 $E \approx 8 \times 10^4\text{MPa}$，铸铁 $E \approx 1.2 \times 10^5\text{MPa}$）。

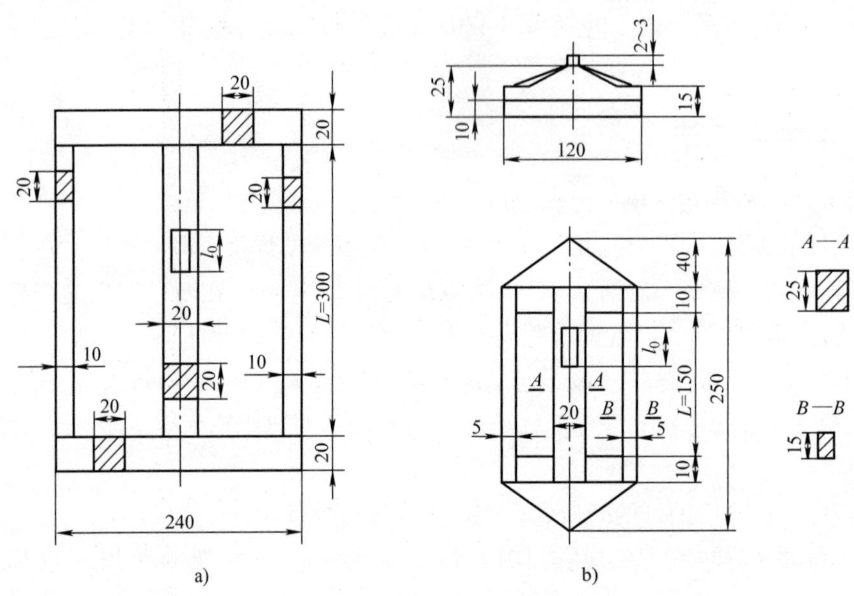

图 A-2 铸造应力框试样

3. 减小与消除应力的方法及其效果

制作多个应力框试样，对于焊接应力试样，分别采取焊前预热（预热温度 <400℃）、加热减应区（焊前对应力框的两条边杆进行局部加热）、锤击焊缝（焊后红热状态下锤击）、焊后去应力退火等工艺措施；对于铸造应力试样，可采取改变凝固顺序（同时凝固与顺序凝固）、铸后去应力退火等工艺措施，并将用上述试验方法取得的相应实验数据填入表 A-2 中。

表 A-2　实验数据记录表　（单位：mm）

试样状态		L	l_0	l_1	l_2	$\Delta l = l_2 - l_1$
焊接应力试样	焊前预热					
	加热减应区					
	锤击焊缝					
	去应力退火					
铸造应力试样	同时凝固					
	顺序凝固					
	去应力退火					

根据表中的有关数据，可计算出试样相应的变形和残余应力值，再将它们与未经过这些措施的应力框试样的变形和残余应力值进行比较，就可看到这些措施的作用效果。

五、实验报告及要求

记录并整理实验数据，计算各种不同状态下应力框试样的变形和中间杆的残余应力值并进行比较。结合实验结果，分析比较焊接和铸造应力及变形产生的原因，以及减小与消除应力和变形的工艺措施的作用原理。

附录 B　金属材料的火花鉴别与硬度测试实验

一、钢铁材料的火花鉴别

将钢铁材料放在旋转的砂轮上打磨时，观察迸射出的火花的形状和颜色，据此可大致判断其化学成分，这就是火花鉴别法。它是在生产现场鉴别钢铁材料的一种简便、实用的方法。

火花鉴别法的原理：当钢铁材料的试样在砂轮上打磨时，磨下的颗粒被磨削热加热至高温状态，并沿砂轮旋转的切线方向抛射，形成光亮的流线。灼热的金属颗粒表面与空气中的氧作用形成氧化膜，氧化膜进而与钢铁颗粒中的碳作用产生一氧化碳气体，当此气体压力足够高时，将使氧化膜爆裂而形成火花。根据火花的形状、色泽和亮度等，可判断材料中的碳含量。同时，合金元素也能影响火花的特征，如可促进或抑制火花的爆裂等，因此火花鉴别法还能区别钢铁中主要合金元素的种类。

磨削产生的全部火花称为火花束，它由根部、中部和尾部火花三部分构成。火花束中由灼热颗粒在空中划出的明亮线条状轨迹称为流线。流线上的爆裂点称为节点。节点处射出的若干短流线称为芒线。流线或芒线上由节点、芒线组成的火花称为节花。流线上的节花称为一次花，芒线上的节花叫二次花，二次花在芒线上如果再爆裂，其节花称为三次花，如图 B-1 所示。有时流线尾端还会形成不同形状的尾花。

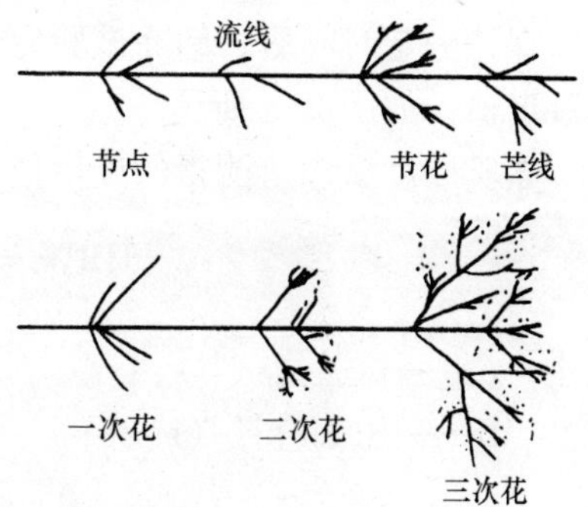

图 B-1　火花束的构成

常用钢铁材料的火花特征：低碳钢的火花流线

粗、长、稀，节花少且多为一次花，芒线粗而长，火花束呈草黄色；高碳钢的火花流线细、短、多而密，节花多且花型小，多为二次花和三次花，还有花粉与小碎花，火花束呈明亮黄色；中碳钢的火花特点介于上述两者之间，节花以二次花居多，色泽为黄色。高速钢的火花流线少而细长，几乎没有节花，尾部膨胀下垂，略有三四根流线爆裂，色泽为暗红色。灰铸铁的火花束很短，带有较多节花，大多呈羽毛状，靠近砂轮的花呈暗红色，远离砂轮者呈赤橙色。几种钢铁材料的火花特征如图 B-2 所示。

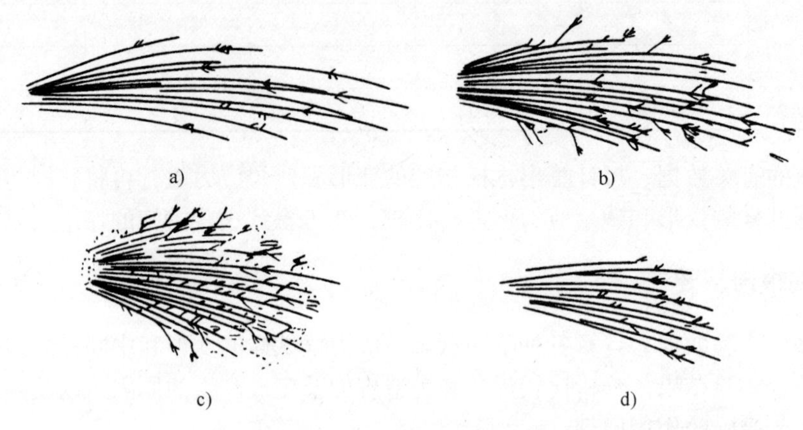

图 B-2 几种钢铁材料的火花特征

a）15 钢 b）40 钢 c）T10 钢 d）灰铸铁

火花鉴别法所用的砂轮机的砂轮直径一般为 $\phi200 \sim 250$mm，粒度为 F46 ~ F60，并应将其置于光线较暗处。

学生应先观看和听取指导教师对火花鉴别法的演示和讲解，然后分组领取待鉴别材料成分的试样（如低碳钢、中碳钢、高碳钢、高速钢、灰铸铁试样等），在砂轮上打磨出火花，观察不同材料的火花特征，并做记录（可画出示意图），进而判断其化学成分。

二、金属材料的硬度试验

金属的种类不同或处理工艺不同，则其组织与性能也不同。而要了解金属的组织与性能状况，最简便实用的方法之一就是对其进行硬度测定。

1. 布氏硬度

布氏硬度试验是将直径为 D 的碳化钨合金球，以一定大小的试验力 F 压入被测金属表面，保持一定时间后，卸除试验力，根据压痕单位面积上承受试验力的大小来确定被测金属的硬度值，如图 B-3 所示。

布氏硬度试验所测得的硬度值按下式计算

$$\mathrm{HBW} = 0.102 \times \frac{2F}{\pi D(D - \sqrt{D^2 - d^2})}$$

式中 F——试验力（N）；

D——压头直径（mm）；

d——压痕直径的平均值（mm），$d = \dfrac{d_1 + d_2}{2}$。

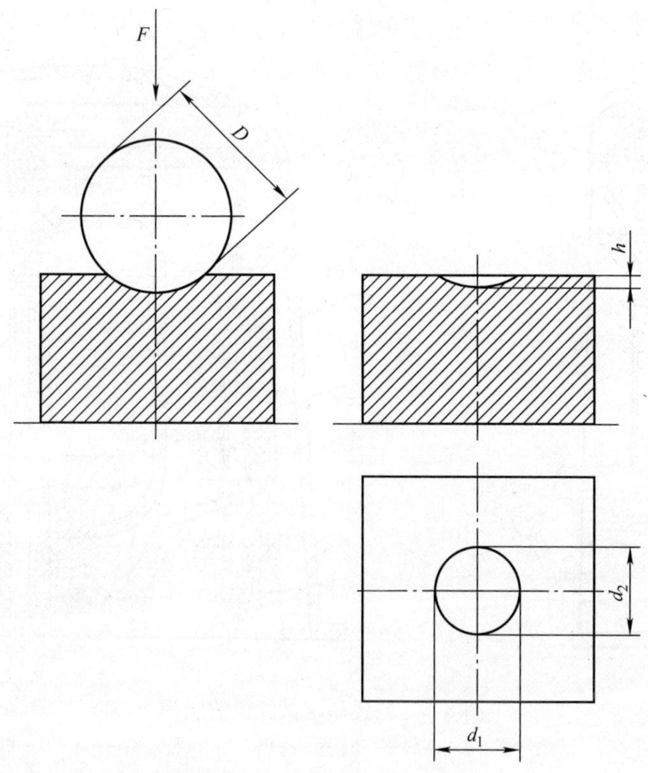

图 B-3 布氏硬度试验原理

F—试验力 D—球直径 h—压痕深度 d_1、d_2—在相互垂直方向测量的压痕直径

2. 洛氏硬度

如图 B-4 所示，将特定尺寸、形状和材料的压头按照规定分两级试验力压入试样表面，初试验力加载后，测量初始压痕深度。随后施加主试验力，在卸除主试验力后保持初试验力时测量最终压痕深度，洛氏硬度根据最终压痕深度和初始压痕深度的差值 h 及常数 N 和 S 通过下式计算给出：

$$洛氏硬度 = N - \frac{h}{S}$$

式中 N——给定标尺的全量程常数；

S——给定标尺的标尺常数（mm）；

h——残余压痕深度（mm）。

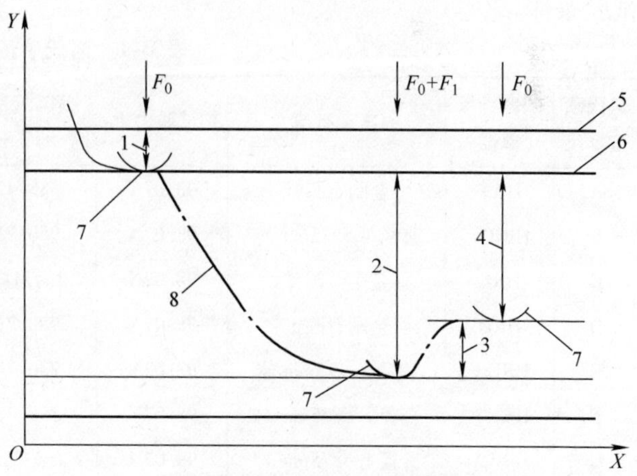

图 B-4 洛氏硬度试验原理

X—时间 Y—压头位置 1—在初试验力 F_0 下的压入深度 2—由主试验力 F_1 引起的压入深度 3—卸除主试验力 F_1 后的弹性回复深度 4—残余压痕深度 h 5—试样表面 6—测量基准面 7—压头位置 8—压头深度相对时间的曲线

实际操作时，洛氏硬度值可直接从硬度试验机的表盘上读出。洛氏硬度试验机的结构如图 B-5 所示。

洛氏硬度试验的操作步骤如下：

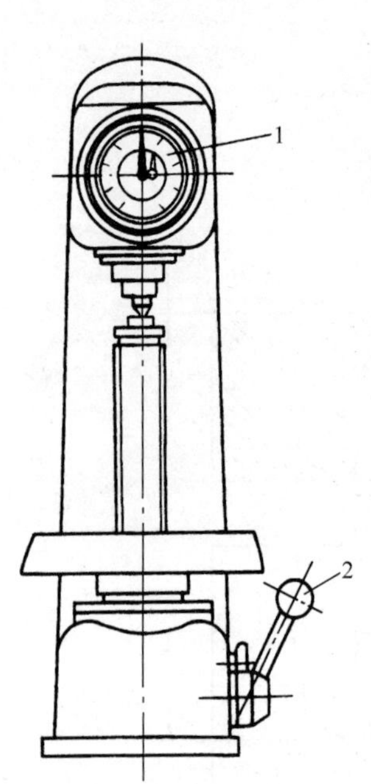

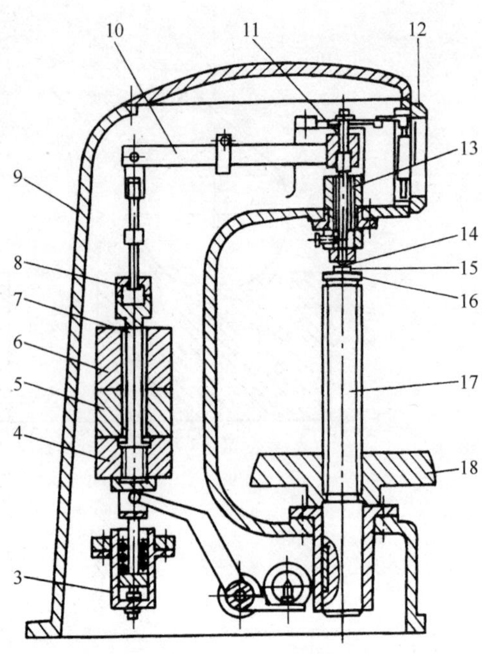

图 B-5 洛氏硬度试验机的结构

1—指示表盘 2—手柄 3—缓冲器 4—砝码座 5、6—砝码 7—吊杆 8—吊套 9—机体 10—加载杠杆 11—顶杆 12—调整盘 13—主轴 14—压头 15—试样 16—工作台 17—升降丝杠 18—手轮

1）根据试样的材料及热处理状态，估计其硬度值范围，由表 B-1 和表 B-2 选择合适的试验条件。

表 B-1 洛氏硬度标尺

洛氏硬度标尺	硬度符号单位	压头类型	初试验力 F_0	总试验力 F ($F=F_0+F_1$)	标尺常数 S	全量程常数 N	适用范围
A	HRA	金刚石圆锥	98.07N	588.4N	0.002mm	100	20HRA ~ 95HRA
B	HRBW	直径 1.5875mm 球	98.07N	980.7N	0.002mm	130	10HRBW ~ 100HRBW
C	HRC	金刚石圆锥	98.07N	1.471kN	0.002mm	100	20HRC① ~ 70HRC
D	HRD	金刚石圆锥	98.07N	980.7N	0.002mm	100	40HRD ~ 77HRD
E	HREW	直径 3.175mm 球	98.07N	980.7N	0.002mm	130	70HREW ~ 100HREW
F	HRFW	直径 1.5875mm 球	98.07N	588.4N	0.002mm	130	60HRFW ~ 100HRFW
G	HRGW	直径 1.5875mm 球	98.07N	1.471kN	0.002mm	130	30HRGW ~ 94HRGW
H	HRHW	直径 3.175mm 球	98.07N	588.4N	0.002mm	130	80HRHW ~ 100HRHW
K	HRKW	直径 3.175mm 球	98.07NP	1.471kN	0.002mm	130	40HRKW ~ 100HRKW

① 当金刚石圆锥表面和顶端球面是经过抛光的，且抛光至沿金刚石圆锥轴向距离尖端至少 0.4mm，试验适用范围可延伸至 10HRC。

表 B-2 表面洛氏硬度标尺

表面洛氏硬度标尺	硬度符号单位	压头类型	初试验力 F_0	总试验力 F ($F=F_0+F_1$)	标尺常数 S	全量程常数 N	适用范围（表面洛氏硬度标尺）
15N	HR15N	金刚石圆锥	29.42N	147.1N	0.001mm	100	70HR15N ~ 94HR15N
30N	HR30N	金刚石圆锥	29.42N	294.2N	0.001mm	100	42HR30N ~ 86HR30N
45N	HR45N	金刚石圆锥	29.42N	441.3N	0.001mm	100	20HR45N ~ 77HR45N
15T	HR15TW	直径 1.5875mm 球	29.42N	147.1N	0.001mm	100	67HR15TW ~ 93HR15TW
30T	HR30TW	直径 1.5875mm 球	29.42N	294.2N	0.001mm	100	29HR30TW ~ 82HR30TW
45T	HR45TW	直径 1.5875mm 球	29.42N	441.3N	0.001mm	100	10HR45TW ~ 72HR45TW

2）将试样两面磨平后，平稳地放置在工作台上。

3）顺时针转动手轮，使试样与压头缓慢接触；继续转动手轮，直至表盘上的小指针指到红点处时，停止转动手轮，此时初试验力施加完毕。

4）推动手柄，施加主试验力，此时表盘上的大指针将转动，待其停止转动后，表明主试验力施加完毕。

5）扳动手柄（使其回到原位置），卸除主试验力，此时表盘大指针所指刻度，即为试样的洛氏硬度值。

6）逆时针转动手轮，降下工作台，取下试样。

附录 C 铁艺制品设计制作实训

铁艺制品是用钢铁或其他金属材料制作的具有实用或观赏价值（或两者兼而有之）的产品的统称。在金工实习中，让学生适当地自主进行一些铁艺制品的设计制作，可以从中获得创造和劳动的乐趣，这对于激发学生参与金工实习的积极性，培养创新意识和动手能力，增加艺术素养，提高综合素质将起到非常有益的作用。

一、铁艺制品的种类

铁艺的"艺"一方面反映出包含在制品的结构造型设计中的艺术构思，另一方面则体现制品加工中所采用的制作技艺。金属本身就是美的，它们的质感、色泽、重量和价值各异，在金工实习中通过各种工艺塑造或改变它们的形状，使之呈现艺术之美感，达成实用之功能，这是一件令人小有成就感的事情。

根据金工实习的加工条件，所制作的铁艺制品一般以简易的小型件为主，如标牌、徽章、小模型、摆件、挂件、收纳盒、小五金器具等，如图 C-1 所示。

二、铁艺制品设计制作方法

铁艺制品的造型方案，可以通过学生的自主创意来设计，或者借鉴已有产品的造型加以改进而获得。应先手绘设计草图，经修改确定无误后，再在计算机上完成产品的三维效果图或 CAD 设计图。

a)

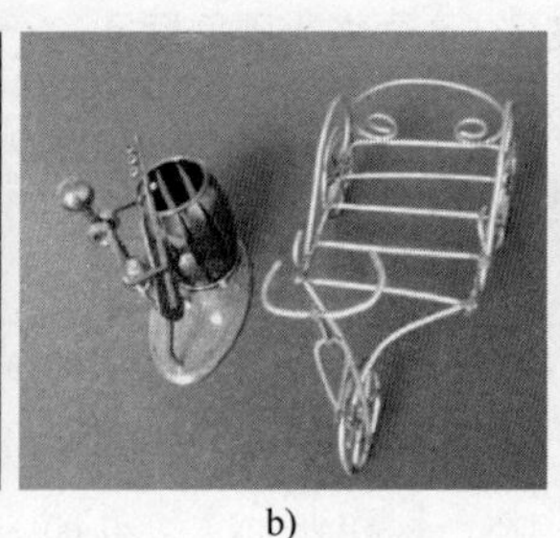
b)

c)

图 C-1 铁艺制品示例
a）铸造制品 b）焊接制品 c）钣金制品

由于这些制品一般是单件生产，因此多采用手工制作为主的方法。针对制品材料和结构的不同，可以选用铸造、锻造、焊接、钣金加工等方法。

铁艺制品铸造可采用砂型铸造，有条件的话也可用消失模铸造或熔模铸造。可用3D打印方法制造模样（塑料材质），消失模铸造模样可用泡沫塑料切割、黏结制作。

锻造铁艺有热锻和冷锻之分，视材料厚度和工艺要求分别使用空气锤机锻或人工手锤锻制，锻打或扭曲出各种花叶纹理、枝蔓、曲线等造型，有较好的立体效果。

焊接铁艺的原材料一般有钢丝、铁皮、铁片、铁管、小螺母等，焊前需要进行预成形，将其弯制成各种造型，再组装拼接，通过焊接将拼接处固定。常用的焊接方法有电阻点焊、氩弧焊、焊条电弧焊等。焊好的制品一般还要进行整形，使之达到设计的要求。

铁艺制品成形加工完成后，还可进行打磨、抛光，以进一步提高表面质量。

以下介绍铁艺制品的钣金加工方法及实例。

三、钣金制品的制作

每个钣金制品都有一定的加工工艺流程。根据钣金件结构的差异，工艺流程可能各不相同，但其中所包括的工艺环节往往有以下内容。

1）设计并绘出钣金件的零件图（三视图），用图样方式将钣金件的结构表达出来。

2）绘制展开图。也就是将立体结构的零件展开成一个平板件。

3）下料。即按照展开图在板料上切割出平板件。下料的方式有很多种，主要有以下几种：手工剪切下料、剪板机下料、压力机下料、数控下料、激光下料等。其中，数控下料时首先要编写数控加工程序，就是利用编程软件，将绘制的展开图编写成数控加工机床可识别的程序，由数控加工机床将平板件的结构形状冲制出来。

4）抽孔攻螺纹。是在一个较小的基孔上用冲子抽成一个带有翻边的稍大的孔（也叫翻孔），再在抽孔上攻螺纹。这样可增加其强度，避免滑牙。一般用于板厚比较薄的钣金件加工。当板厚较大时，如板厚大于2mm，便可直接攻螺纹，无须抽孔。

5）压力机加工。一般有冲孔、切角、冲凸包、冲撕裂、抽孔等，其加工需要用相应的模具来完成操作。

6）压铆。经常用到的有压铆螺柱、压铆螺母、压铆螺钉等，将其铆接到钣金件上，其操作一般通过压力机或压铆机来完成。

7）折弯。就是将二维平板件折成三维零件，需要由折弯机及相应的折弯模具来进行。

折弯有一定的顺序，其原则是对下一步操作不产生干涉的先折，会产生干涉的要后折。

8）焊接。就是将产品上各个零件组焊在一起，或者是单个零件边缝焊接，以增加其强度。一般有 CO_2 气体保护焊、氩弧焊、电弧点焊或电阻点焊等。

9）表面处理。一般有磷化、镀锌、镀铬、喷塑烤漆、氧化等。

10）组装。组装就是将多个零件或组件按照一定的方式组合在一起，使之成为一个完整的制品。其中需注意的就是对料件的保护，不可划、碰伤。组装是一个产品完成的最后一步，若料件因划、碰伤而无法使用，需返工重做，会浪费很多的加工工时，增加产品的成本。

四、钣金制品制作实例

1. 钣金制品

金属簸箕，如图 C-1c 所示。

2. 制作设备及工具

设备：台虎钳、划线平台、钣金平台、方箱、V 形铁。

工具：划针、钢板尺、直角尺、划针盘、高度尺、划规、游标万能角度尺、样冲、粉线、钢板剪刀（剪金属用）、橡胶锤、老虎钳、8 号槽钢（长 30cm）、60mm × 60mm 角铁（长 30cm）、木制拍板。

3. 制作步骤

1）下料。领取钣金材料（0.5mm 厚的镀锌冷轧钢板或铝板，直径 2.5mm 的钢丝）。用剪板机剪取合适大小的板料，按照图 C-2 在板料上划线，用钢板剪刀按划线剪下展开的平板件（粗实线部分）。

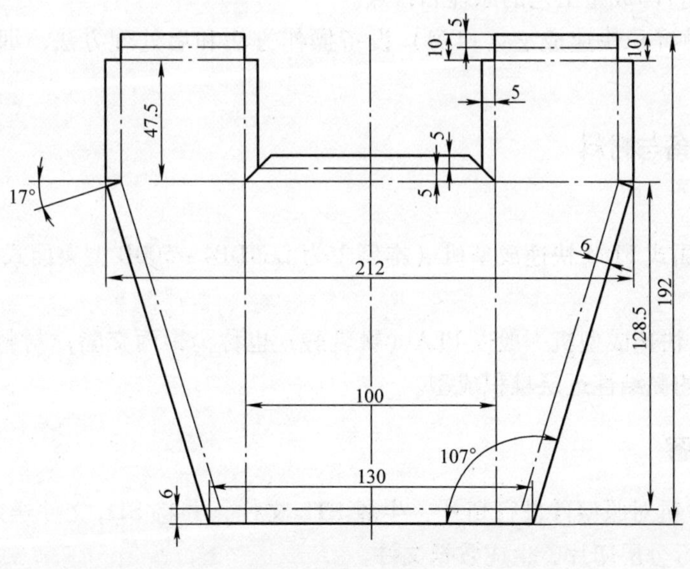

图 C-2　簸箕划线图

2）用橡胶锤整平平板件。

3）制作咬缝（依据点画线制作卧缝咬扣）。

4）簸箕口翻边。注意翻边朝下。

5）折起两侧边，折起后边。弯折方法参看图 3-46。

6）扣上咬缝，用橡胶锤敲紧咬缝。

7）翻边簸箕外沿成直角。利用角铁圆弧边和拍板将簸箕外沿直角卷圆并夹丝（直径 2.5mm 的钢丝）。

8）修整簸箕外形。制品完成后的效果图如图 C-3 所示。

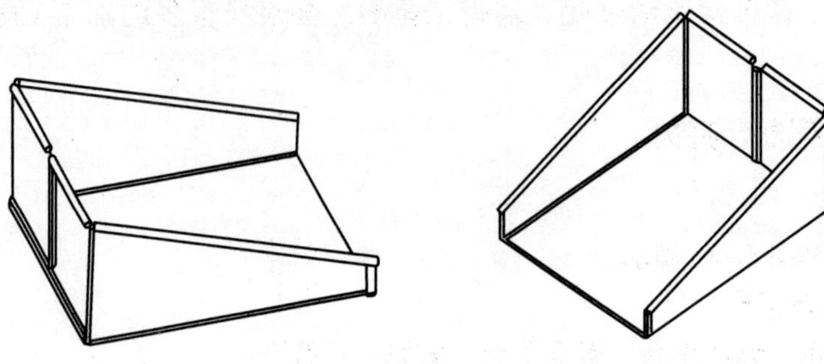

图 C-3 簸箕成形的效果图

附录 D 3D 打印（FDM）成型实训

一、实训目的

1）了解 3D 打印成型工艺的原理和特点。

2）掌握熔融沉积快速成型（FDM）设备操作方法和后处理方法，训练学生动手实践能力。

二、实训设备与材料

1. 实训设备

计算机、桌面式 FDM 快速成型机（本例中为 LC3DP4－500B 型桌面式成型打印机）。

2. 实训材料

桌面式 FDM 快速成型机一般以 PLA（聚乳酸，也称为聚丙交酯）材料为原料，在其熔融温度下靠自身的黏结性逐层堆积成型。

三、实训内容

1）利用计算机对原型件进行切片，生成 STL 文件，并将 STL 文件送入 FDM 快速成型系统；对模型进行分层切片，生成数据文件。

2）操作快速成型机按计算机提供的数据逐层堆积成型，直至零件制作完成。

3）观察快速成型机的工作过程，分析产生加工误差的原因。

通过快速成型设备，将一个物理实体复杂的三维加工转变成为一系列二维层片的加工，因此大大降低了加工难度。由于不需要专用的刀具和夹具，使得成型过程的难度与待成型的物理实体的复杂程度无关，而且越复杂的零件越能体现3D打印成型工艺的优势。

FDM快速成型机基本工作过程如下：

1）设计出所需零件的计算机三维模型，并按照通用的格式存储（STL文件）。

2）根据工艺要求选择成型方向（Z方向），然后按照一定的规则将该模型离散为一系列有序的单元，通常将其按一定厚度进行离散（习惯称为分层），把原来的三维CAD模型变成一系列的层片（CLI文件）。

3）根据每个层片的轮廓信息，输入加工参数，自动生成控制代码。

4）由成型机成型一系列层片并自动将它们连接起来，得到一个三维物理实体。在该成型方式中，材料连续地从喷嘴挤出，零件是由丝状材料的受控积聚逐步堆积成型的。

5）后处理。取出成型件，去除支承，修整制件表面。

四、实训步骤

1. 脱机打印练习

1）配置STL文件，生成G代码，存入SD卡。

2）将SD卡插入前面板上的卡槽，打开机器电源开关。

3）选择“控制→温度→喷头”菜单，调整喷头目标温度值（一般打印PLA材料时选择的目标温度是200℃）。按下控制旋钮即可对喷头进行加热。

4）喷头加热到目标温度后，回到主界面的状态，选择由存储卡进入，通过读取SD卡的内容进行打印。

5）选择相应的打印文件，按下控制旋钮，喷头将会回到坐标原点的位置，并根据SD卡的数据进行打印。

6）成型件打印结束后，喷头回到相应的起始位，所有的电动机停止，加热单元也停止工作，控制器处于待机状态。此时，关闭电源开关，即可从打印平台上取下成型件。

2. 联机打印练习

（1）数据准备

1）打开Repetier - Host软件。

2）给快速成型机插上电，将成型机的数据接口与计算机相连。

3）打开“配置/打印机设置”，设置端口号为计算机所检测到的控制器端口，设置波特率为250000bit/s。

4）设置成型打印机各轴的行程范围。一般把X、Y、Z轴回归到原点位置定义为最小值0，最大值根据喷头在X、Y、Z轴可以移动的最大范围来定。

（2）G代码生成器设置　参考相关技术资料或指导书内容，对G代码进行设置。

（3）成型准备工作

1）通过手动调节X、Y、Z轴的运动方向及距离，观察运动实际情况与指令要求是否相符，并判断成型打印机是否处于正常状态。

2）通过回原点指令，观察机器能否可靠回归原点。

3）观察喷嘴与打印床之间的间隙是否合适，以手动调节打印床与喷嘴之间保持一张A4纸厚度的间隙为宜。

4）按下加热喷头按钮，待温度足够高时，通过控制挤出机构的出丝与进丝来观察挤出过程运行是否正常。

5）当机器通过开机手动调试正常运行时，单击“运行任务”按钮，即可开始打印。

（4）后处理

1）设备降温。成型件制作完毕后，若不再继续打印，即可将系统关闭。为使系统充分冷却，至少于30min后再关闭散热按钮和总开关按钮。

2）零件保温。零件加工完毕，降下工作台，将其留在成型室内，薄壁零件保温15～20min，大型零件保温20～30min。过早取出零件会因应力大而出现变形。

3）零件后处理。小心取出成型件，避免破坏零件。成型后的工件需经超声清洗器清洗，融化支承材料。用砂纸打磨台阶效应比较明显处，若有需要可进行表面上光。

（5）其他注意事项

1）存储之前选好成型方向，一般按照“下大上小”的方向选取，以减小支承量，缩短数据处理和成型时间。

2）尽量避免设计过于细小的结构，如直径小于5mm的球壳、锥体等。

3）注意喷头部位未达到规定温度时不能打开喷头按钮。

五、实训报告及要求

1）根据所做成型件，分析该成型工艺的优缺点。

2）整理打印过程中所涉及的各项设置参数以及参数对打印效果的影响。

3）根据所给三维图，任选其中一种，进行成型工艺分析（定义成型方向，指出支承材料添加区域，成型过程中零件精度易受影响的区域）。

参考文献

[1] 孙康宁，林建平．工程材料与机械制造基础课程知识体系和能力要求［M］．北京：清华大学出版社，2016.

[2] 高琪，黄瑞．基础工程训练项目集［M］．北京：机械工业出版社，2017.

[3] 谢志余．金工实习［M］．苏州：苏州大学出版社，2013.

[4] 张立红．机械制造工程训练教程［M］.2 版．武汉：武汉理工大学出版社，2017.

[5] 王世刚，王雪峰．工程训练与创新实践［M］.2 版．北京：机械工业出版社，2017.

[6] 金禧德．金工实习［M］.4 版．北京：高等教育出版社，2014.

[7] 张远明．金属工艺学实习教材［M］.3 版．北京：高等教育出版社，2013.

[8] 张玉华，杨树财．工程训练实用教程［M］．北京：机械工业出版社，2017.

[9] 赵越超，董世知，李莉．工程训练［M］.2 版．北京：机械工业出版社，2015.

[10] 孙付春，李玉龙，钱扬顺．工程训练［M］．成都：西南交通大学出版社，2017.

[11] 李伯奎，王玲．金工实习［M］．北京：高等教育出版社，2015.

[12] 李镇江，付平，吴俊飞．工程训练［M］．北京：高等教育出版社，2017.

[13] 孙文志，郭庆梁．工程训练教程［M］．北京：化学工业出版社，2018.

[14] 祝小军，文西芹．工程训练［M］.3 版．南京：南京大学出版社，2016.

[15] 陈立亮．材料加工 CAD/CAM 技术基础［M］．北京：机械工业出版社，2014.

[16] 杨钢．机械工程训练与实践［M］．北京：人民交通出版社，2018.

[17] 柯旭贵，张荣清．冲压工艺与模具设计［M］．2 版．北京：机械工业出版社，2016.

[18] 王再友，王泽华．铸造工艺设计及应用［M］．北京：机械工业出版社，2016.

[19] 陈维平，李元元．特种铸造［M］．北京：机械工业出版社，2018.

[20] 耿鑫明，吕志刚，姜不居．特种铸造生产工艺及装备入门与精通［M］．北京：机械工业出版社，2011.

[21] 单忠德．无模铸造［M］．北京：机械工业出版社，2017.

[22] 朱军社，徐俊洪．铸造工：初级［M］．北京：机械工业出版社，2014.

[23] 张应立．焊接设备结构与维修［M］．北京：化学工业出版社，2018.

[24] 史耀武．焊接制造工程基础［M］．北京：机械工业出版社，2016.

[25] 胡绳荪．焊接制造导论［M］．北京：机械工业出版社，2018.

[26] 王良栋．初级电焊工技术［M］．北京：机械工业出版社，2016.

[27] 李祖德．粉末冶金的兴起和发展［M］．北京：冶金工业出版社，2016.

[28] 郎为民，徐延军．一本书读懂 3D 打印［M］．北京：人民邮电出版社，2016.

[29] 屈华昌，吴梦陵．塑料成型工艺与模具设计［M］.4 版．北京：高等教育出版社，2018.

[30] 李双寿，李生录．工程实践和创新教学探索与研究［M］．北京：清华大学出版社，2014.